信息技术类专业通用教材　　i教育·融合创新一体化教材

办公软件应用（微课版）

| BANGONG RUANJIAN YINGYONG |

主　编◎朱维雄

副主编◎萧　央

参　编◎汤益华　王乐敏

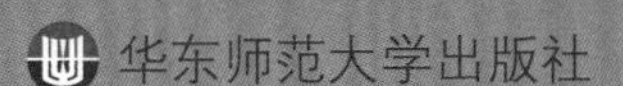

图书在版编目(CIP)数据

办公软件应用/朱维雄主编. —上海:华东师范大学出版社,2019
ISBN 978-7-5675-9697-9

Ⅰ.①办… Ⅱ.①朱… Ⅲ.①办公自动化-应用软件-中等专业学校-教材 Ⅳ.①TP317.1

中国版本图书馆 CIP 数据核字(2019)第 191588 号

办公软件应用

主　　编　朱维雄
责任编辑　蒋梦婷
责任校对　谭若诗
装帧设计　庄玉侠

出版发行　华东师范大学出版社
社　　址　上海市中山北路 3663 号　邮编 200062
网　　址　www.ecnupress.com.cn
电　　话　021-60821666　行政传真 021-62572105
客服电话　021-62865537　门市(邮购)电话 021-62869887
地　　址　上海市中山北路 3663 号华东师范大学校内先锋路口
网　　店　http://hdsdcbs.tmall.com

印 刷 者　杭州日报报业集团盛元印务有限公司
开　　本　787×1092　16 开
印　　张　13.5
字　　数　288 千字
版　　次　2020 年 8 月第 1 版
印　　次　2020 年 8 月第 1 次
书　　号　ISBN 978-7-5675-9697-9
定　　价　42.00 元

出 版 人　王　焰

编者的话 BIANZHEDEHUA

本书紧扣全国高新技术办公软件应用四级考试大纲的要求，结合我国目前职业院校信息技术课程教学实际情况，突出以应用为核心，以培养实际动手能力为重点的理念，符合学生心理特征和认知、技能养成规律。

书中大部分的应用基于 Windows 10 和 Office 2016 平台。我们力图达到以下目标：满足职教改革与发展、经济社会发展及信息技术能力发展的需要。

本书根据一线教师的多年实践和教学经验，从办公人员的实际需求出发，以通俗易懂的语言，精心挑选了 14 个常用的办公案例项目编写而成。

全书分为 4 部分，主要内容包括文字处理软件应用、电子表格处理、演示文稿软件应用，以及 Office 综合应用。其中项目一主要介绍文案制作、邀请函制作、图片海报设计、长文档的编辑与处理、长文档中图和表的处理等知识；项目二主要介绍了表格制作、成绩统计分析、成绩综合表分析、销售统计表分析、数据分析与运算等知识；项目三主要通过制作公司培训介绍、宣传推广、总结分析不同类型的演示文稿，来掌握 PowerPoint 的相关功能和操作技能；项目四实训是针对前 3 个项目而编写的 3 个实训，便于所学知识和技能的进一步巩固与提高。

本课程以实践课为主，为便于教学过程的顺利开展，建议在学校网络环境下进行。

本教材项目一由汤益华编写、项目二由萧央编写、项目三由王乐敏编写、项目四由朱维雄编写。朱维雄、萧央主持了本教材的编写工作。对于本书的课时安排，建议项目一 20 学时、项目二 20 学时、项目三 20 学时、项目四 30 学时，总计 90 学时。

信息技术发展非常迅速，作者受学术水平所限，书中如有不当之处，望不吝指正。

编者

2020 年 6 月

目　录 MULU

项目一 文字处理软件应用

项目二 电子表格处理

目 录 MULU

项目四 Office 综合应用

项目一
文字处理软件应用

通过本项目的学习，学会电子文档的排版、表格制作、图形图像的编辑处理和长文档的编辑、邮件合并等技能，达到编辑电子文档的中级水平。

Word 2016 的操作界面主要包括标题栏、快速访问工具栏、功能区、文档编辑区、滚动条、状态栏、视图切换区，以及比例缩放区等组成部分。

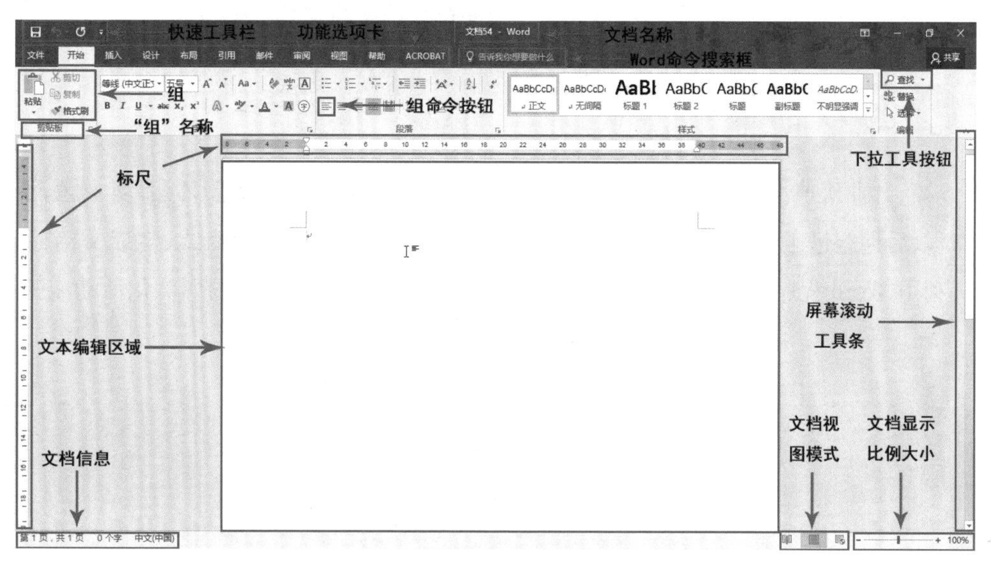

图 1-0-1　Word 操作界面

任务一
酒店开业庆典活动方案制作

学习目标

- 学会设置标题格式
- 学会利用标题格式生成文档目录
- 学会设置页眉及页码
- 学会插入 SmartArt 图形

任务描述

小王正在新新商务咨询公司实习，公司接下了星河连锁酒店新店开业仪式的项目，并让小王拟定酒店开业仪式的策划方案。经过了一段时间的筹备，小王拟定的方案完成了，但格式上还有些欠缺，接下来我们就对这篇文档的格式进行编排。

任务分析

开业庆典活动方案的结构应当包含活动背景、活动目的及意义、活动主题、活动流程、后期跟进工作、费用预计、附表等内容，应根据内容设定标题格式、生成文档目录，再利用 Word 程序进行格式编排、设置页眉和页码，利用 SmartArt 图形美化活动流程图。

活动一
设置活动方案各级标题样式

活动分析

活动方案是商业应用文档，包含特定的方案内容模块，宜使用 A4 纸大小，还需要为每个内容模块标题设置格式。

Step1:设置文档标题

（1）打开“酒店开业庆典活动方案.docx”，选中文档标题“酒店开业庆典活动方案”。

（2）选择“开始/样式”组，点击“其他”下拉框下的“标题 1”样式，应用预设的标题 1 样式。

（3）选择“开始/段落”组，点击“居中”按钮，如图 1－1－1 所示。

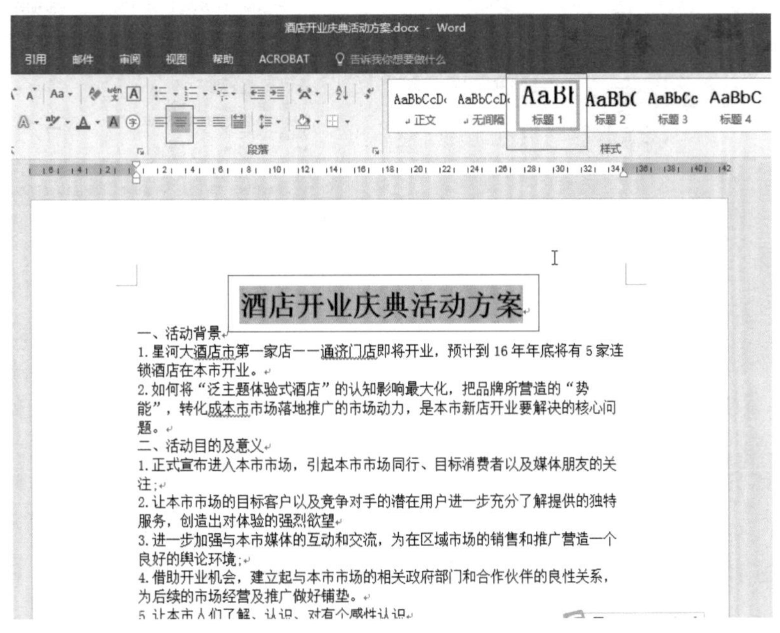

图 1－1－1　设置标题格式

Step2:设置各模块标题

（1）选中文字“一、活动背景”。

（2）选择“开始/样式”组，点击“其他”下拉框下的“标题 2”样式，如图 1－1－2 所示。

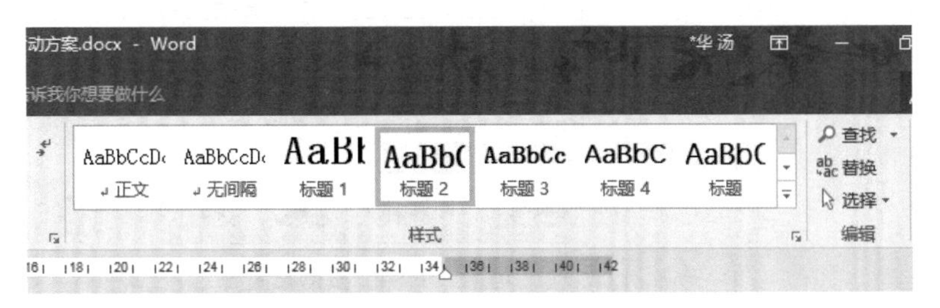

图 1－1－2　设置标题 2 格式

(3) 将剩下的六个内容标题依次选中,并重复步骤(2)。

(4) 选择"视图/显示"组,勾选"导航窗格"选项,打开导航窗格,如图 1-1-3 所示。

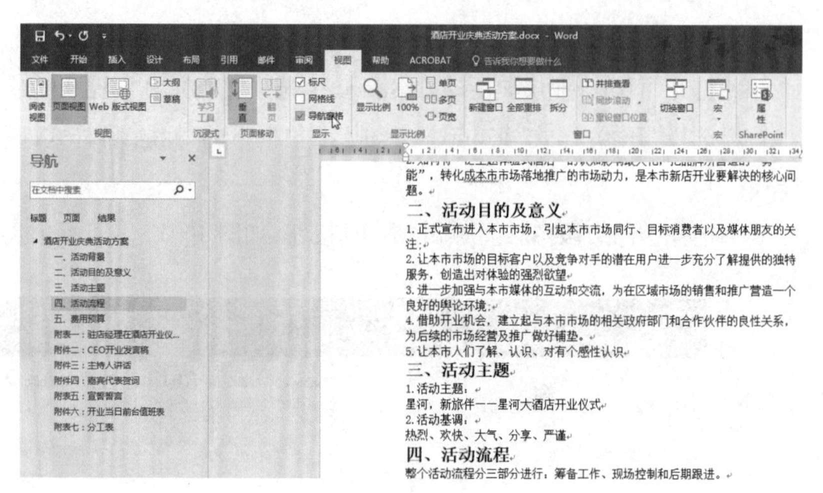

图 1-1-3 导航窗格

Step3:段落设置

(1) 将光标定位到第 1 段中的任意位置。

(2) 选择"开始/段落"组,点击该组右下角的按钮 ,调出"段落"设置对话框。

(3) 设置间距,段前 0.5 行,段后 0.5 行,行距 1.5 倍,如图 1-1-4 所示。

图 1-1-4 段落设置

(4) 重复(1)—(3)步骤,为其后所有的段落设置段落格式。

活动二
为文档添加目录及封面

活动分析

活动方案最终是要交付给客户看的，为了保持商业文案的完整性，体现文案的专业性，接下来我们就要为文档添加内容目录和封面。

方法与步骤

Step1：为文档添加目录

(1) 将光标定位到文档开头处，选择“插入/页面”组，点击“空白页”按钮，如图 1-1-5 所示。

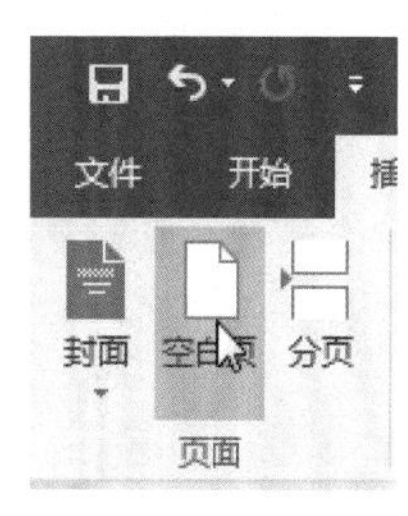

图 1-1-5 插入空白页

(2) 将光标定位到新插入的空白页，按下回车键 2 次，输入两个空白行。

(3) 将光标定位到第一个空白行，输入标题“目录”，并设置字体为黑体、14 磅。

(4) 选择“引用/目录”组，点击“目录”下拉框下的“自定义目录”命令，如图 1-1-6 所示。

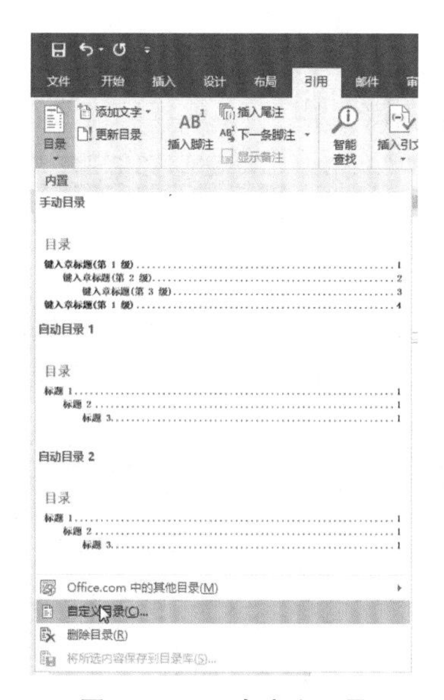

图 1-1-6 自定义目录

图 1-1-7 “目录”对话框

(5) 在调出的“目录”对话框中，将“显示级别”设置为 2，点击“确定”按钮，完成生成目录，如图 1-1-7 所示。

(6) 用鼠标将自动生成的目录第 1 行和第 2 行选中，按下键盘上的 Delete 键，删除前面的两行数据，如图 1-1-8、图 1-1-9 所示。

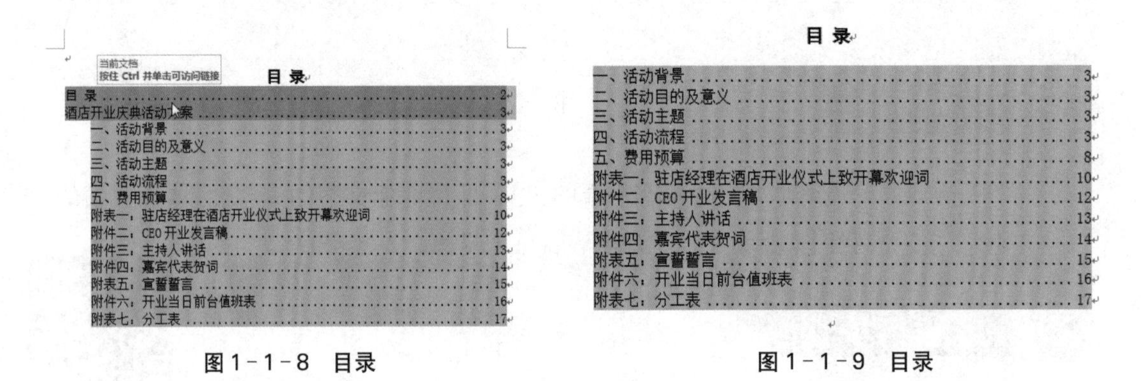

图 1-1-8　目录　　图 1-1-9　目录

(7) 将目录内容全部选中，选择“开始/字体”组，设置字体为黑体、四号，如图 1-1-10 所示。

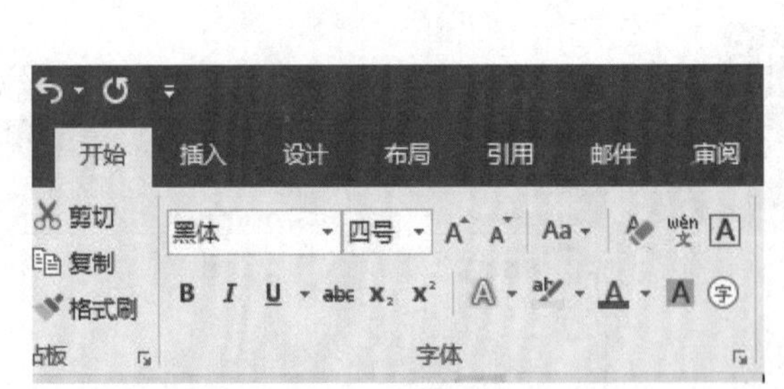

图 1-1-10　设置目录字体

图 1-1-11　设置目录段落格式

(8) 选择“开始/段落”组，点击“段落设置” 按钮，调出“段落”对话框，设置行距为 1.5 倍，如图 1-1-11 所示。

Step2：为文档添加封面

(1) 将光标定位到“目录”之前，选择“插入/页面”组，点击“空白页”按钮，如图 1-

1－12 所示。

图 1－1－12　插入空白页　　　　图 1－1－13　插入文本框

（2）选择“插入/文本”组，点击“文本框”下拉框下的“简单文本框”选项，如图 1－1－13 所示。

（3）在插入的文本框中，输入封面标题“星河大酒店”，并设置字体为华文行楷、72 磅，如图 1－1－14 所示。

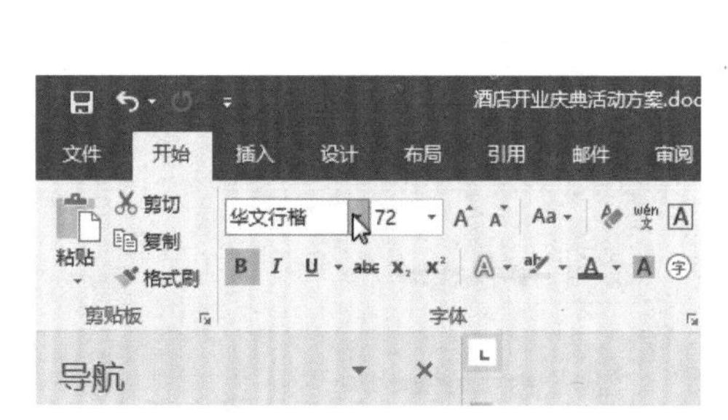

图 1－1－14　设置字体　　　　图 1－1－15　设置艺术字效果

（4）选中文本框，选择“绘图工具/格式”选项卡，点击“文本效果/转换/跟随路径”选项，如图 1－1－15 所示。

（5）选择“排列”组，点击“对齐”下拉框下的“水平居中对齐”，如图 1－1－16 所示。

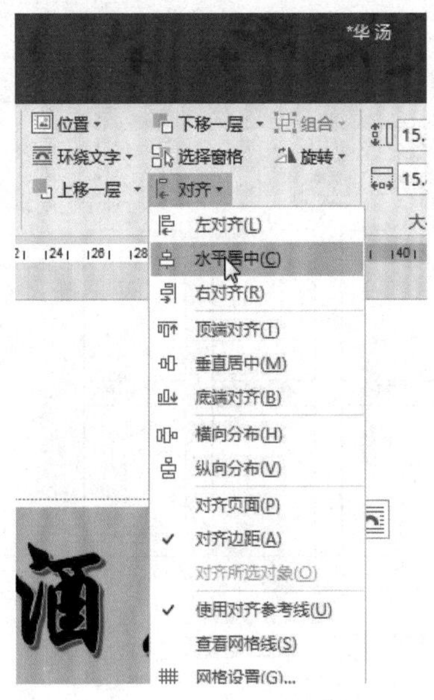

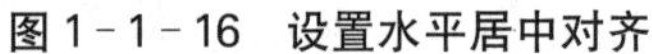

图 1－1－16　设置水平居中对齐

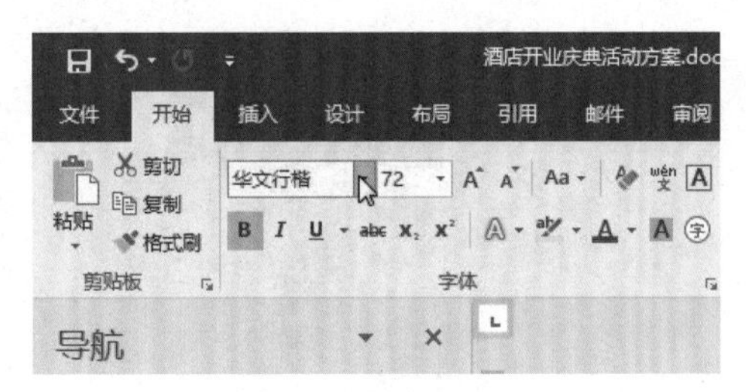

图 1－1－17　设置字体

(6) 重复上述第(3)步，再次插入一个“简单文本框”，并在文本框中输入“开业庆典活动方案”，设置字体为华文行楷、72 磅，如图 1－1－17 所示。

(7) 选中文本框，选择“绘图工具/格式/文本”组，点击“文字方向”下拉框下的“垂直”选项，如图 1－1－18 所示。

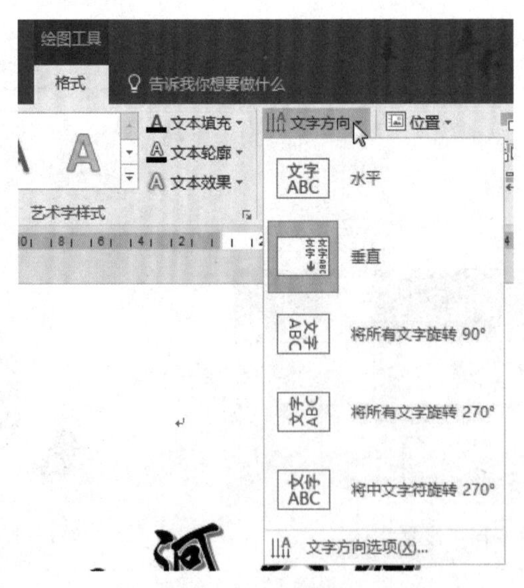

图 1－1－18　设置文字方向

(8) 选择“排列”组，点击“对齐”下拉框下的“水平居中”选项。

活动三
为文档设置页眉及页码

活动分析

活动方案添加好内容目录和封面后，在文案的内容页面上，也应该标注一些相关内容信息，所以为内容页面添加页眉、在页脚添加页码是最常用的方法。

方法与步骤

Step1：设置页眉

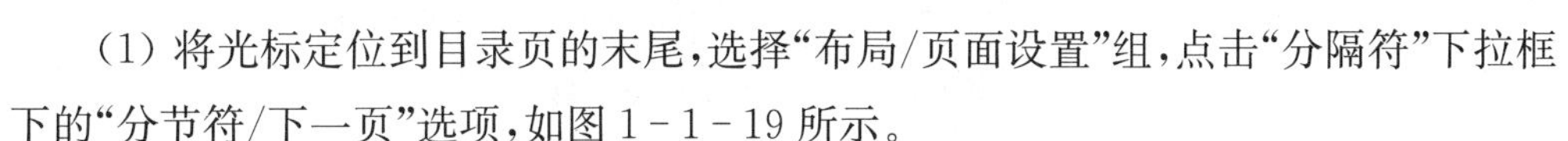

（1）将光标定位到目录页的末尾，选择“布局/页面设置”组，点击“分隔符”下拉框下的“分节符/下一页”选项，如图 1－1－19 所示。

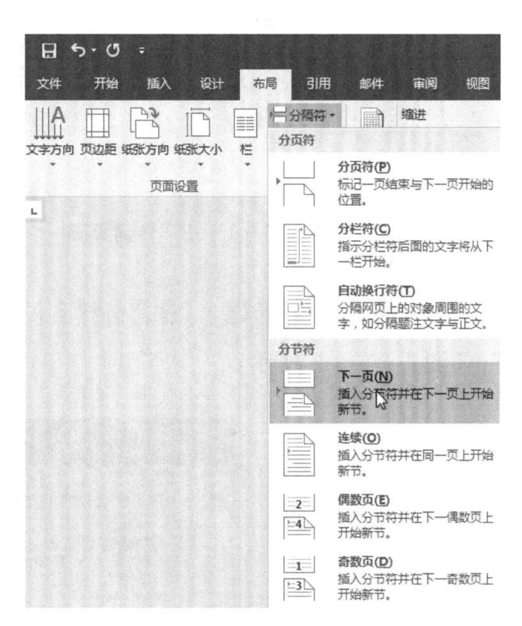

图 1－1－19　插入分节符

（2）选择“插入/页眉和页脚”组，点击“页眉”下拉框下的“编辑页眉”命令，进入页眉编辑模式，如图 1－1－20 所示。

（3）将光标定位到正文的页眉编辑区域，输入“开业庆典活动方案”，选择“页眉和页脚工具/导航”组，点击“链接到前一条页眉”按钮，取消该按钮的默认选中状态，如图 1－1－21 所示。

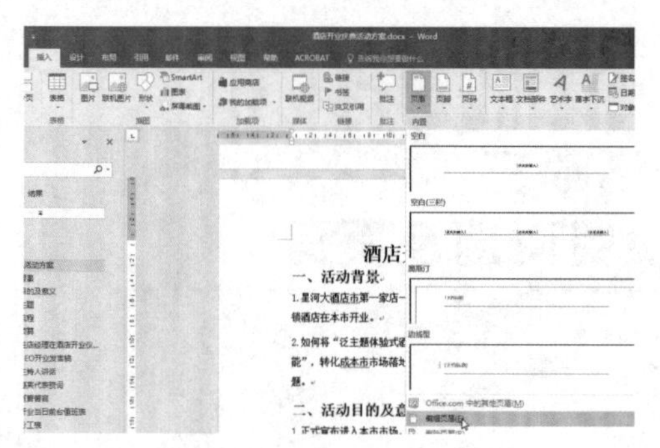

图 1-1-20　编辑页眉

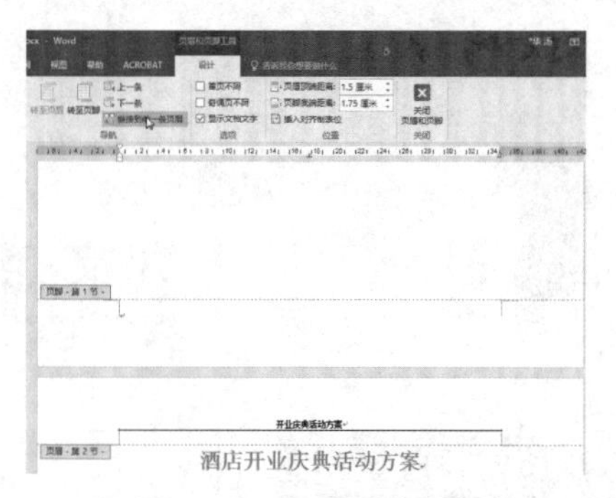

图 1-1-21　设置页眉

Step2:在页脚插入页码

(1) 选择“页眉和页脚工具/导航”组,点击“转至页脚”按钮,转换到页脚编辑区域,如图 1-1-22 所示。

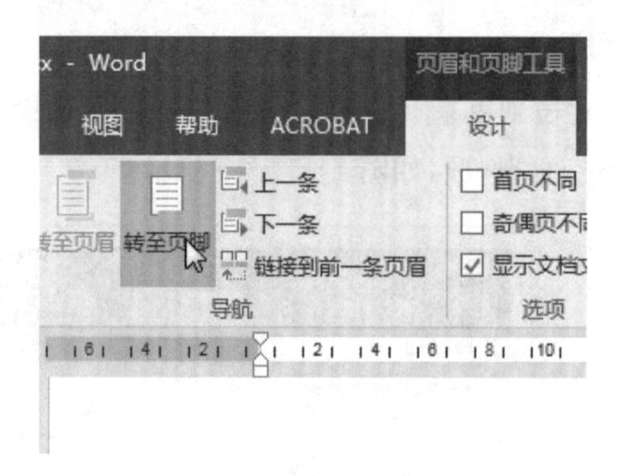

图 1-1-22　转到页脚

(2) 选中“页眉和页脚工具/导航”组,点击“链接到前一条页眉”按钮,取消该按钮的默认选中状态,如图 1-1-23 所示。

图 1-1-23　取消链接到前一条页眉

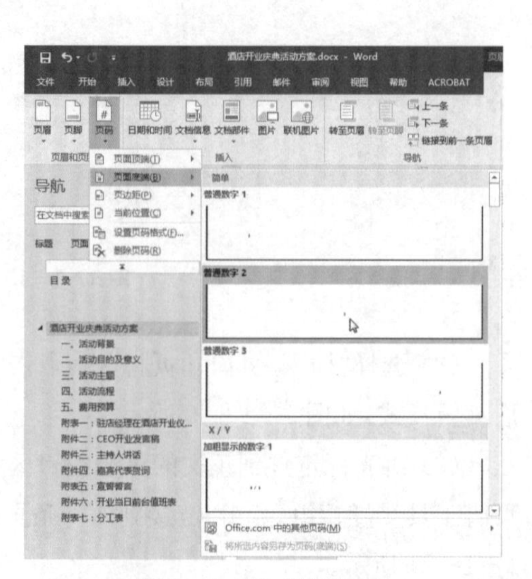

图 1-1-24　插入页码

(3) 选择“页眉和页脚工具/页眉和页脚”组，点击“页码”下拉框下的“页面底端/普通数字 2”选项，完成页码的插入，如图 1-1-24 所示。最后点击“关闭页眉和页脚工具”按钮，退出页眉和页脚编辑姿态。

活动四 为活动方案设置 SmartArt 流程图

活动分析

活动方案中涉及一些活动流程，将这些流程用图表的方式表现能够更好地体现活动流程的次序。接下就将对文案中的相关活动流程文字描述，进行图表化改变。

方法与步骤

Step1：快速定位到文档中要修改的位置

利用文档的导航空格，快速定位到“四、活动流程”，如图 1-1-26 所示。

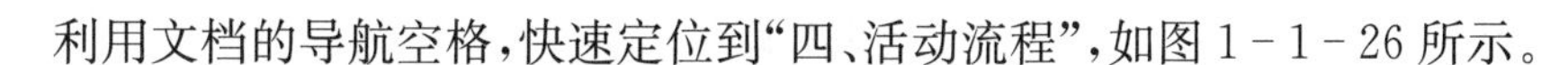

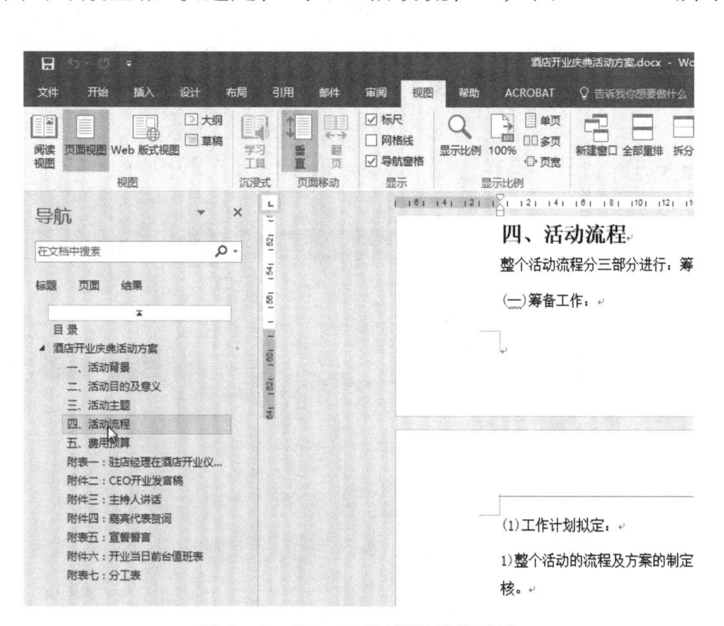

图 1-1-26　导航窗格快速定位

Step2：插入 SmartArt 图表

(1) 将光标定位到“(一)筹备工作：”前。

(2) 点击“插入/插图”组，点击“SmartArt”按钮，如图 1-1-27 所示。

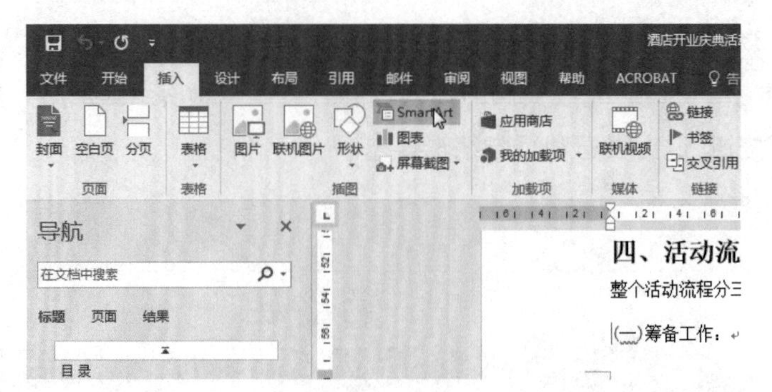

图 1-1-27　插入 SmartArt 图形

(3) 调出“选择 SmartArt 图形”对话框，如图 1-1-28 所示。

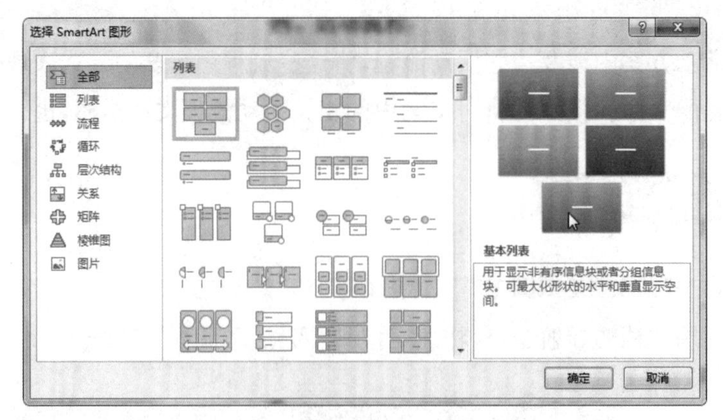

图 1-1-28　选择 SmartArt 图形

(4) 选择“流程/基本流程”选项，如图 1-1-29 所示。

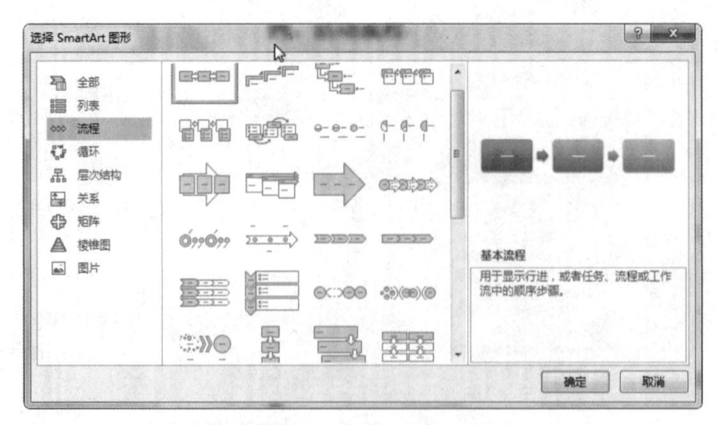

图 1-1-29　选择“基本流程”

(5) 在插入的 SmartArt 图表的文本编辑区，依次输入“筹备工作”、“现场控制”和“后期跟进”三组文字，如图 1-1-30 所示。

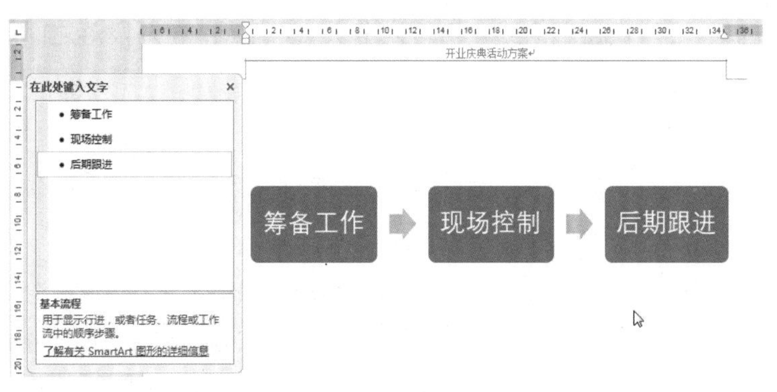

图 1－1－30　编辑 SmartArt 中的文字

知识链接

一、Word 目录编排功能应用

目录是一个文档中不可缺少的一部分，目录的内容通常都是由各级标题及其所在页的页码组成，目的在于方便阅读者直接查询有关内容的页码。

目录编排是档案编研工作中必不可少的一项工作。如果用手工完成一个文档目录的建立，将是一件机械且容易出错的工作，因为必须一字不错地将每个标题的内容照抄到相应的目录中，而且要将该标题所在页的页码正确无误地记录下来。当文档中的标题被修改后，又必须手工更新目录的内容，稍有不慎，生成的目录就会题文不符。

Word 提供了根据文档中标题样式段落的内容自动生成目录的功能，可以通过控制创建目录的标题级别数来控制目录的级别数。但文档中的标题一定要使用相应的标题样式，否则，Word 就不能按标题样式自动创建目录。

Word 共提供了 9 级目录格式，它们一般为“目录 1”、“目录 2”、“目录 3”……“目录 9”。“目录 1”的内容一般为“标题 1”的内容，如文章的每一章的标题、参考文献、附录、索引等标题，但整个文档的大题目、目录标题的“目录”、前言的标题“前言”等不能作为“目录 1”中的内容出现在目录 1 中。“目录 2”的内容为“标题 2”的内容，“目录 3”为“标题 3”的内容，以此类推。文档的目录一般只需要 3 级，最多不超过 4 级或 5 级。

二、Word 中的分页符与分节符

1. 分页符

当文字或图形填满一页时，Word 会插入一个自动分页符并开始新的一页。要在特定位置插入分页符，可手动插入。例如，可强制插入分页符以确认章节标题总在新的一页开始。如果处理的文档有多页，并且已插入了手动分页符，在编辑文档时，则可能经常需要重新分页。此时，可以设置分页选项，以控制 Word 插入自动分页符的位

置。例如,可防止在段内或表格行内分页,或确认不在两段落之间(如标题和其后续段落之间)分页。

2. 分节符

节:文档的一部分,可在其中设置某些页面格式。若要更改例如行编号、列数或页眉和页脚等属性,请创建一个新的节。

在一页之内或两页之间改变文档的布局,只需插入分节符(分节符:为表示节的结尾插入的标记。分节符包含节的格式设置元素,例如页边距、页面的方向、页眉和页脚,以及页码的顺序)即可将文档分成几节,然后根据需要设置每节的格式。例如,可将报告内容提要一节的格式设置为一栏,而将后面报告正文部分的一节设置成两栏。

通俗来讲,分节符和分页符的区别在于:

分页符只是分页,页前后的内容还是同一节;分节符是分节,可以在同一页中设置不同节,也可以分节的同时分下一页。两者用法的最大区别在于页眉页脚与页面设置,比如:

(1) 文档编排中,某几页需要横排,或者需要不同的纸张、页边距等,那么可将这几页单独设为一节,与前后内容属不同节。

(2) 文档编排中,首页、目录等的页眉页脚、页码与正文部分需要不同,那么可将首页、目录等作为单独的节。

(3) 如果前后内容的页面编排方式与页眉页脚都一样,只是需要新的一页开始新的一章,那么一般用分页符即可,当然用分节符(下一页)也行。

思考与练习

(1) 请为文档中尚未设置标题格式的子项目标题设置格式,并在导航窗格中显示。

(2) 请将文档中的活动流程与控制中的内容设置为 SmartArt 流程图。

任务二
酒店开业庆典活动邀请函制作

学习目标

- 学会设置页面大小
- 学会设置页面背景图片
- 学会设置文本框及艺术字的使用
- 学会利用邮件合并功能批量生成商务活动邀请函

任务描述

小王制作完开业活动方案后，就要开始着手制作发放给嘉宾的活动邀请函了。

邀请函、会议通知等商务文档都有一个共同的特点，那就是每份文档除了极少部分内容不相同外，剩下的部分中，内容、格式完全相同。处理这类文档时，如果只会用复制粘贴的方法，工作效率会非常低下。那么，我们应该如何高效地对这类文件进行制作和处理呢?

答案是采用 Word 自带的邮件合并功能，我们在使用该功能的时候，可以事先将所有文档都相同的文字、格式预先排版好，再将需要修改的内容部分用 Excel 等软件作为数据源保存起来，最后再通过邮件合并功能批量生成文档。这样不仅能提高处理事务的效率，还可以保证文档的格式相同。

任务分析

制作商务活动邀请函，首先要明确商务活动邀请函的内容，一般分成封面和内页两部分。

活动一
制作邀请函封面

活动分析

商务活动邀请函的封面一般有其固定的版式和尺寸，且为正反面打印，所以要制作一个两页的封面。

方法与步骤

Step1：新建封面文档

（1）新建一个 Word 文档，再插入一个空白页。

（2）选择“布局/页面设置”组，点击“纸张大小”下拉框下的“其他纸张大小(A)…”命令，如图 1-2-1 所示。

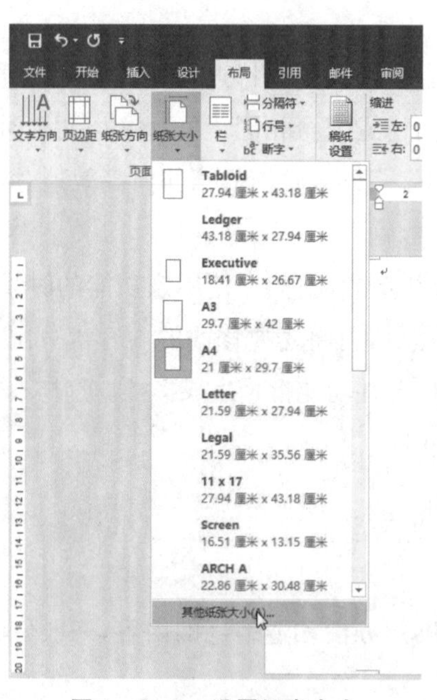

图 1-2-1　设置纸张大小

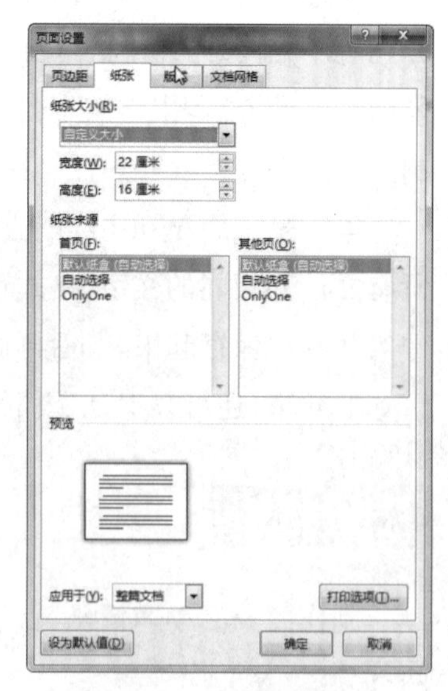

图 1-2-2　设置纸张大小

（3）调出“页面设置”对话框，设置宽度为 22 厘米，高度为 16 厘米，然后点击“确定”，如图 1-2-2 所示。

Step2:为封面设置背景颜色

(1) 选择“设计/页面背景”组,点击选择“页面颜色”下拉框下的“填充效果(F)…”选项,如图 1-2-3 所示。

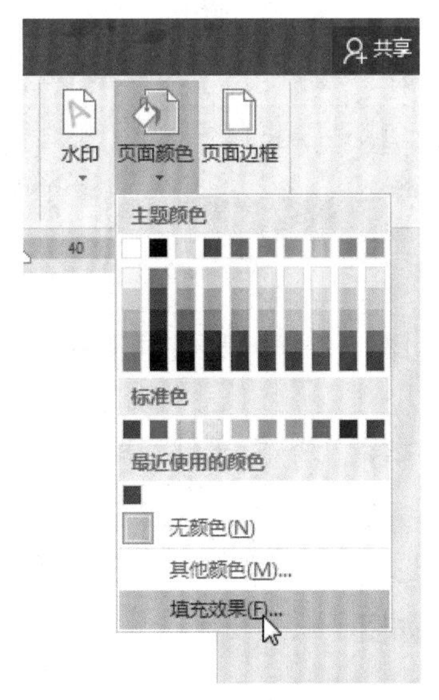

图 1-2-3　选择页面背景

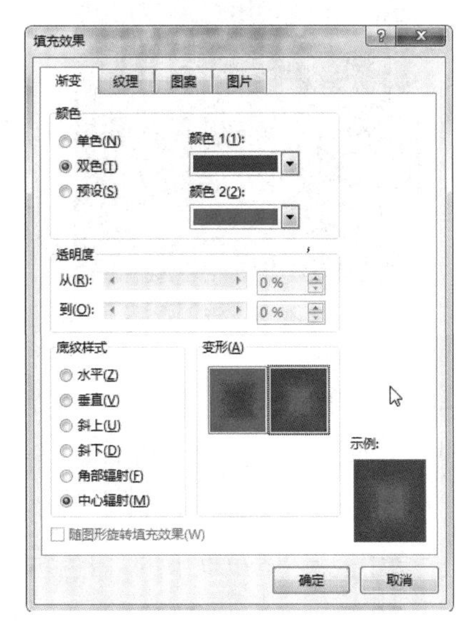

图 1-2-4　设置背景色样式

(2) 弹出“填充效果”对话框。在“渐变”选项卡中设置颜色为“双色”,颜色 1 选择“深红”,颜色 2 选择“红色”;设置底纹样式为“中心辐射(M)”,如图 1-2-4 所示。

Step3:为封面插入艺术字

(1) 选择“插入/文本”组,点击“艺术字”下拉框下的“填充:金色,主题色 4;软棱台”选项,如图 1-2-5 所示。

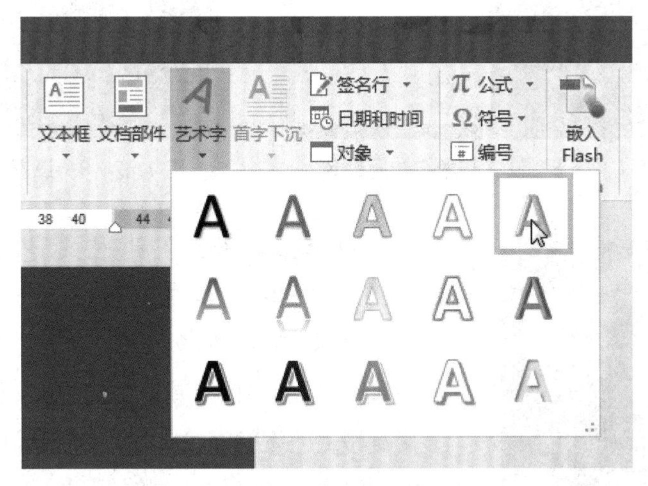

图 1-2-5　选择艺术字样式

（2）在文本框中输入汉字“邀”，如图 1-2-6 所示。

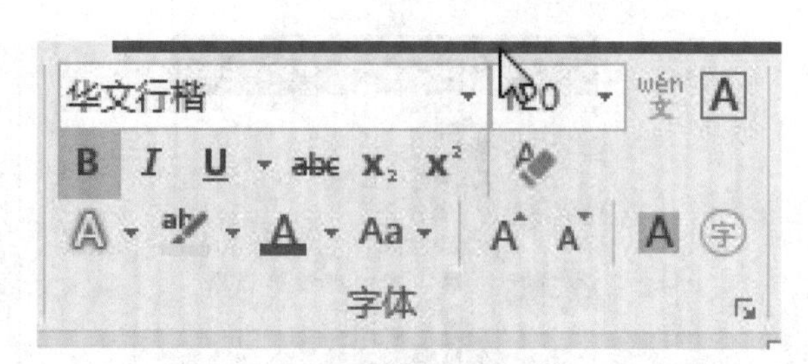

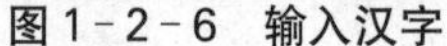
图 1-2-6　输入汉字

图 1-2-7　设置字体及字号大小

（3）用鼠标选中刚刚输入的汉字“邀”，选择“开始/字体”组，设置字体为华文行楷、120 磅，如图 1-2-7 所示。

（4）用鼠标选中刚刚输入的汉字“邀”，选择“绘图工具/格式/艺术字样式”组，点击“文本轮廓”下拉框下的“白色”主题颜色，如图 1-2-8 所示。

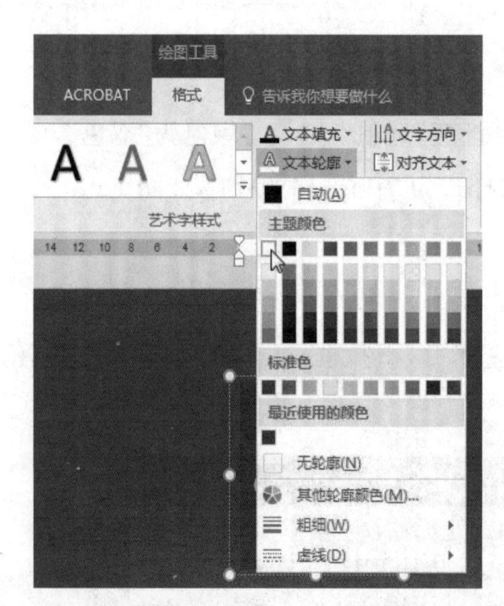

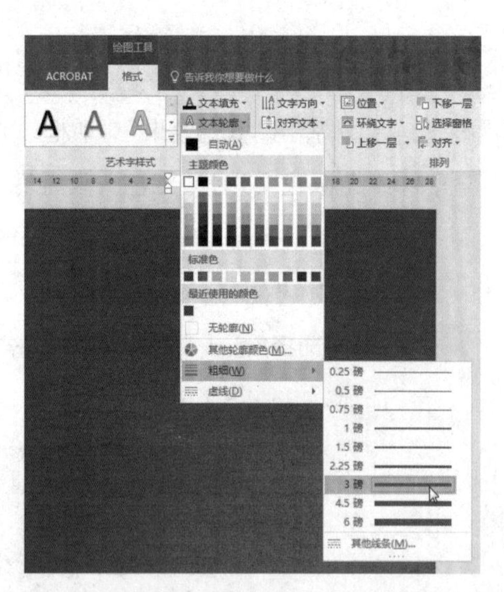

图 1-2-8　设置艺术字轮廓颜色

图 1-2-9　设置艺术字轮廓线粗细

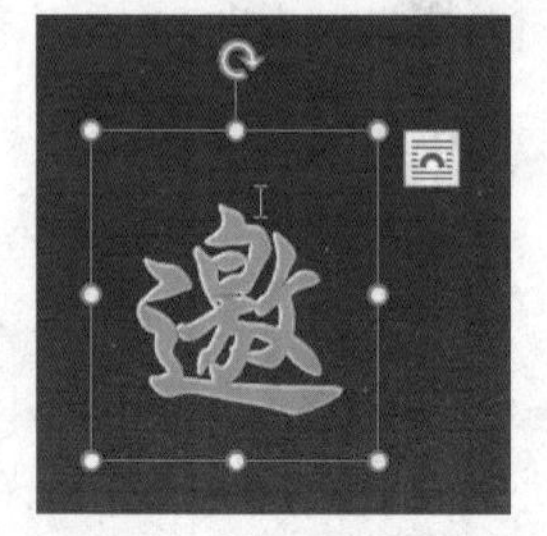

图 1-2-10　选中文本框

（5）继续选择“绘图工具/格式/艺术字样式”组，点击“文本轮廓”下拉框下的“粗细”中的“3 磅”，如图 1-2-9 所示。

（6）选中“邀”字的文本框，确认文本框边框为实线，此时选中的是整个文本框及其框中的内容，如图 1-2-10 所示。

（7）选中“邀”字的文本框，按住键盘上的 Ctrl 键，同时用鼠标拖曳文本框，复制出一个格式与样式相同的文本框。再选中复制出的“邀”字，将它更改为“请”字，如图 1-2-11 所示。

图 1-2-11　复制文本框

图 1-2-12　排列艺术字

（8）重复第（7）步，复制第三个文本框，将文字更改为“函”字。按样张排列，三个字全部居于页面右半侧，如图 1-2-12 所示。

Step4：为封面插入酒店 Logo

（1）选择“插入/插图”组，点击“图片”按钮，调出“插入图片”对话框，选择素材文件“Logo.jpg”，如图 1-2-13 所示。

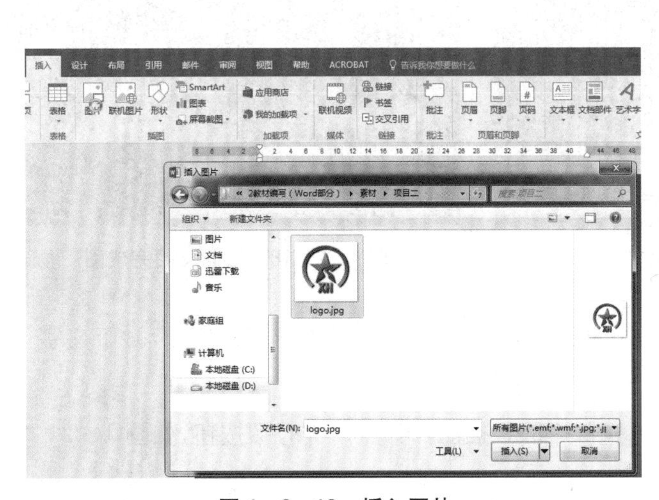

图 1-2-13　插入图片

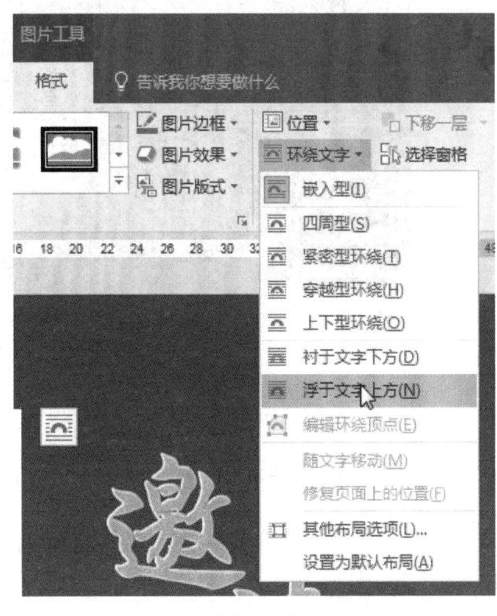

图 1-2-14　设置图片环绕文字方式

（2）选中刚刚插入的图片，选择“绘图工具/格式/排列”组，点击“环绕文字”下拉框下的“浮于文字上方”选项，如图 1-2-14 所示。

（3）选中刚刚插入的图片，选择“绘图工具/格式/调整”组，点击“删除背景”按钮，对 LOGO 图片进行背景色删除，如图 1-2-15 所示。

（4）此时 Word 并不能完整识别出背景色，我们可以使用“标记要保留的区域”和“标记要删除的区域”工具进行调整，调整好后，点击“保留更改”按钮，完成图片编辑，如图 1-2-16 所示。

图 1-2-15　背景色删除

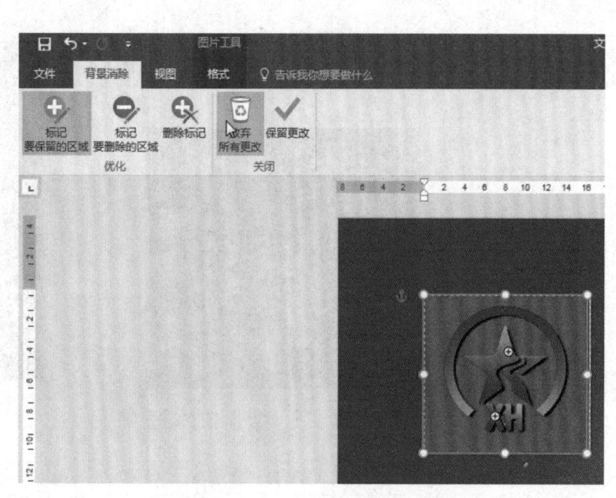

图 1-2-16　编辑背景色

(5) 在图片 LOGO 下方插入一个文本框，输入“星河大酒店欢迎您的莅临”，字体设置为华文行楷，如图 1-2-17 所示。

图 1-2-17　插入文本框

图 1-2-18　封面正面完成图

(6) 再重复上述的方法，在封面页中插入一个图片，设置环绕文字为衬于文字下方，完成封面正面的制作，如图 1-2-18 所示。

(7) 将光标定位到第二页中，选择“插入/插图”组，点击“图片”按钮，如图 1-2-19 所示。

图 1-2-19　插入图片

图 1-2-20　插入图片背景

（8）调出图片对话框，选择素材文件“bg. png”作为封面背面的插图，如图 1－2－20 所示。

（9）完成邀请函封面制作后，保存为“封面. docx”。

活动二 制作邀请函内页

活动分析

封面制作完成后，就要开始制作邀请函的内容页了，让我们一起看看如何制作邀请函内容页。

方法与步骤

Step1：新建文档，设置页面大小，与封面大小相同

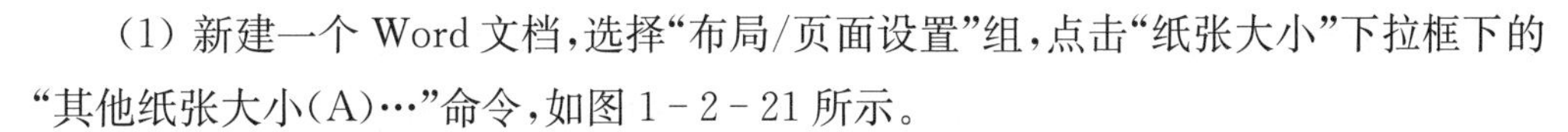

（1）新建一个 Word 文档，选择“布局/页面设置”组，点击“纸张大小”下拉框下的“其他纸张大小(A)…”命令，如图 1－2－21 所示。

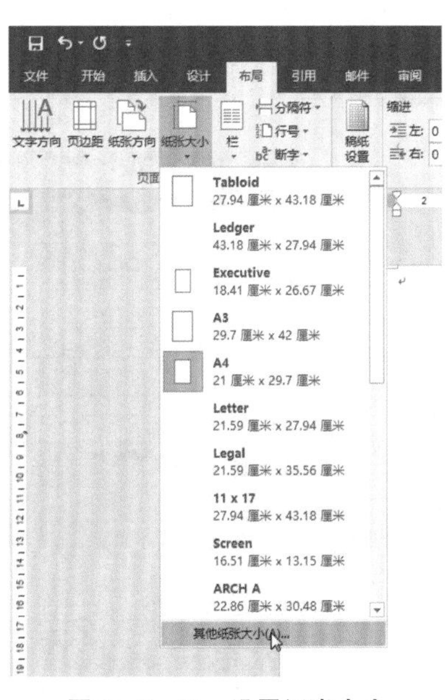

图 1－2－21　设置纸张大小

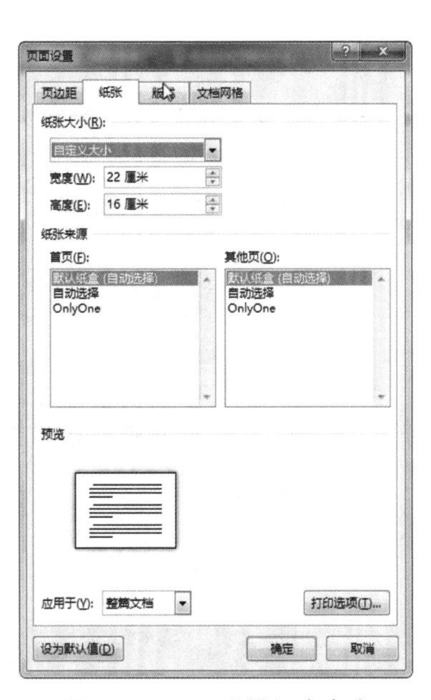

图 1－2－22　设置纸张大小

（2）调出“页面设置”对话框，设置宽度为 22 厘米，高度为 16 厘米，然后点击“确定”，如图 1－2－22 所示。

Step2:为文档添加页面边框

(1) 选择“设计/页面背景”组,点击“页面边框”按钮,如图 1-2-23 所示。

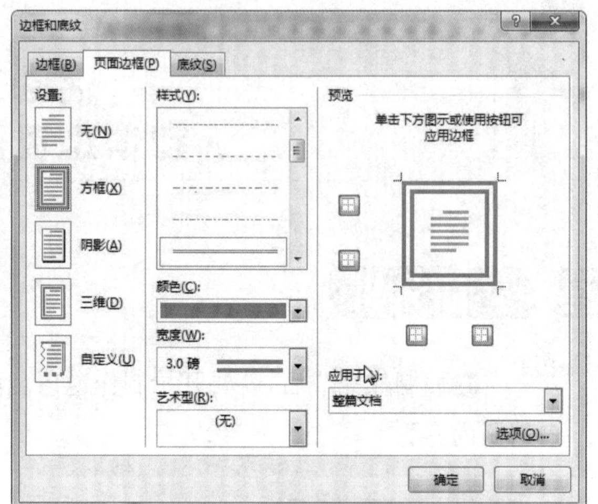

图 1-2-23　页面边框　　　　图 1-2-24　插入空白页

(2) 调出“边框和底纹”对话框,设置页面边框的样式为“双线”,颜色为“橙色”,宽度为“3.0 磅”,如图 1-2-24 所示。

(3) 选择“设计/页面背景”组,点击“页面颜色”下拉框下的“填充效果”命令,如图 1-2-25 所示。

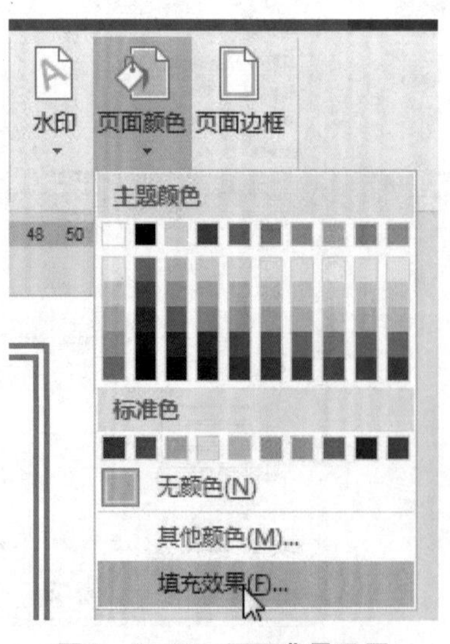

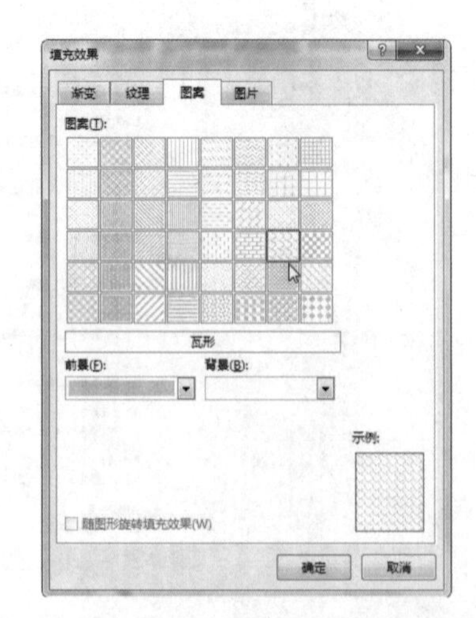

图 1-2-25　页面背景设置　　　　图 1-2-26　设置页面背景填充图案

(4) 在调出的“填充效果”对话框中,点击并切换到“图案”选项卡,选择“瓦型”图案,设置前景色为“橙色,个性色 2,淡色 60%”,如图 1-2-26 所示。

（5）选择“插入/文本”组，点击“文本框”下拉框下的“简单文本框”选项，将邀请词内容输入到文本框中，如图 1－2－27 所示。

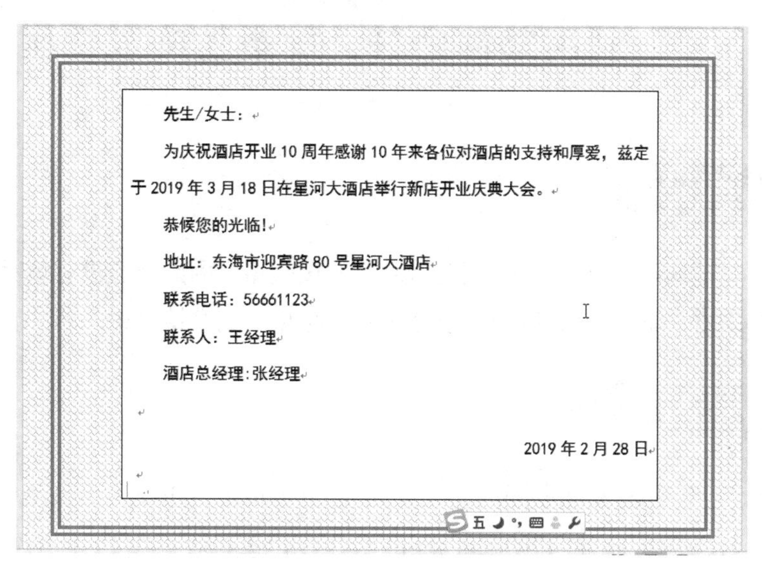

先生/女士：

为庆祝酒店开业 10 周年感谢 10 年来各位对酒店的支持和厚爱，兹定于 2019 年 3 月 18 日在星河大酒店举行新店开业庆典大会。

恭候您的光临！

地址：东海市迎宾路 80 号星河大酒店

联系电话：56661123

联系人：王经理

酒店总经理：张经理

2019 年 2 月 28 日

图 1－2－27　输入文字

（6）选中文本框，选择“绘图工具/格式/形状样式”组，依次设置文本框的形状填充为“无填充”，形状轮廓为“无轮廓”，如图 1－2－28 所示。

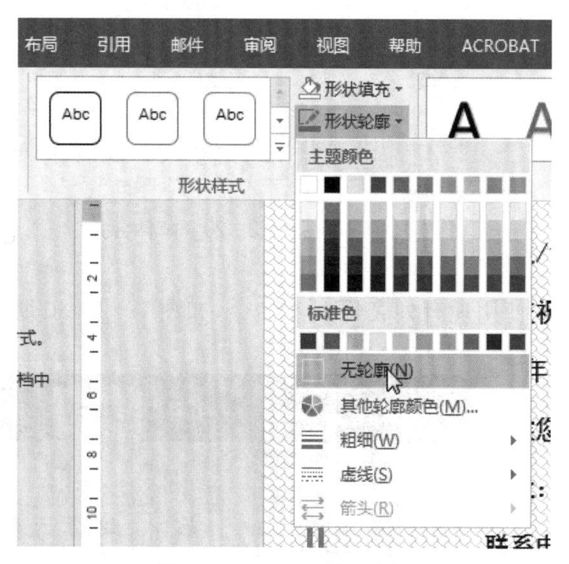

图 1－2－28　设置文本框

（7）将制作好的文档以“邀请函模板.docx”为文件名，保存。

活动三
利用邮件合并，批量生成邀请函

活动分析

邀请函已经制作好了，但邀请函上的接收嘉宾的姓名还没有填写，接下来，我们就一起来看一下如何将 50 位与会嘉宾的姓名填写到邀请函中。

方法与步骤

Step1：选择收件人列表

（1）选择“邮件/开始邮件合并”组，点击“选择收件人”下拉按钮，如图 1-2-29 所示。

图 1-2-29　邮件合并

（2）选择“使用现有列表(E)…”命令，如图 1-2-30 所示。

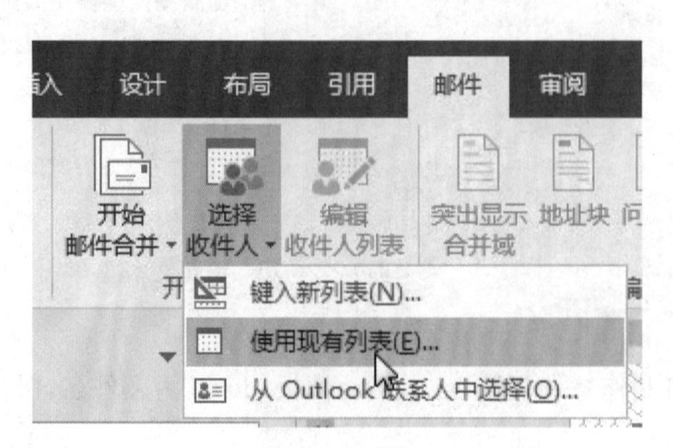

图 1-2-30

（3）在调出的“选取数据源”对话框中，选择 Excel 数据文件“发送名单.xlsx”，如图 1-2-31 所示。

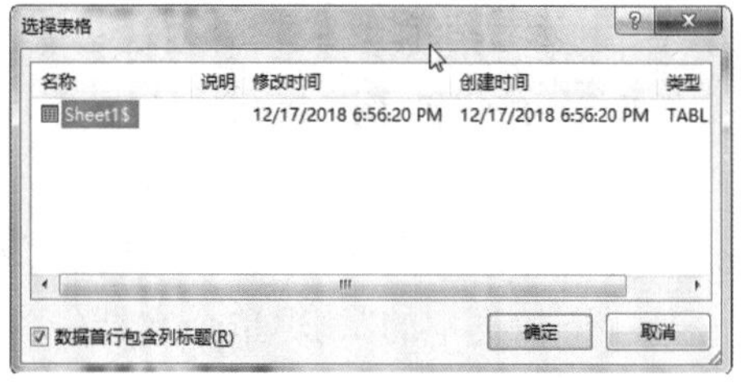

图 1-2-31　选择数据源　　　　图 1-2-32　选择数据源表

（4）在打开的数据源中，再次选择数据源表“Sheet1”，点击“确定”按钮，完成数据源的选择，如图 1-2-32 所示。

Step2：插入合并域，并生成邮件信函

（1）将鼠标定位到邀请函的开头处（即要插入嘉宾姓名的地方），选择“邮件/编写和插入域”组，如图 1-2-33 所示。

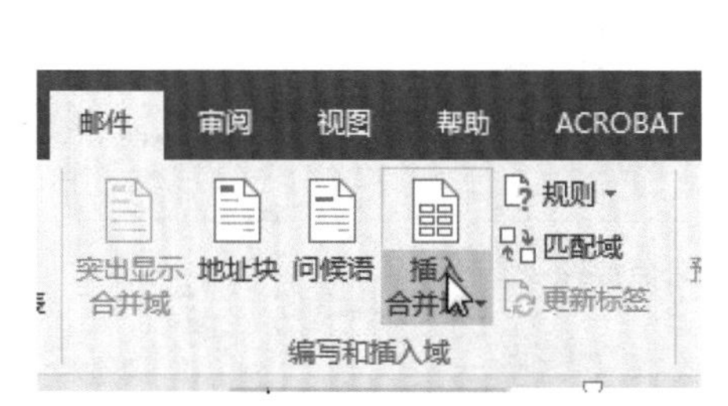

图 1-2-33　插入合并域　　　　图 1-2-34　插入姓名域

（2）点击“插入合并域”下拉框下的“姓名”域，插入到文档开头处，如图 1-2-34 所示。

（3）选择“邮件/预览结果”组，点击“预览结果”按钮，预览合并后的文档，如图 1-2-35 所示。

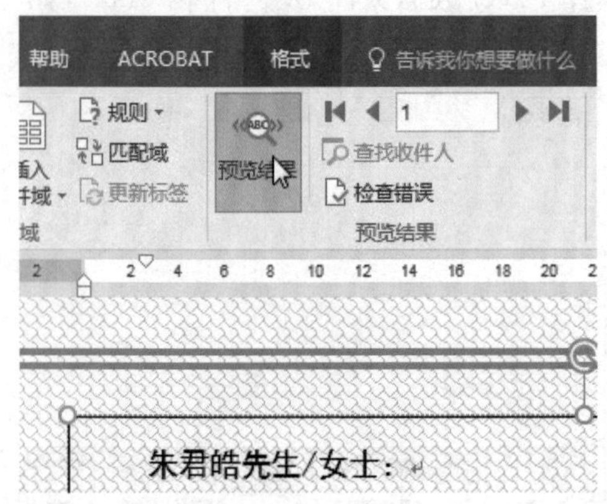

图 1-2-35　预览结果

图 1-2-36　完成合并

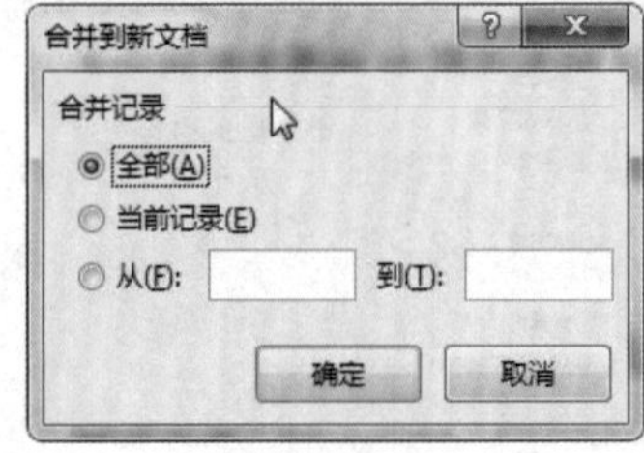

图 1-2-37　生成新的邮件信函

（4）预览文档后如果没有发现问题，我们就可以选择“邮件/完成”组，点击“完成”下拉框下的“编辑单个文档(E)…”命令，如图 1-2-36 所示。

（5）在调出的“合并到新文档”对话框中，选择“全部”，点击“确定”按钮，生成新的邮件信函文档，如图 1-2-37 所示。

（6）在打开的新文档中，重复活动二的 Step1，为文档设置页面背景，以“邀请函.docx”为文件名保存，如图 1-2-38 所示。

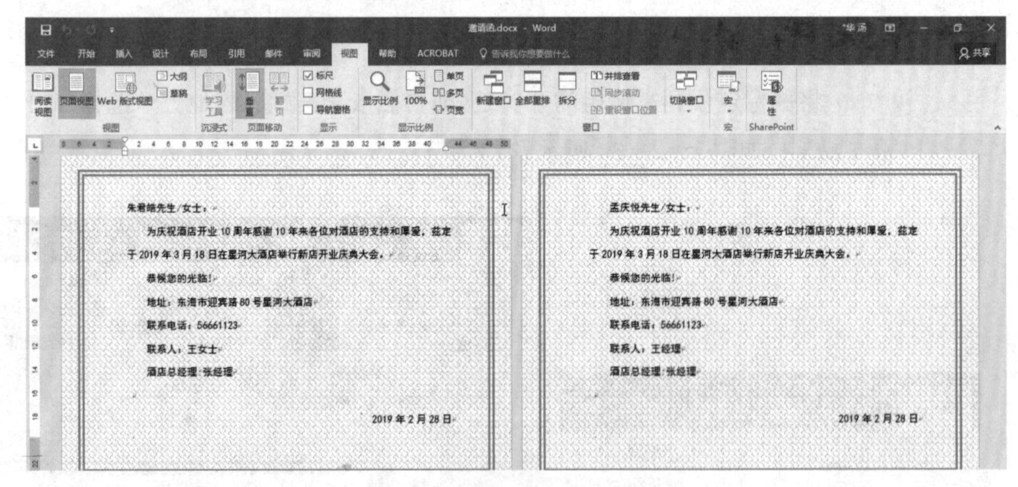

图 1-2-38　完成文档合并

知识链接

Word 邮件合并

在 Office 中，先建立两个文档：一个包括所有文件共有内容的 Word 文档（比如未填写的信封等）和一个包括变化信息的数据源 Excel（填写的收件人、发件人、邮编等)，然后使用邮件合并功能在主文档中插入变化的信息，合成后的文件用户可以保存为 Word 文档，可以打印出来，也可以以邮件形式发出去。

应用领域编辑

(1) 批量打印信封：按统一的格式，将电子表格中的邮编、收件人地址和收件人打印出来。

(2) 批量打印信件：主要是从电子表格中调用收件人，换一下称呼，信件内容基本固定不变。

(3) 批量打印请柬：同上(2)。

(4) 批量打印工资条：从电子表格调用数据。

(5) 批量打印个人简历：从电子表格中调用不同字段数据，每人一页，对应不同信息。

(6) 批量打印学生成绩单：从电子表格成绩中取出个人信息，并设置评语字段，编写不同评语。

(7) 批量打印各类获奖证书：在电子表格中设置姓名、获奖名称和等级，在 Word 中设置打印格式，可以打印众多证书。

(8) 批量打印准考证、明信片、信封等个人报表。

总之，只要有数据源(电子表格、数据库)等，只要是一个标准的二维数表，就可以很方便地按一个记录一页的方式从 Word 中用邮件合并功能打印出来!

思考与练习

从网络上收集一些图片，再次设计一份邀请函。

任务三
酒店开业庆典活动海报制作

学习目标

- 学会使用文本框
- 学会使用绘图工具绘制复杂图形
- 学会设置页面背景

任务描述

新店开业庆典活动在即，为了扩大酒店的知名度，小王还需要制作庆典活动海报用于发给来往过客、张贴广告等用途，让我们来一起看看，他是怎么制作的。

任务分析

制作商务活动庆典海报，首先要确定海报的构图版式，在这个任务中，我们将采用最常见的左右型海报构图版式来制作一份 A4 纸大小的庆典海报。

活动一
构建海报左右版式及背景

活动分析

设计主题明确的左右构图的海报版式时，可以使用对称和不对称的两种方式，选用蓝白为主色调进行版式构图的设计。

方法与步骤

Step1：新建一个空白文档，设置页面纸张大小为 A4，纸张方

向为纵向

(1) 新建一个 Word 文档,先插入一个空白页,选择"布局/页面设置"组,点击"纸张大小"下拉框下的"A4"选项,如下图 1-3-1 所示。

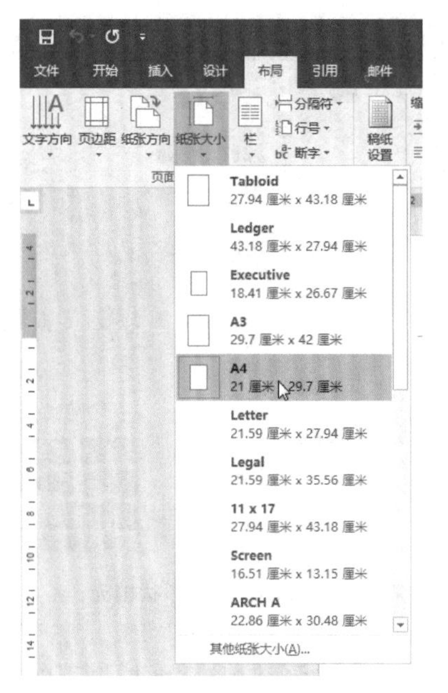

图 1-3-1 设置纸张大小

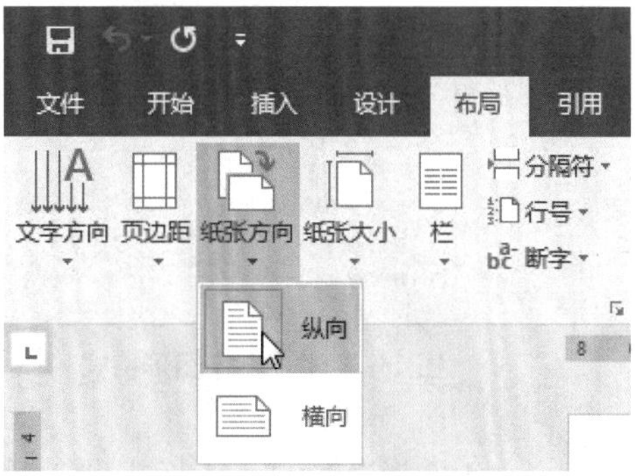

图 1-3-2 设置纸张方向

(2) 选择"布局"选项卡"页面设置"组,点击"纸张方向"下拉框下的"纵向"选项,如图 1-3-2 所示。

Step2:为页面添加左右构图的纵向分割带

(1) 选择"插入/插图"组,点击"形状"下拉框下的"矩形"选项,如图 1-3-3 所示。

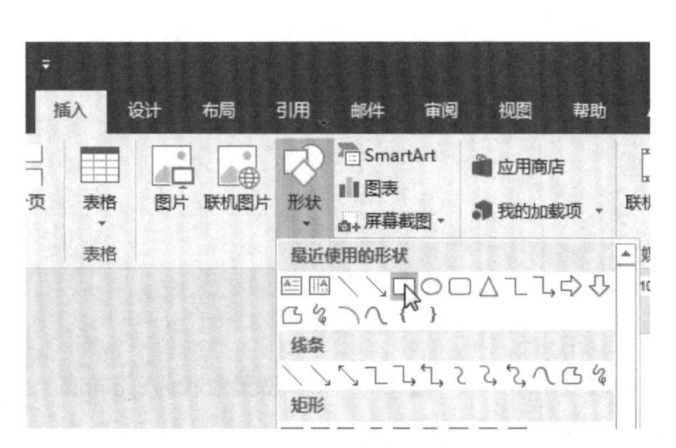

图 1-3-3 选择矩形绘图工具

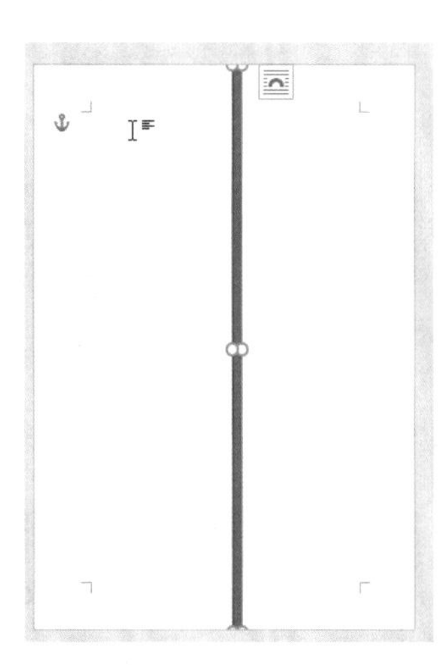

图 1-3-4 绘制矩形

(2) 在空白页面的水平约 2/3 处，绘制一个矩形，如图 1－3－4 所示。

(3) 绘制一个矩形，选择“绘图工具/格式/大小”组，设置矩形高度为 0.5 厘米，宽度为 29.7 厘米。点击“对齐”下拉框下的“垂直居中”选项，如图 1－3－5 所示。

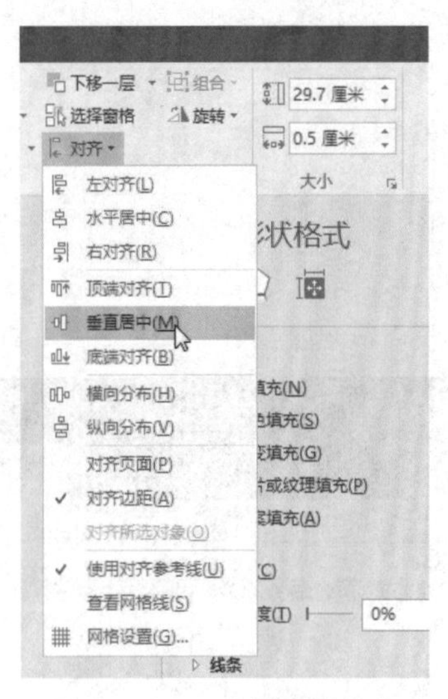

图 1－3－5　设置图形格式

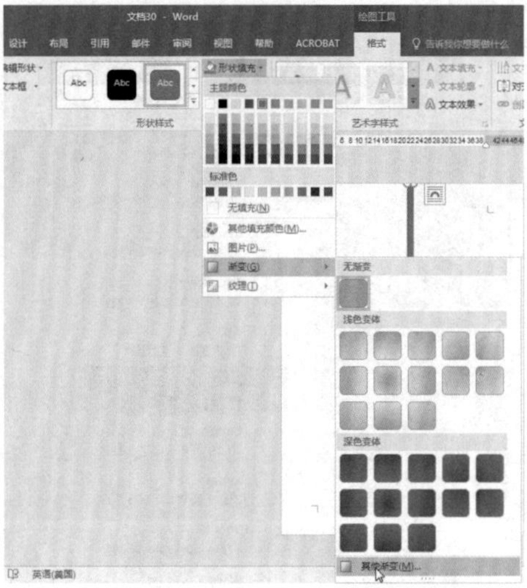

图 1－3－6　形状填充

(4) 选择“绘图工具/格式/形状样式”组，点击“形状填充”下拉框下的“渐变”选项中的“其他渐变…”命令，如图 1－3－6 所示。

(5) 在“设置形状格式”选项卡中，选择“渐变填充”选项，设置两个渐变光圈颜色为“金色”和“白色”，如图 1－3－7 所示。

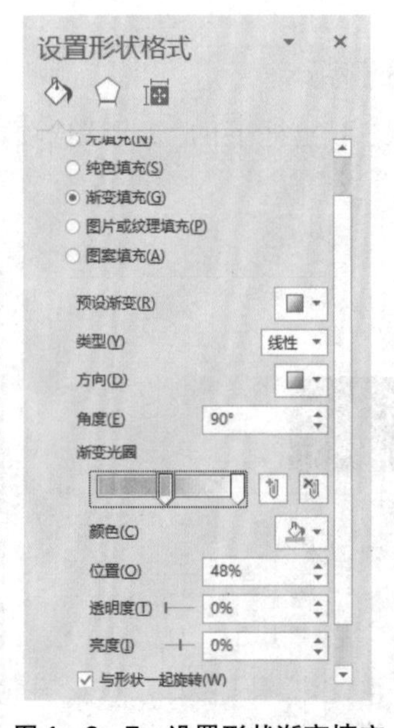

图 1－3－7　设置形状渐变填充

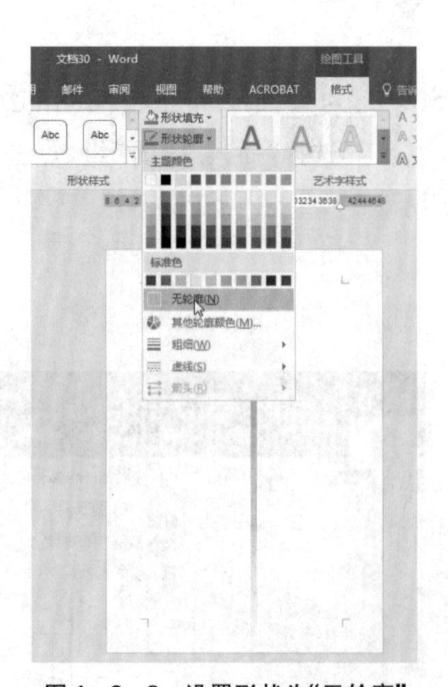

图 1－3－8　设置形状为“无轮廓”

（6）选择“形状轮廓”下拉框下的“无轮廓”选项，如图 1－3－8 所示。

Step3：为页面左侧添加蓝色背景色

（1）选择“插入/插图”组，点击“形状”下拉框下的“矩形”选项，绘制一个矩形，并设置其高度为 29.7 厘米，宽度为 14 厘米，如图 1－3－9 所示。

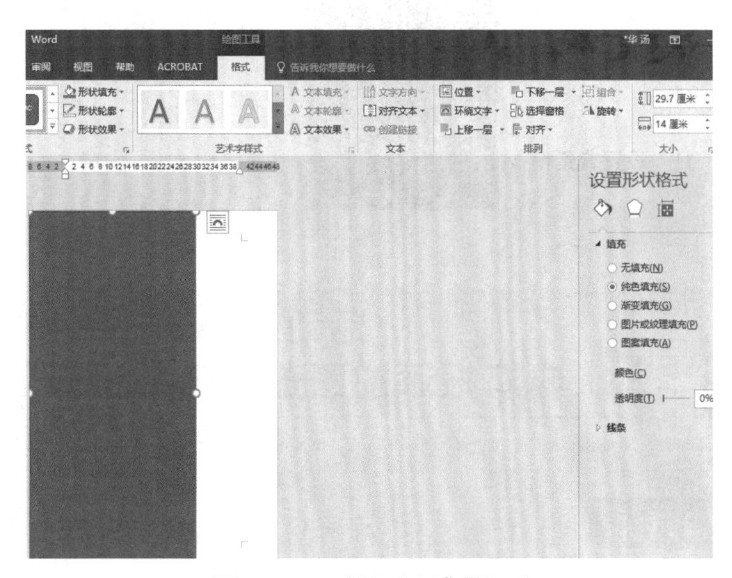

图 1－3－9　插入左侧背景矩形

（2）选中矩形形状，选择“绘图工具/格式”选项卡“排列”组，点击“下移一层”下拉框下的“置于底层”选项，如图 1－3－10 所示。

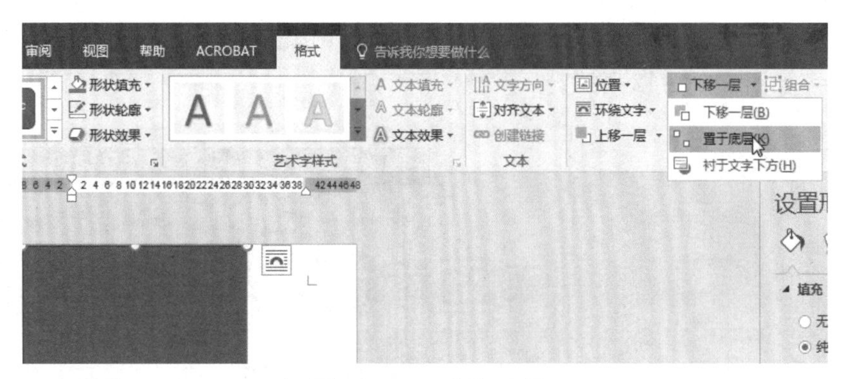

图 1－3－10　置于底层

（3）选择“排列”组，点击“对齐”下拉框下的“对齐页面”选项，再依次选择“左对齐”命令和“垂直居中”命令，最后将刚才绘制的分隔带移动到矩形框的右侧，如图 1－3－11 所示。

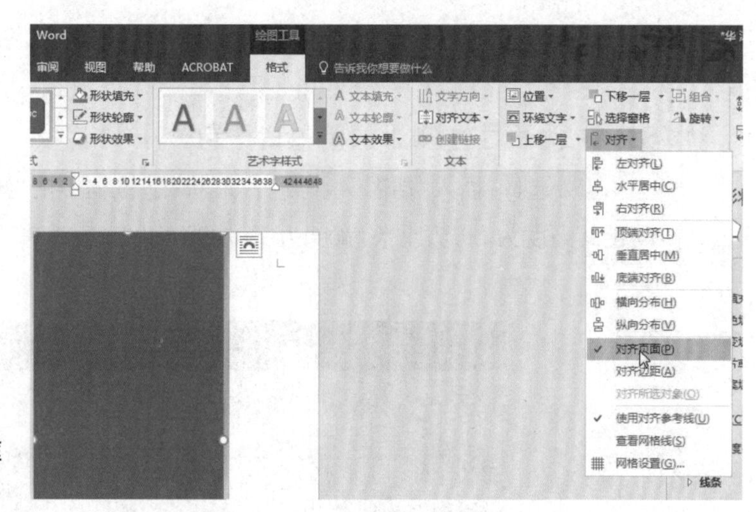

图 1-3-11　设置背景框格式

活动二
为庆典海报添加图形元素并设置效果

活动分析

左右版式定型后，接下来就要开始着手往海报中添加图形元素，突出海报主题。

方法与步骤

Step1：插入三张酒店的照片

选择“插入/插图”组，点击“图片”按钮，调出“插入图片”对话框，选择要插入的图片，如图 1-3-12 所示。

图 1-3-12　插入图片

Step2:设置图片格式

(1) 选中其中的一张图片,选择“绘图工具/格式/大小”组,点击右下角的“高级版式:大小”按钮,调出布局对话框,勾选“锁定纵横比(A)”,设置图片高度为“8 厘米”,最后点击“确定”按钮,如图 1-3-13 所示。

图 1-3-13　设置图片大小

(2) 选择“绘图工具/格式/排列”组,点击“环绕文字”下拉框下的“浮于文字上方”选项,如图 1-3-14 所示。

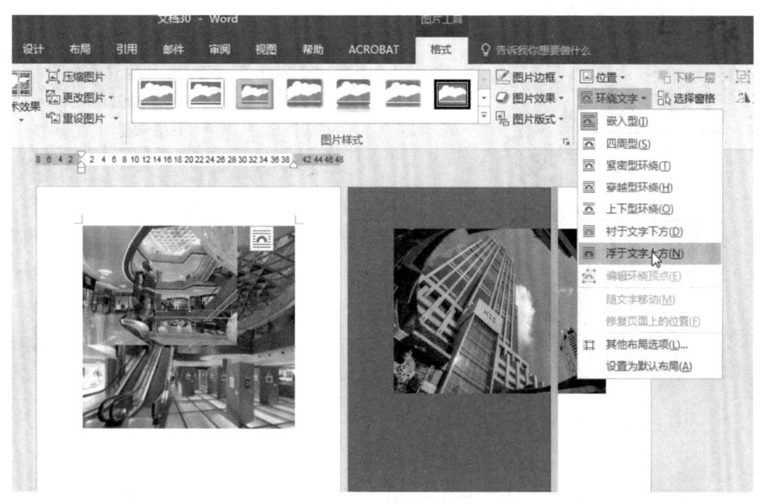

图 1-3-14　设置环绕方式

(3) 选择“图片样式”组,点击“其他”下拉框下的“旋转,白色”选项,如图 1-3-15 所示。

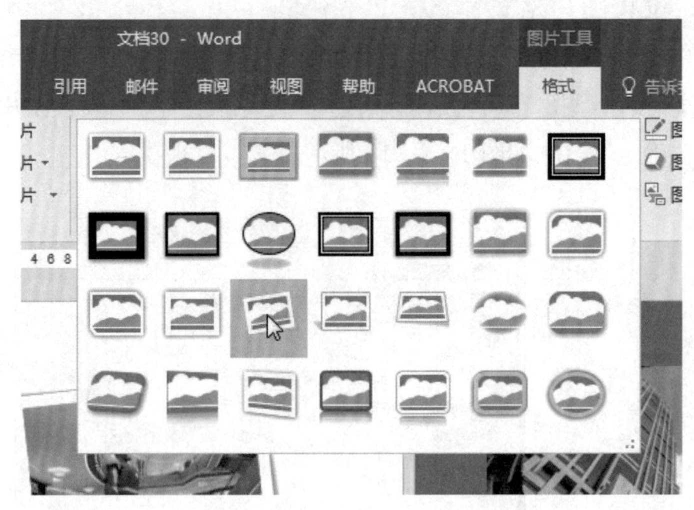

图 1-3-15　设置图片样式

(4) 重复以上(1)—(3)步，将插入的三张照片设置为相同的格式，并让三张照片在一页上显示，如图 1-3-16 所示。

(5) 选中最上方的图片，选择“排列”组，点击“旋转”下拉框下的“其他旋转选项”命令，如图 1-3-17 所示。

图 1-3-16　图片排列

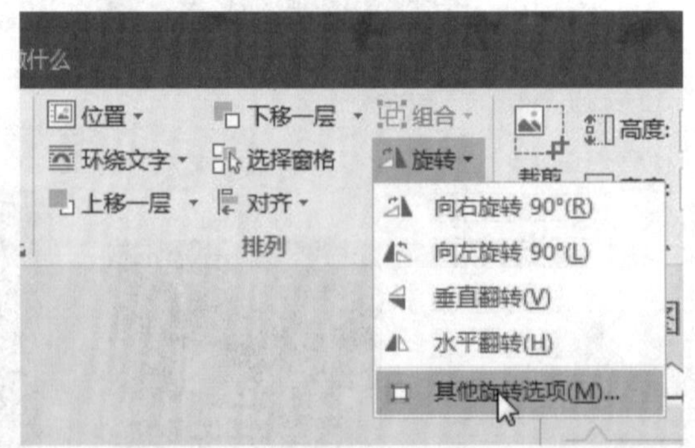

图 1-3-17　设置图片旋转

(6) 在调出的布局对话框中，分别将三张图片的旋转角度的值设置为－15、0、30，如图 1-3-18 所示。

(7) 图片最终排列效果如图 1-3-19 所示。

图 1－3－18　设置旋转角度

图 1－3－19　图片排列效果

活动三
添加其他图形、文字内容及效果

活动分析

海报中除了要有具有视觉冲击力的图片元素外，还应该有体现海报主旨含义的文字内容。

方法与步骤

Step1：用绘图工具绘制图形

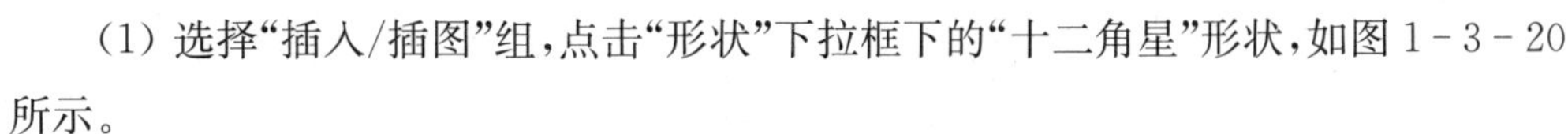

（1）选择“插入/插图”组，点击“形状”下拉框下的“十二角星”形状，如图 1－3－20 所示。

（2）绘制一个十二角星，并设置形状填充为“红色”，形状轮廓为“无轮廓”，如图 1－3－21 所示。

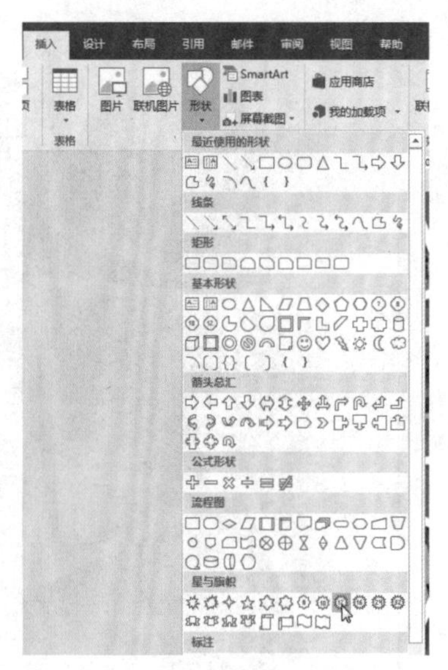

图 1-3-20 绘制图形

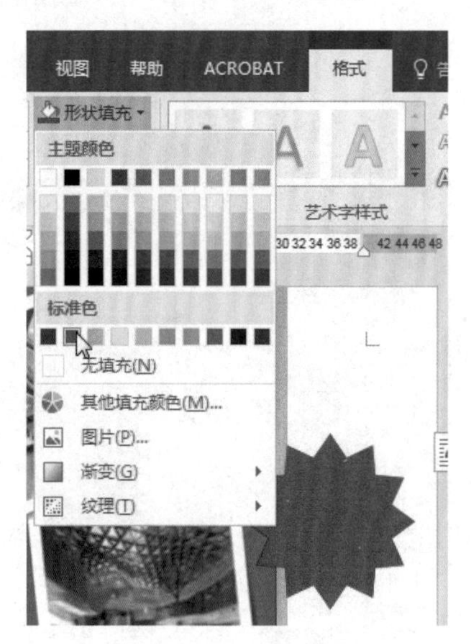

图 1-3-21 绘制十二角星

Step2:在绘制的图形中添加文字

（1）选中绘制好的十二角星，用鼠标右键单击，选择“添加文字”命令，如图 1-3-22 所示。

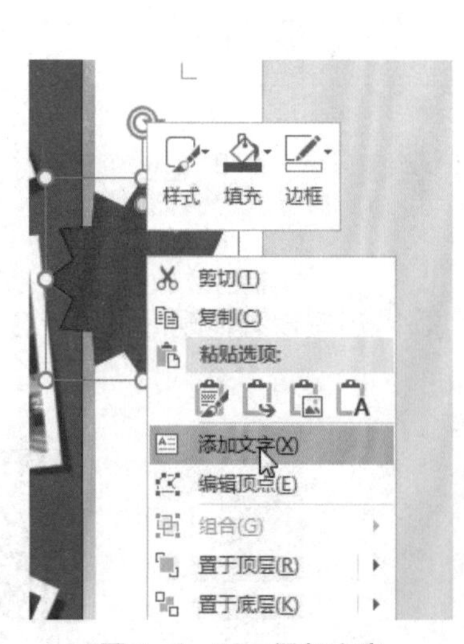

图 1-3-22 添加文字

图 1-3-23 设置文字格式

（2）在十二角星中输入汉字“开业庆典”，选择“开始/字体”组，设置字体为黑体、55 磅，如图 1-3-23 所示。

（3）选择“插入/文本”组，点击“艺术字”下拉框下的“填充：蓝色，主题色 1；阴影”（第一行第二列艺术字样式）选项，输入酒店名称“星河大酒店”，如图 1-3-24 所示。

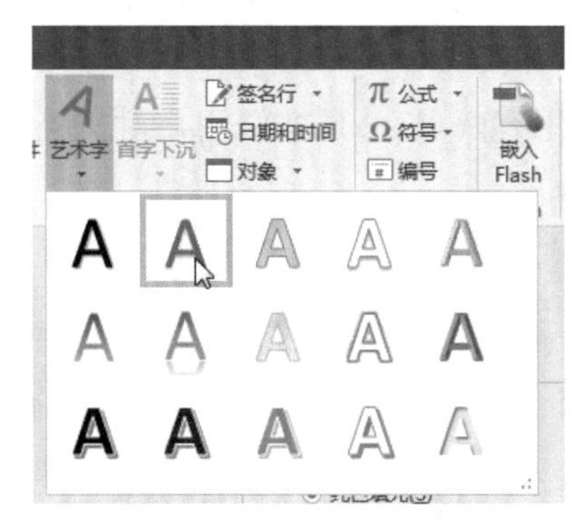

图 1-3-24　插入艺术字

图 1-3-25　插入艺术字

(4) 将艺术字拖到页面合适位置，如图 1-3-25 所示。

(5) 再次使用艺术字工具，在页面的右下侧添加庆典活动的举办时间、地点信息，如图 1-2-26 所示。

图 1-3-26　插入时间地点信息

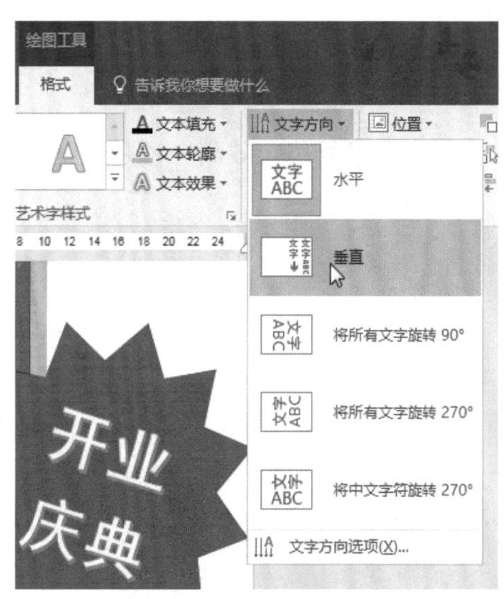

图 1-3-27　设置艺术字方向

(6) 选中刚刚输入的艺术字，选择“绘图工具/格式/文本”组，点击“文字方向”下拉框下的“垂直”命令，将艺术字方向设置为垂直，如图 1-3-27 所示。

知识链接

1. Word 自选图形

自选图形是指一组现成的形状，包括如矩形和圆这样的基本形状，以及各种线条和连接符、箭头总汇、流程图符号、星与旗帜和标注等。

自选图形在 Word 文档中应用的主要作用有两点：一是方便用户对文档排版，二是能够美化文档。

2. Word 艺术字的使用

简单地说，艺术字就是给普通的文字加上图片的效果，使文字变得漂亮、绚丽。在文档中使用这样的艺术字，能给文档增色不少。在 Word2016 中，应该怎么制作艺术字？其实跟 Word 其他版本一样，艺术字共有两种来源，一种为输入文字选择一种艺术字效果，另一种为插入艺术字。前者由普通文字变换而来，后者已经默认使用了一种艺术字样式，也就是已经是艺术字。

艺术字的两种来源方式各有千秋，由普通文字变换而来的没有任何牵带，但不能设置形状效果；插入的艺术字自带一个文本框，能设置形状效果。了解这些之后，在实际工作中可以根据需要选用。

思考与练习

从网络上收集一些图片，再次设计一份开业庆典海报（请使用其他类型的海报版式）。

任务四
酒店开业庆典活动方案制作

学习目标

- 学会文字与表格之间相互转换
- 学会设置表格的边框、底纹
- 学会利用函数计算表格中的数据

任务描述

小王正拟定的酒店开业仪式的策划方案中，活动预算表制作得并不完美，在公司项目经理的要求下，小王需要重新对活动预算表进行制作。

任务分析

活动费用预算表是活动方案中的重要组成部分，因此表格制作得好不好将会直接影响活动方案的好坏，下面，就让我们一起看看小王会怎么制作这份活动费用预算表吧！

活动一
将文字转换成表格

活动分析

活动方案是一本商业应用文档，包含特定的方案内容模块，所以方案文档应该使用 A4 纸大小，并为每个内容模块标题设置 Word 预设的标题格式。

Step1：打开活动费用预算表，设置预算表表头标题

（1）打开“活动费用预算表.docx”。

（2）选中文档标题“活动费用预算表”，选择“开始/样式”组，点击“其他”下拉框下的“标题 1”样式，应用预设的“标题 1”样式。

（3）选择“开始/段落”组，点击“居中”按钮，如图 1－4－1 所示。

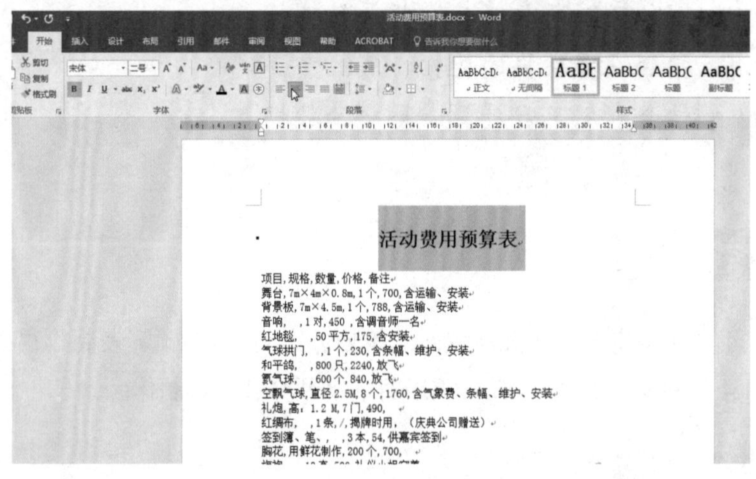

图 1－4－1　设置标题格式

Step2：将文档中的文字转换成表格

（1）将光标定位到文档正文的开头处，同时按下键盘上的 Ctrl＋Shift＋End 组合键，选中所有正文内容，如图 1－4－2 所示。

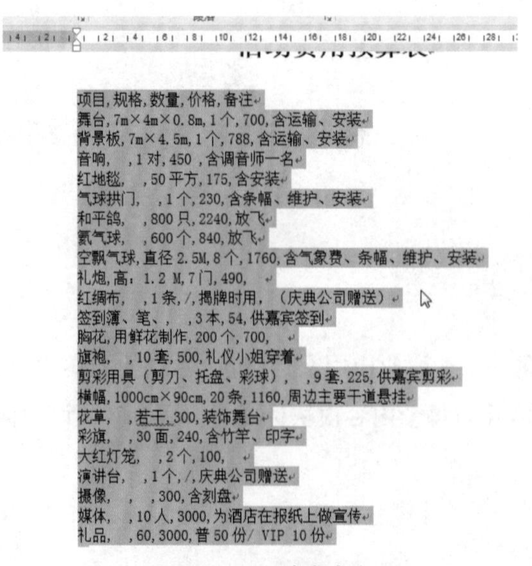

图 1－4－2　选中全文

（2）选择“插入/表格”组，点击“表格”下拉框下的“文本转换成表格…”命令，如图 1－4－3 所示。

图 1－4－3　文本转换成表格命令

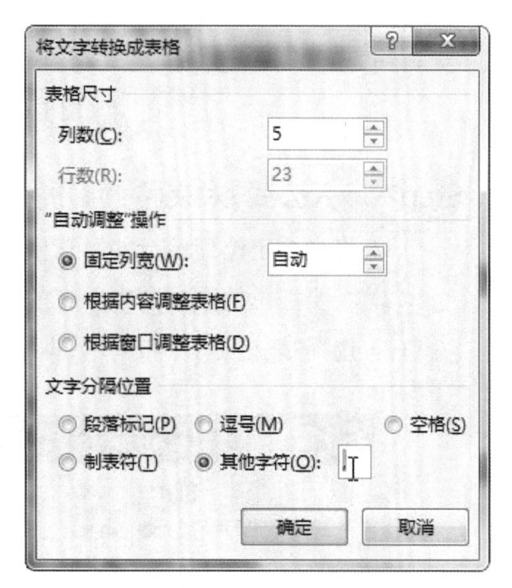

图 1－4－4　文字转换成表格

（3）调出“将文字转换成表格”对话框。

（4）在“文字分隔位置”中选择“其他字符”，在后面的文本框中输入中文状态的“，”（逗号），如图 1－4－4 所示。

活动二 计算表格中的数据

活动分析

表格中列举了所有的明细费用，需要在表格的最后一行添加一个汇总行。

方法与步骤

Step1：在表格末尾添加汇总行

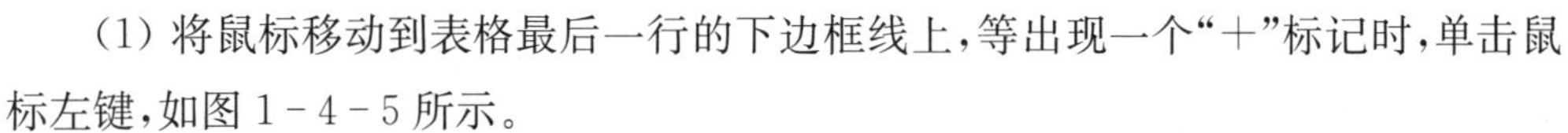

（1）将鼠标移动到表格最后一行的下边框线上，等出现一个“＋”标记时，单击鼠标左键，如图 1－4－5 所示。

（2）将光标定位到新插入行的第一个单元格，输入行标题“总计”。

摄像			300	含刻盘
媒体		10人	3000	为酒店在报纸上做宣传
礼品		60	3000	普 50 份/ VIP 10 份

图 1－4－5　插入空白行

Step2：输入公式，对表格数据进行简单计算

（1）将光标定位到该行的第三格单元格，准备插入公式。

（2）将要汇总的数据列中所有的"/"更改为数字"0"，便于数据的准确计算。

（3）选择"表格工具/布局/数据"组，点击"公式"按钮，如图 1－4－6 所示。

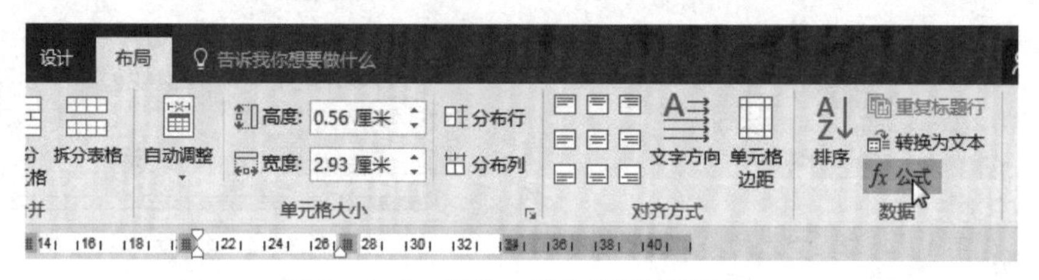

图 1－4－6　表格工具中的"公式"按钮

（4）在调出的"公式"对话框中，输入公式"＝SUM(ABOVE)"，点击"确定"，完成数据计算，如图 1－4－7 所示。

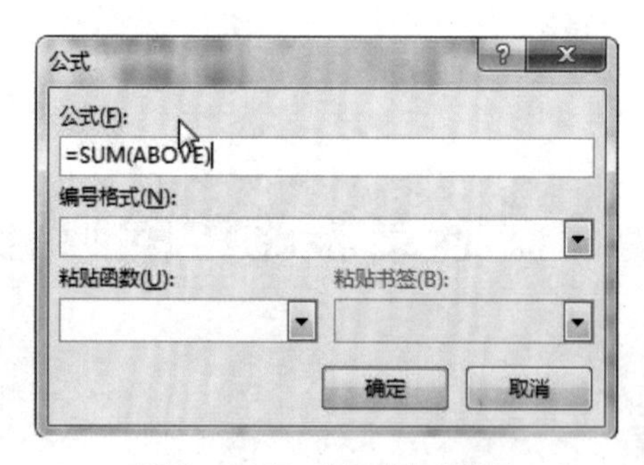

图 1－4－7　"公式"对话框

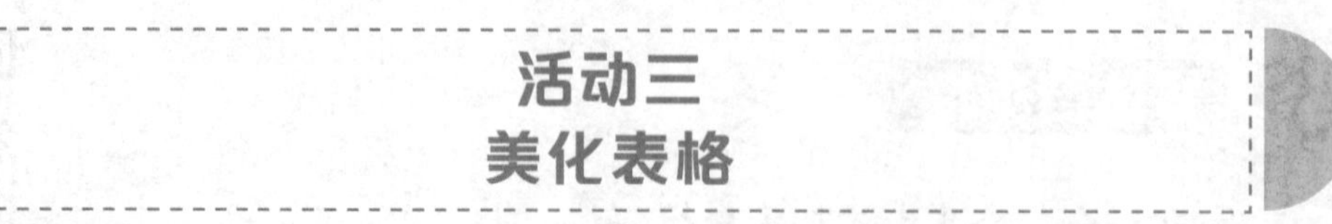

活动三 美化表格

活动分析

表格内容制作完成后，我们还应该对表格作进一步的美化。

方法与步骤

Step1:设置表格行高,使表格布局看上去更合理

(1) 将表格下边框用鼠标左键按住并拖动到页面底部,即调整表格的最后一行行高,如图 1-4-8 所示。

刀、托盘、彩球)				
横幅	1000cm×90cm	20 条	1160	周边主要干道悬挂
花草		若干	300	装饰舞台
彩旗		30 面	240	含竹竿、印字
大红灯笼		2 个	100	
演讲台		1 个	0	庆典公司赠送
摄像			300	含刻盘
媒体		10 人	3000	为酒店在报纸上做宣传
礼品		60	3000	普 50 份/ VIP 10 份
总计			17252	

图 1-4-8　调整最后一行行高

(2) 选中整张表格。

(3) 选择"表格工具/布局/单元格大小"组,点击"分布行"按钮,如图 1-4-9 所示。

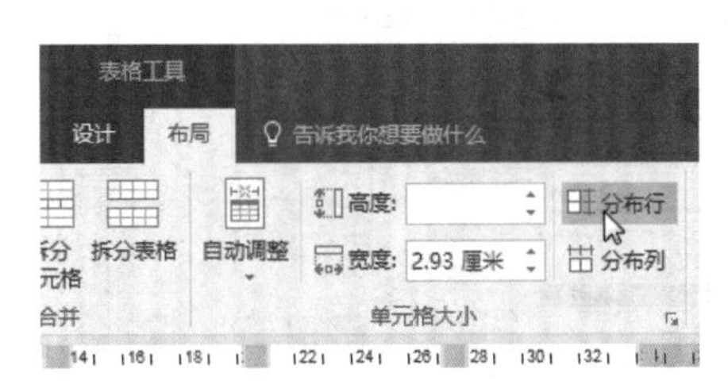

图 1-4-9　调整行高

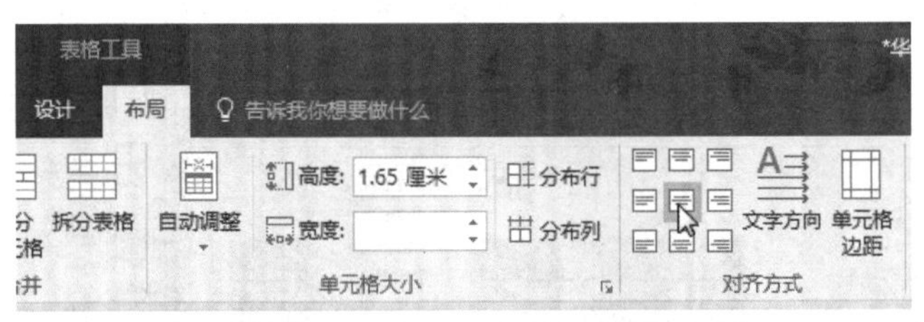

图 1-4-10　设置对齐方式

(4) 再次选择"对齐方式"组,点击"水平居中"按钮,使单元格内容在垂直和水平方向上都居中,如图 1-4-10 所示。

Step2:为表格套用自动套餐格式

选择"表格工具/设计/表格样式"组,点击样式"网络表 5 深色—着色 2"选项,如图 1-4-11 所示。

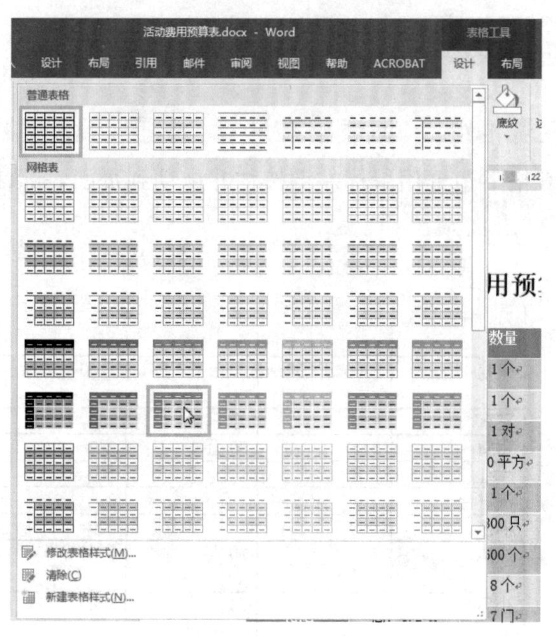

图 1-4-11　表格样式

Step3:修改表格边框线型

(1) 选中整张表格。

(2) 选择"开始/段落"组,点击"边框"下拉框下的"边框和底纹"命令,如图 1-4-12 所示。

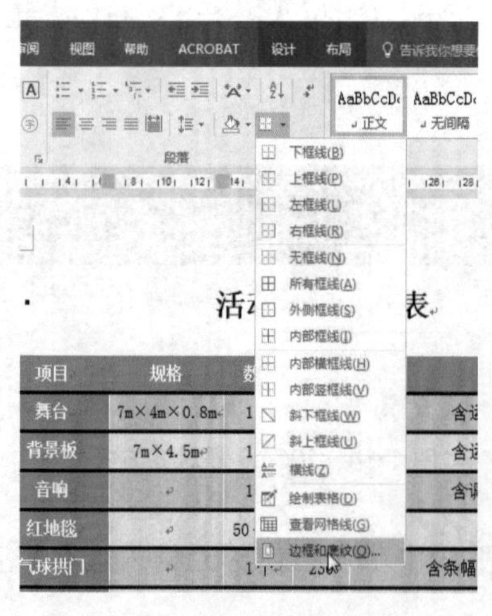

图 1-4-12　边框和底纹

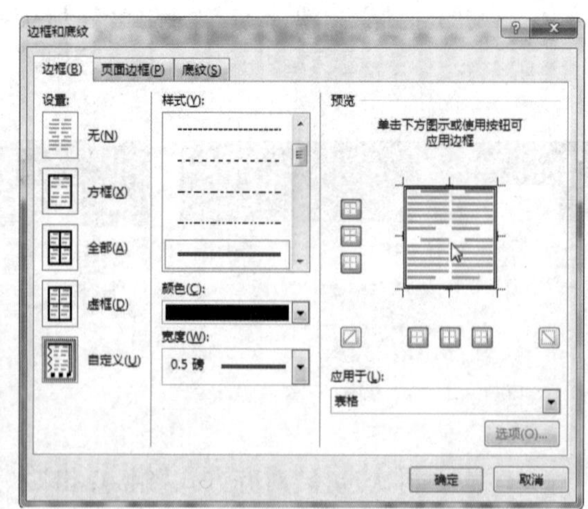

图 1-4-13　设置外框

(3) 调出"边框和底纹"对话框,设置为"方框",线型设置为"双线",颜色设置为"黑色",如图 1-4-13 所示。

(4) 再次调出"边框和底纹"对话框,选择线型"单线",颜色设置为"白色",在右侧预览框，点击“内部的水平线”按钮和“内部的垂直线”按钮，如图 1-4-14 所示。

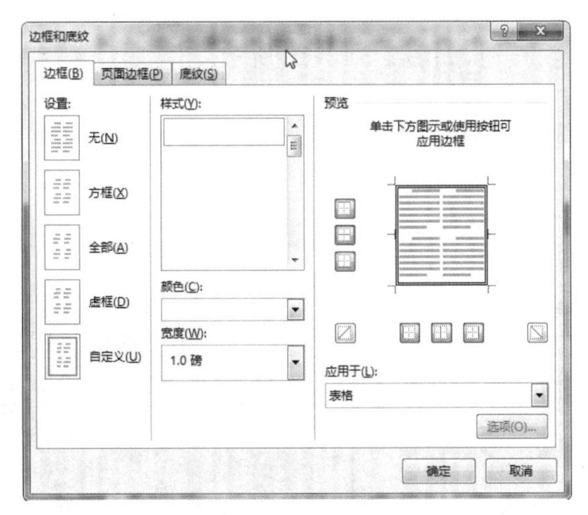

图 1-4-14　设置内框线

知识链接

新建 Word 表格样式

如果对 Word 中默认的表格样式感到不满意，又希望有一套自己喜欢的表格样式，用户可以选择新建表格样式，自定义表格中字体、表格边框和底纹等内容。

(1) 打开 Word 文档，选中表格，切换到“表格工具”功能区，选择“设计”选项卡，单击“表格样式”选项组的“其他”按钮，在展开的样式库单击“新建表格样式”选项，如图 1-4-15 所示。

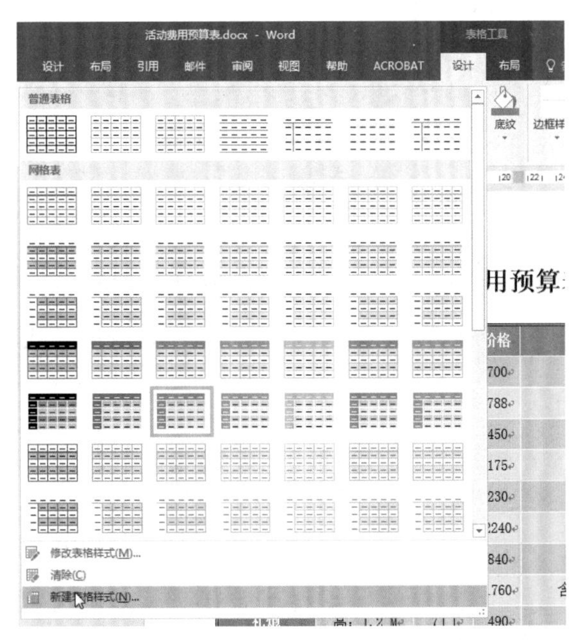

图 1-4-15　单击“新建表格样式”选项

(2) 弹出“根据格式化创建新样式”对话框，在“名称”文本框中输入“样式 2”，设置字体颜色为“红色”，设置边框为“无边框”，设置填充颜色为“蓝色，淡色 60%”，设置完成后单击“确定”按钮，如图 1-4-16 所示。

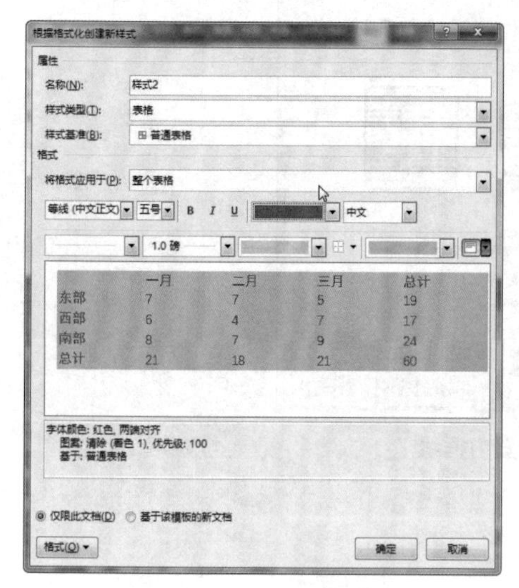

图 1-4-16　设置样式

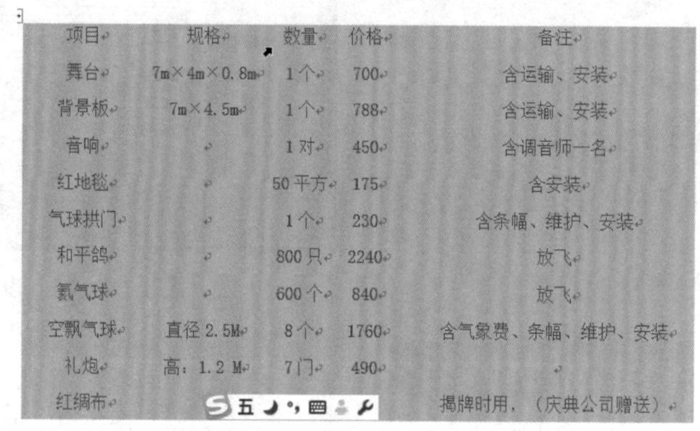

活动费用预算表

项目	规格	数量	价格	备注
舞台	7m×4m×0.8m	1个	700	含运输、安装
背景板	7m×4.5m	1个	788	含运输、安装
音响		1对	450	含调音师一名
红地毯		50平方	175	含安装
气球拱门		1个	230	含条幅、维护、安装
和平鸽		800只	2240	放飞
氦气球		600个	840	放飞
空飘气球	直径 2.5M	8个	1760	含气象费、条幅、维护、安装
礼炮	高：1.2 M	7门	490	
红绸布				揭牌时用，（庆典公司赠送）

图 1-4-17　查看设置效果

(3) 可以看到在样式库中添加了自定义的样式，选中表格后，选择样式库中的“自定义样式 1”样式，即可以看见为表格应用了新建的样式，如图 1-4-17 所示。

思考与练习

新建自定义表格样式。

项目二 电子表格处理

通过本项目的学习，学会电子报表制作、电子表格常用数据处理、统计分析函数应用、数据透视表和统计图制作等技能。掌握制作图表和分析数据的主要技能，达到电子报表制作的中级水平。

Microsoft Excel 是办公软件中处理表格的一款软件，也是日常办公中处理数据的好帮手，简单友好的操作界面，让用户能轻松上手。Excel 工作表由 Excel 主窗口、工作簿窗口组成，功能选项卡、组、组命令按钮、下拉工具按钮、名称定义框、单元格编辑栏等区域如图 2－0－1所示。

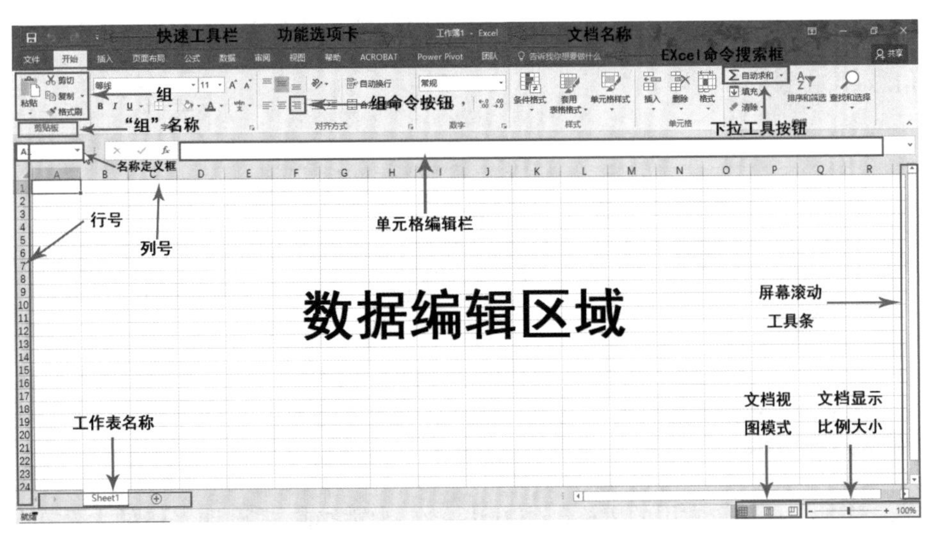

图 2－0－1　Excel 操作界面

任务一
校园才艺大赛评分表的制作

学习目标

- 学会对单元格格式进行设置
- 学会使用 Sum( )、Max( )、Min( )、Rank( )等常用函数
- 学会页面打印设置

任务描述

学校一年一度的校园才艺大赛即将开始了，身为学生会文艺部长的小张，将作为这次比赛的分数统计员，在比赛现场为选手统计分数和名次，为老师现场制作奖状赢得时间。下面就让我们看看，他是如何制作这份评分统计表的。

任务分析

校园才艺大赛通常在赛前已完成选手报名工作。现在小张需要设计一张表格来输入评委所打的分数，然后利用函数自动计算总分、最高分、最低分、名次等获奖所需信息，美化表格并打印。

活动一
设计表格

活动分析

这是一种比较常用的表格制作方法。在制作之前，需设计表格的大致布局，评分表通常情况下是一张二维表格，我们就以最常见的字段名称，即姓名、节目名称、1 号评委、2 号评委……10 号评委为列名设计表格。

方法与步骤

Step1:新建一个空白工作簿

（1）双击 Excel 图标，点击“新建”，选择“空白工作簿”，新建一个空白工作簿，如图 2－1－1 所示。

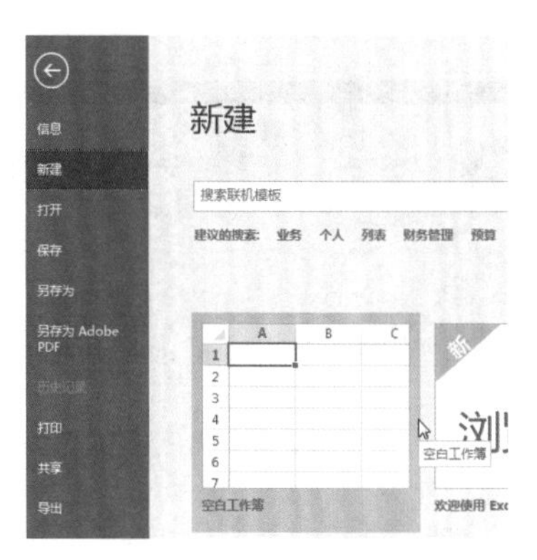

图 2－1－1　新建空白工作簿

（2）在 A1 至 D1 单元格依次输入列名“序号”、“姓名”、“节目名称”、“评委打分”。在 D2 至 M2 单元格依次输入“1 号评委”、“2 号评委”……“10 号评委”，如图 2－1－2 所示。

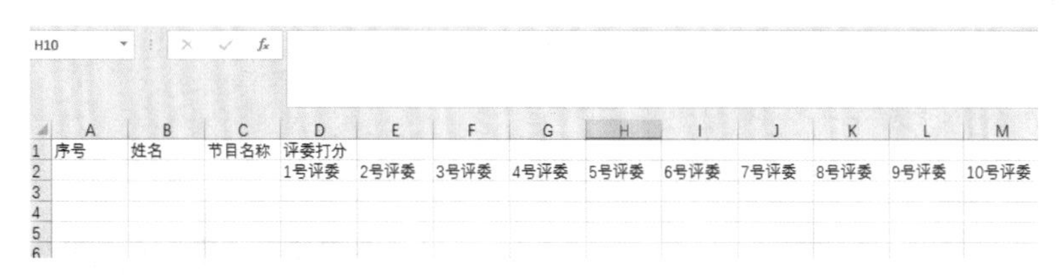

图 2－1－2　制作表头

Step2:设置表头格式

（1）选择 D1:M1 单元格，点击“开始/对齐方式”组，点击“合并后居中”按钮，将“评委打分”单元格内容合并居中，如图 2－1－3 所示。

图 2－1－3　合并居中

(2) 选择 A1:A2 单元格,点击“开始/对齐方式”组,点击“合并后居中”按钮,将“序号”单元格内容合并居中。

(3) 选择 B1:B2 单元格,点击“开始/对齐方式”组,点击“合并后居中”按钮,将“姓名”单元格内容合并居中。

(4) 选择 C1:C2 单元格,点击“开始/对齐方式”组,点击“合并后居中”按钮,将“节目名称”单元格内容合并居中,如图 2-1-4 所示。

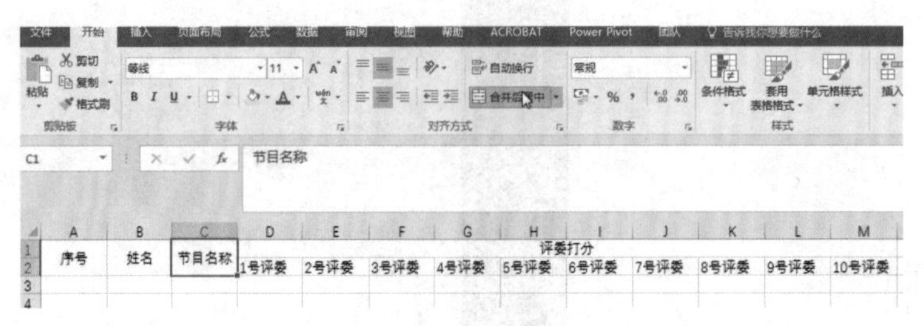

图 2-1-4 设置表头格式

Step3:为表格添加内容

(1) 打开素材目录下的“校园才艺大赛报名选手名单.docx”文档。

(2) 选中文档中表格的第二行到最后一行数据,右击鼠标,选择“复制”命令。

(3) 在刚才新建的 Excel 表中,选中 B3 单元格,右击鼠标,选择“粘贴/匹配目标格式”命令,将 Word 文档中的内容信息复制到 Excel 表格中,如图 2-1-5 所示。

图 2-1-5 添加内容信息

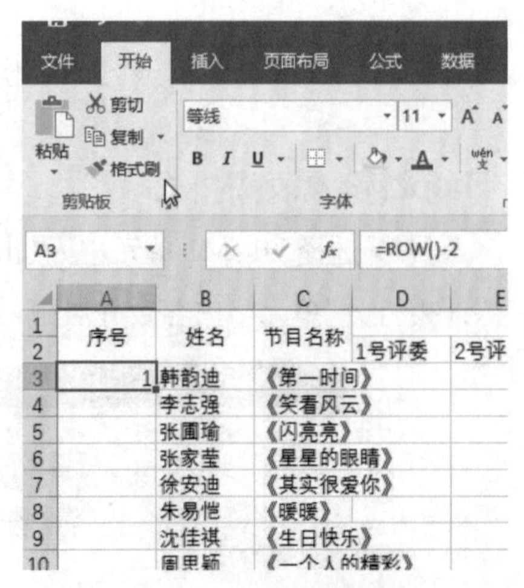

图 2-1-6 利用公式计算序号

(4) 选中 A3 单元格,在编辑栏中输入公式“=ROW()-2”,然后按回车键,为表格添加序号,如图 2-1-6 所示。

（5）移动到 A3 单元格右下角使用填充柄，完成对表格序号的自动填充，如图 2－1－7 所示。

图 2－1－7　自动填充序号

图 2－1－8　调整列宽

（6）点击列名“C”，选中 C 列，选择“开始/单元格”组，点击“格式”下拉框下的“自动调整列宽”命令，调整 C 列列宽。如图 2－1－8 所示。

活动二
为选手计算分数

活动分析

表格设计完毕后，小张会将 10 位评委评分表中的分数进行快速录入。计算每一位参赛选手的总分，10 位评委中给的最高分和最低分。最后再由总分减去评委所给的最高分和最低分，求出最终加权平均分。按照最终得分进行排名次。

Step1：录入第一位选手的分数数据

为每一位选手的评委打分项下录入分数数据，如图 2－1－9 所示。

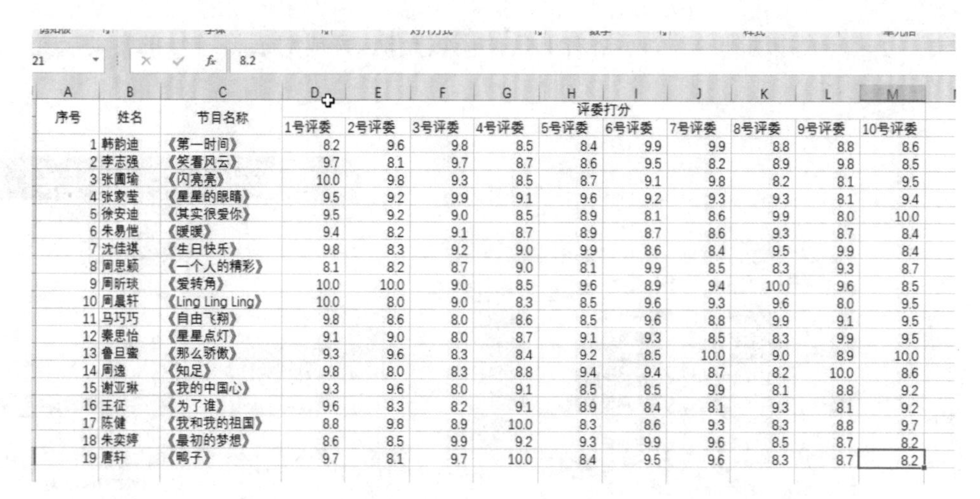

序号	姓名	节目名称	评委打分									
			1号评委	2号评委	3号评委	4号评委	5号评委	6号评委	7号评委	8号评委	9号评委	10号评委
1	韩韵迪	《第一时间》	8.2	9.6	9.8	8.5	8.4	9.9	9.9	8.8	8.8	8.6
2	李志强	《笑看风云》	9.7	8.1	9.7	8.7	8.6	9.5	8.2	8.9	9.8	8.5
3	张圃瑜	《闪亮亮》	10.0	9.8	9.3	8.5	8.7	9.1	9.8	8.2	8.1	9.5
4	张家莹	《星星的眼睛》	9.5	9.2	9.9	9.1	9.6	9.2	9.3	9.3	8.1	9.4
5	徐安迪	《其实很爱你》	9.5	9.2	9.0	8.5	8.9	8.1	8.6	9.9	8.0	10.0
6	朱易憕	《暖暖》	9.4	8.2	9.1	8.7	8.9	8.7	8.6	9.3	8.7	8.4
7	沈佳祺	《生日快乐》	9.8	8.3	9.2	9.0	9.9	8.6	8.4	9.5	9.9	8.4
8	周思颖	《一个人的精彩》	8.1	8.2	8.7	9.0	8.1	9.9	8.5	8.3	9.3	8.7
9	周昕球	《爱转角》	10.0	10.0	9.0	8.5	9.6	8.9	9.4	10.0	9.6	8.5
10	周晨轩	《Ling Ling Ling》	10.0	8.0	9.0	8.3	8.5	9.6	9.3	9.6	8.0	9.5
11	马巧巧	《自由飞翔》	9.8	8.6	8.0	8.6	8.5	9.6	8.8	9.9	9.1	9.5
12	秦思怡	《星星点灯》	9.1	9.0	8.0	8.7	9.1	9.3	8.5	8.3	9.9	9.5
13	鲁旦蜜	《那么骄傲》	9.3	9.6	8.3	8.4	9.2	8.5	10.0	9.0	8.9	10.0
14	周逸	《知足》	9.8	8.0	8.3	8.8	9.4	9.4	8.7	8.2	10.0	8.6
15	谢亚琳	《我的中国心》	9.3	9.6	8.0	9.1	8.5	8.5	9.9	8.1	8.8	9.2
16	王征	《为了谁》	9.6	8.3	8.2	9.1	8.9	8.4	8.1	9.3	8.1	9.2
17	陈健	《我和我的祖国》	8.8	9.8	8.9	10.0	8.3	8.6	9.3	8.3	8.8	9.7
18	朱奕婷	《最初的梦想》	8.6	8.5	9.9	9.2	9.3	9.9	9.6	8.5	8.7	8.2
19	唐轩	《鸭子》	9.7	8.1	9.7	10.0	8.4	9.5	9.6	8.3	8.7	8.2

图 2-1-9　录入分数

Step2:编写公式,计算成绩

(1) 在“10 号评委”的右侧,依次输入列标题:“总分”、“最高分”、“最低分”和“最终得分”,如图 2-1-10 所示。

委	10号评委	总分	最高分	最低分	最终得分
8.8	8.6				
9.8	8.5				
8.1	9.5				
8.1	9.4				
8.0	10.0				

图 2-1-10　设置列标题

(2) 选中 D3:N21 单元格区域,如图 2-1-11 所示。

评委打分										总分
1号评委	2号评委	3号评委	4号评委	5号评委	6号评委	7号评委	8号评委	9号评委	10号评委	
8.2	9.6	9.8	8.5	8.4	9.9	9.9	8.8	8.8	8.6	
9.7	8.1	9.7	8.7	8.6	9.5	8.2	8.9	9.8	8.5	
10.0	9.8	9.3	8.5	8.7	9.1	9.8	8.2	8.1	9.5	
9.5	9.2	9.9	9.1	9.6	9.2	9.3	9.3	8.1	9.4	
9.5	9.2	9.0	8.5	8.9	8.1	8.6	9.9	8.0	10.0	
9.4	8.2	9.1	8.7	8.9	8.7	8.6	9.3	8.7	8.4	
9.8	8.3	9.2	9.0	9.9	8.6	8.4	9.5	9.9	8.4	
8.1	8.2	8.7	9.0	8.1	9.9	8.5	8.3	9.3	8.7	
10.0	10.0	9.0	8.5	9.6	8.9	9.4	10.0	9.6	8.5	
10.0	8.0	9.0	8.3	8.5	9.6	9.3	9.6	8.0	9.5	
9.8	8.6	8.0	8.6	8.5	9.6	8.8	9.9	9.1	9.5	
9.1	9.0	8.0	8.7	9.1	9.3	8.5	8.3	9.9	9.5	
9.3	9.6	8.3	8.4	9.2	8.5	10.0	9.0	8.9	10.0	
9.8	8.0	8.3	8.8	9.4	9.4	8.7	8.2	10.0	8.6	
9.3	9.6	8.0	9.1	8.5	8.5	9.9	8.1	8.8	9.2	
9.6	8.3	8.2	9.1	8.9	8.4	8.1	9.3	8.1	9.2	
8.8	9.8	8.9	10.0	8.3	8.6	9.3	8.3	8.8	9.7	
8.6	8.5	9.9	9.2	9.3	9.9	9.6	8.5	8.7	8.2	
9.7	8.1	9.7	10.0	8.4	9.5	9.6	8.3	8.7	8.2	

图 2-1-11　选中要计算的区域

(3) 选择“公式/函数库”组，点击“自动求和”按钮，如图 2-1-12 所示。

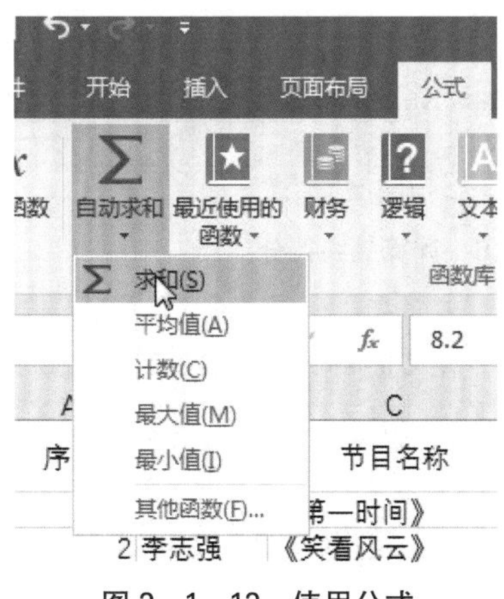

图 2-1-12　使用公式

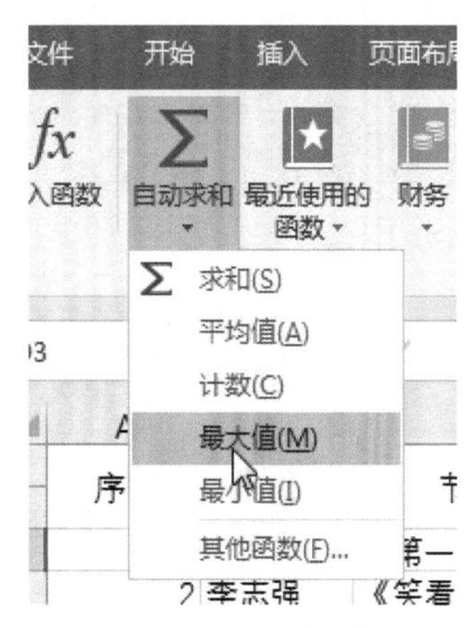

图 2-1-13　求最高分

(4) 选中 O3 单元格，点击“自动求和”下拉框下的“最大值”命令，求出评委所给的最高分，如图 2-1-13 所示。

(5) 选择 D3:M3 单元格区域，按下回车键，求出评委所给的最高分，如图 2-1-14 所示。

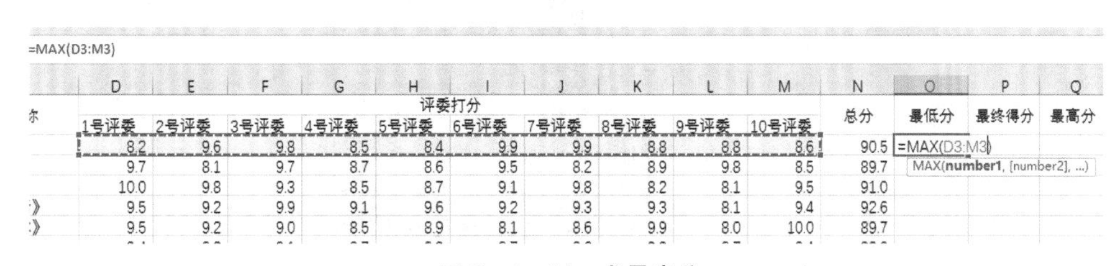

图 2-1-14　求最高分

(6) 选中 P3 单元格，点击“自动求和”下拉框下的“最小值”命令，求出评委所给的最低分；选择 D3:M3 单元格区域，按下回车键，求出评委所给的最低分，如图 2-1-15 所示。

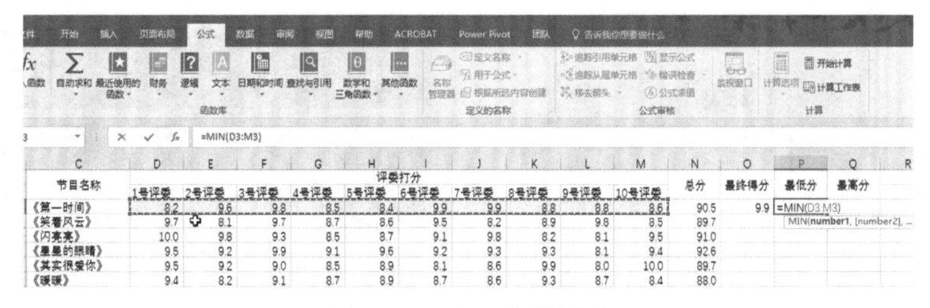

图 2-1-15　求最低分

(7) 选中 Q3 单元格，在编辑栏中输入公式“=(N3-O3-P3)/8”，计算最终得分，如图 2-1-16 所示。

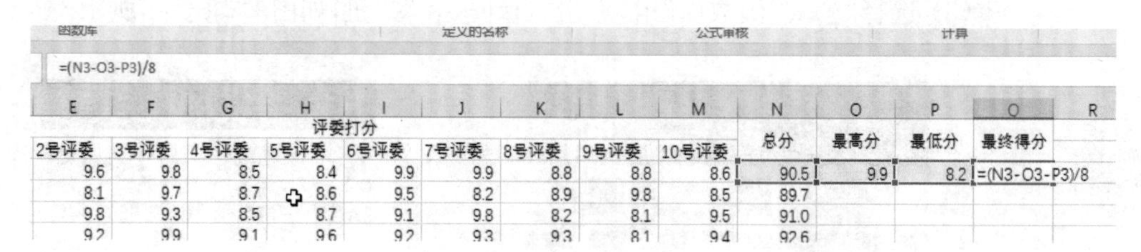

E	F	G	H	I	J	K	L	M	N	O	P	Q
评委打分									总分	最高分	最低分	最终得分
2号评委	3号评委	4号评委	5号评委	6号评委	7号评委	8号评委	9号评委	10号评委				
9.6	9.8	8.5	8.4	9.9	9.9	8.8	8.8	8.6	90.5	9.9	8.2	=(N3-O3-P3)/8
8.1	9.7	8.7	8.6	9.5	8.2	8.9	9.8	8.5	89.7			
9.8	9.3	8.5	8.7	9.1	9.8	8.2	8.1	9.5	91.0			
9.2	9.9	9.1	9.6	9.2	9.3	9.3	8.1	9.4	92.6			

图 2-1-16 计算最终得分

(8) 选中 O3:Q3 单元格区域，使用填充柄，将下方单元格内容自动填充，如图 2-1-17 所示。

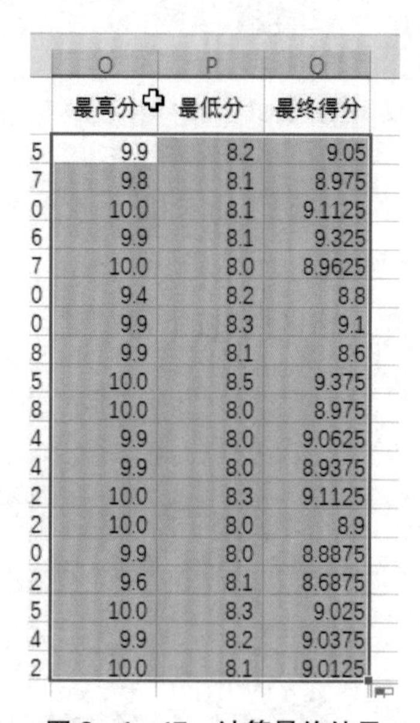

	O	P	Q
	最高分	最低分	最终得分
5	9.9	8.2	9.05
7	9.8	8.1	8.975
0	10.0	8.1	9.1125
6	9.9	8.1	9.325
7	10.0	8.0	8.9625
0	9.4	8.2	8.8
0	9.9	8.3	9.1
8	9.9	8.1	8.6
5	10.0	8.5	9.375
8	10.0	8.0	8.975
4	9.9	8.0	9.0625
4	9.9	8.0	8.9375
2	10.0	8.3	9.1125
2	10.0	8.0	8.9
0	9.9	8.0	8.8875
2	9.6	8.1	8.6875
5	10.0	8.3	9.025
4	9.9	8.2	9.0375
2	10.0	8.1	9.0125

图 2-1-17 计算最终结果

Step3:计算名次

(1) 选中 R1:R2 单元格，选择“开始/对齐方式”组，点击“合并后居中”按钮，输入列名“名次”，如图 2-1-18 所示。

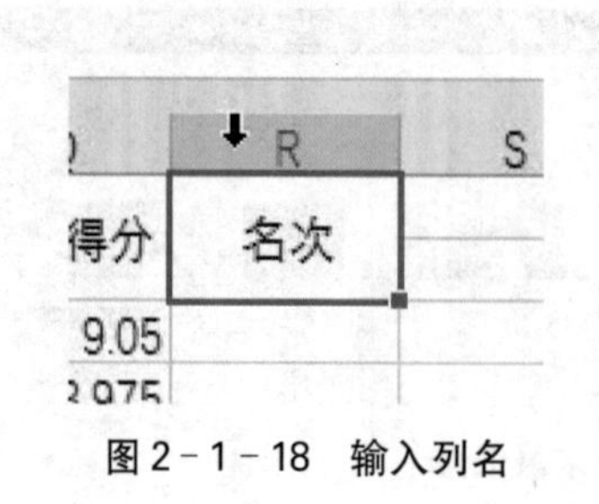

图 2-1-18 输入列名

图 2-1-19 插入函数

(2) 选中 R3 单元格，选择“公式/函数库”组，点击“插入函数”按钮，如图 2-1-19 所示。

（3）在调出的“插入函数”对话框中，搜索函数“rank”，点击“转到”按键，如图2－1－20所示。

图 2－1－20　插入函数

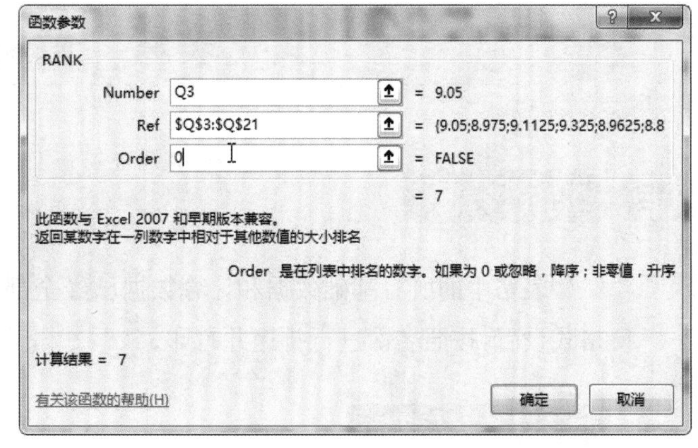

图 2－1－21　计算名次

（4）选择函数“RANK”，点击“确定”按钮。在“函数参数”对话框中，设置 Number 为 Q3 单元格，Ref 为 Q3:Q21 单元格区域，按下键盘上功能键 F4 键，将选中的单元格转换成绝对引用；在 Order 中输入 0，如图 2－1－21 所示。

（5）选中 R3 单元格，使用填充柄，将下方的单元格进行填充，完成对名次的计算，如图 2－1－22 所示。

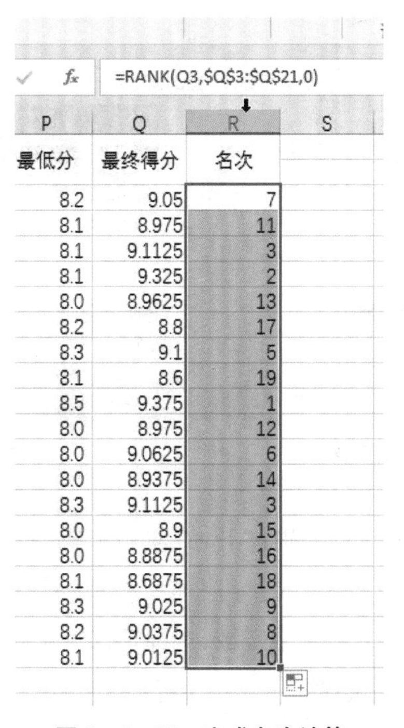

=RANK(Q3,$Q$3:$Q$21,0)

P 最低分	Q 最终得分	R 名次	S
8.2	9.05	7	
8.1	8.975	11	
8.1	9.1125	3	
8.1	9.325	2	
8.0	8.9625	13	
8.2	8.8	17	
8.3	9.1	5	
8.1	8.6	19	
8.5	9.375	1	
8.0	8.975	12	
8.0	9.0625	6	
8.0	8.9375	14	
8.3	9.1125	3	
8.0	8.9	15	
8.0	8.8875	16	
8.1	8.6875	18	
8.3	9.025	9	
8.2	9.0375	8	
8.1	9.0125	10	

图 2－1－22　完成名次计算

活动三
美化表格　重新排序

活动分析

表格中的所有基础数据和计算数据已经全部制作好了。现在要对所有数据进行格式设置，按照名次进行排序并打印。

方法与步骤

Step1：设置表格数据格式

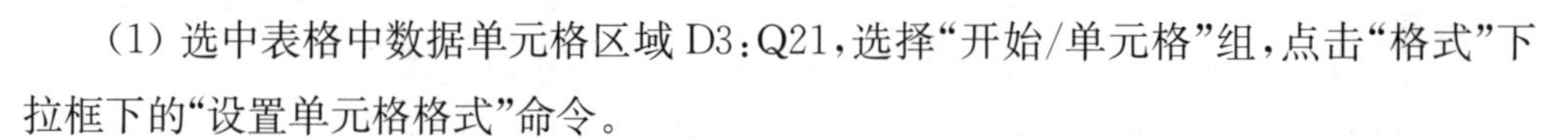

（1）选中表格中数据单元格区域D3：Q21，选择“开始/单元格”组，点击“格式”下拉框下的“设置单元格格式”命令。

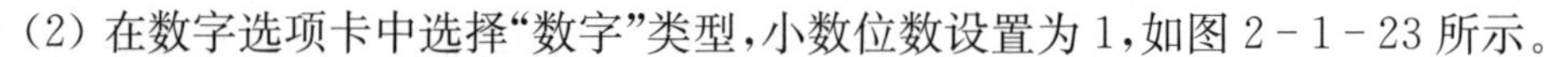

（2）在数字选项卡中选择“数字”类型，小数位数设置为1，如图2－1－23所示。

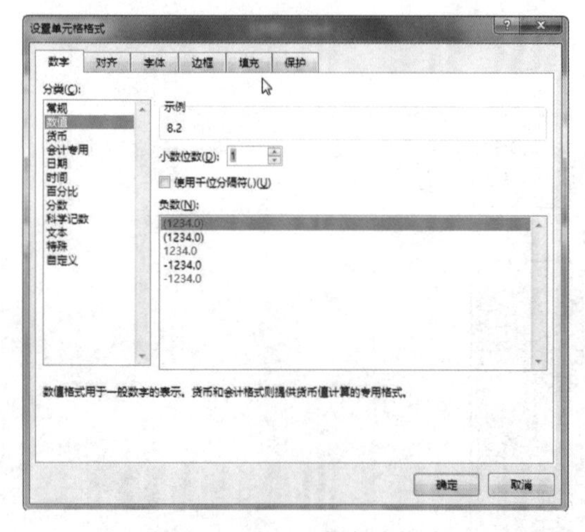

图2－1－23　设置数字样式

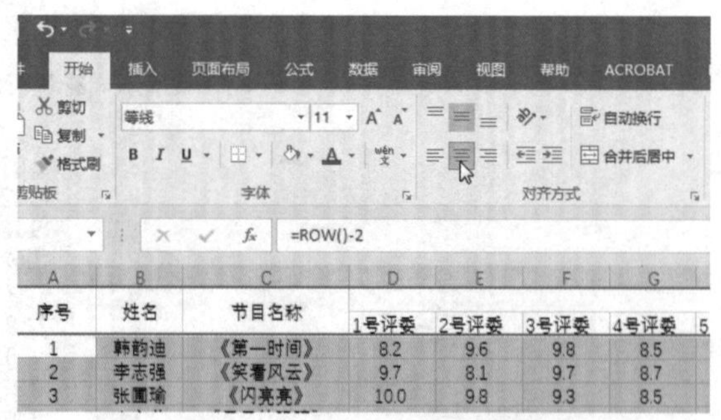

图2－1－24　设置对齐方式

（3）将整张表格选中，选择“开始/对齐方式”组，点击“居中”按钮，如图2－1－24所示。

（4）选中A3：R21单元格区域，选择“开始/编辑”组，点击“排序与筛选”下拉框下的“自定义排序”命令，如图2－1－25所示。

（5）在调出的“排序”对话框中，主要关键字选择“列R”，次序选择“升序”，点击“确定”，完成按名次排序，如图2－1－26所示。

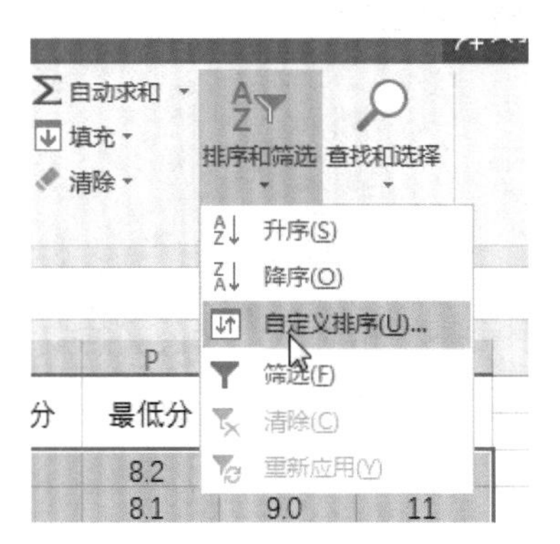

图 2-1-25　排序

图 2-1-26　完成排序

Step2:设置在一页 A4 纸上打印

(1) 选择"页面布局/页面设置"组,点击"纸张方向"下拉框下的"横向"选项,如图 2-1-27 所示。

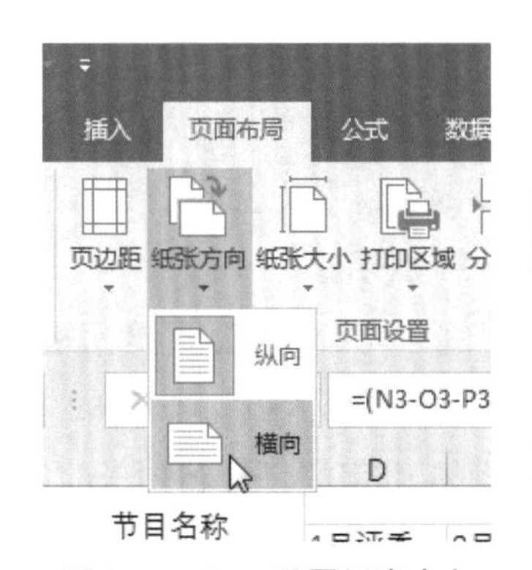

图 2-1-27　设置纸张方向

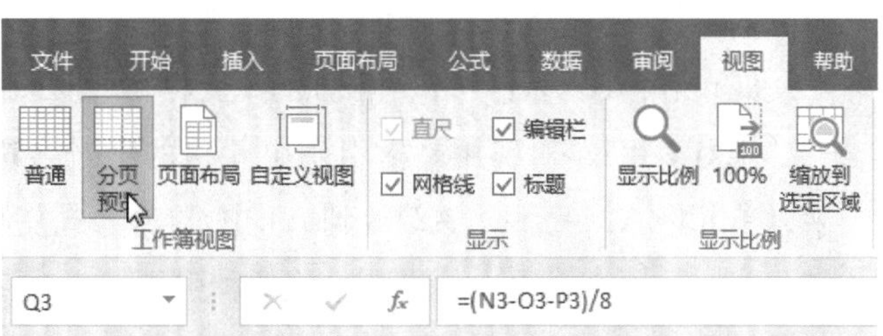

图 2-1-28　切换视图

(2) 选择"视图/工作簿视图"组,点击"分页预览"按钮,如图 2-1-28 所示。

(3) 将视图中间的蓝色虚线(分页符)用鼠标拖动到最右侧,使视图中只显示"第 1 页"字样,如图 2-1-29 所示。

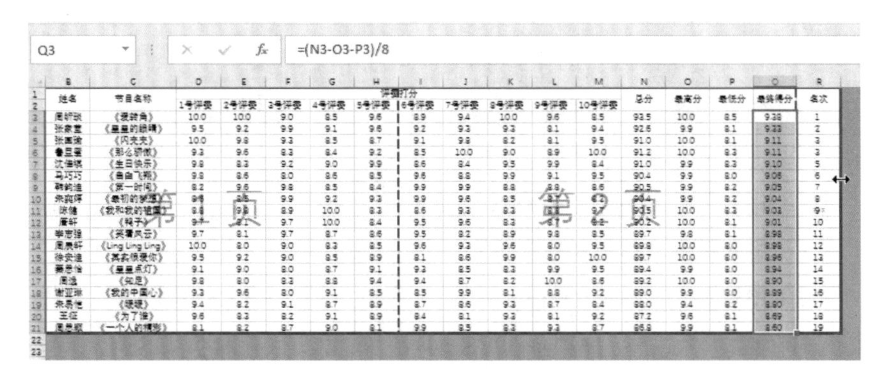

图 2-1-29　调整打印

（4）完成后以文件名“校园才艺大赛评分表.xlsx”保存。

知识链接

1. 相对引用与绝对引用

相对引用：单元格或单元格区域的相对引用是指相对于包含公式的单元格的相对位置。例如，单元格B2包含公式=A1；Excel将在距单元格B2上面一个单元格和左面一个单元格中查找数值，如图2－1－30所示。

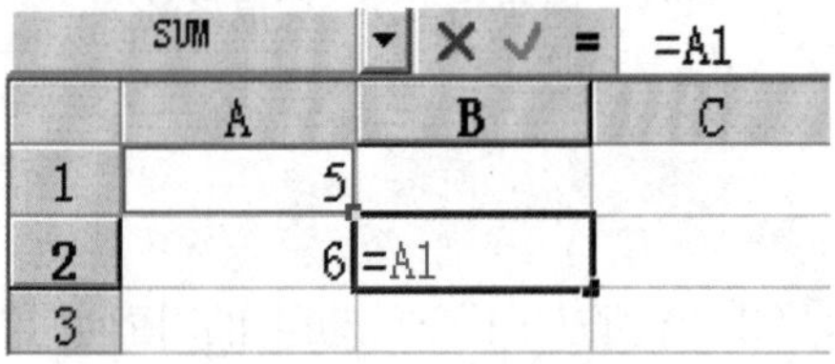

图2－1－30　具有相对引用的公式

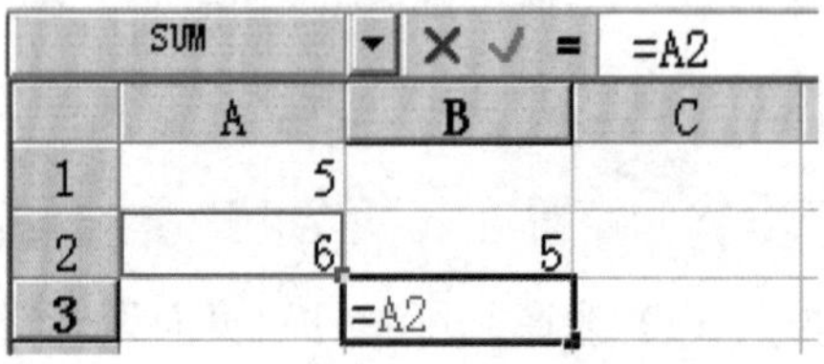

图2－1－31　具有相对引用的复制公式

在复制包含相对引用的公式时，Excel将自动调整复制公式中的引用，以便引用相对于当前公式位置的其他单元格。例如，单元格B2中含有公式=A1，A1是B2左上方的单元格，拖动A2的填充柄将其复制至单元格B3时，其中的公式已经改为=A2，即单元格B3左上方单元格处的单元格，如图2－1－31所示。

绝对引用：绝对引用是指引用单元格的绝对名称。例如，如果将公式单元格A1乘以单元格A2（=A1*A2）放到A4中，再将公式复制到另一单元格中，则Excel将调整公式中的两个引用。如果不希望这种引用发生改变，须在引用的行号和列号前加上美元符号（$），这样就是单元格的绝对引用。A4中输入公式如下：

=$A$1*$A$2

复制A4中的公式到任何一个单元格其值都不会改变。

相对引用与绝对引用之间的切换：如果创建了一个公式并希望将相对引用更改为绝对引用，操作步骤如下：

步骤1：选定包含该公式的单元格。

步骤2：在编辑栏中选择要更改的引用并按F4键。

步骤3：每次按F4键时，Excel会在以下组合间切换。

① 绝对列与绝对行（例如，$A$1）；

② 相对列与绝对行（A$1）；

③ 绝对列与相对行（$C1）；

④ 相对列与相对行（C1）。

例如，在公式中选择地址$A$1并按F4键，引用将变为$A1。再一次按F4键，引用将变为A$1，以此类推，如图2－1－32所示。

= =$A1*$A$2　　= =A$1*$A$2　　= =A1*$A$2

按一次F4　　按两次F4　　按三次F4

图 2 - 1 - 32　相对引用与绝对引用之间的切换

2. 排序函数 RANK

RANK 函数有三个参数值。第一个参数是 Number，Number 是我们要进行排序的参数值，可以是具体的数值也可以是引用单元格中的值；第二个参数是 Ref，Ref 是区间范围，即为 Number 值在这个区间范围内进行排序；第三个参数是 Order，Order 参数是指排序的方式，如果为 0 则为降序排序，如果为 1 则为升序排序。

排序中如果遇到相同的两个值，那么这两个值则会被排成相同的顺序，但下一位则会跳跃这些相同的值的序数，直接跳到下一个顺序。比如，有两个相同的数值排在第 6 位，那么下一位则排在第 8 位；如果有三个相同的数值排在第 6 位，那么下一位数值则直接排在第 9 位，依次类推。

思考与练习

设计一张本学期班级成绩表。包含学号、姓名、各科成绩、总分、最高分、最低分、平均分、名次等字段。将该表中的数据进行计算、统计和分析。美化表格，设置标题、字段名称、数据等格式。在一张 A4 纸上打印保存。

任务二 销售统计报表制作

学习目标

- 学会使用关键字对数据进行排序
- 学会利用分类汇总功能处理数据
- 学会使用条件求和 SUMIF 函数对数据进行处理
- 学会利用查找替换功能对表格数据进行处理、美化

任务描述

小刘是一家知名农产品贸易公司的员工，主要负责各大农贸市场促销员的产品销售统计工作。现在又到月底了，她要统计 2018 年 12 月每位促销员的销售业绩，让我们一起看看，她是如何制作统计表的。

任务分析

销售统计报表中的数据是每天由销售人员在下班前，将当天销售情况按要求填写的，数据繁多，同时也是销售人员计算销售业绩的依据，接下来，我们就先来制作销售汇总表。

活动一 汇总计算每位促销员的销售业绩

活动分析

销售统计报表中，每一行数据都是由促销员每天按公司要求填写的，以生成的销售订单号的顺序排序，对应的促销员姓名较为杂乱，那么该如何汇总每位促销员的销

售数据呢？有两种方法可供选择，一是分类汇总，二是利用条件求和函数，让我们先来看看分类汇总该如何操作吧！

Step1：打开“销售统计报表.xlsx”，先复制工作表“每日销售记录”

（1）打开素材中的“销售统计报表.xlsx”。

（2）在左下方工作表名称“每日销售记录”表上，用鼠标右击，选择“移动或复制(M)…”命令，如图2-2-1所示。

图2-2-1　移动或复制

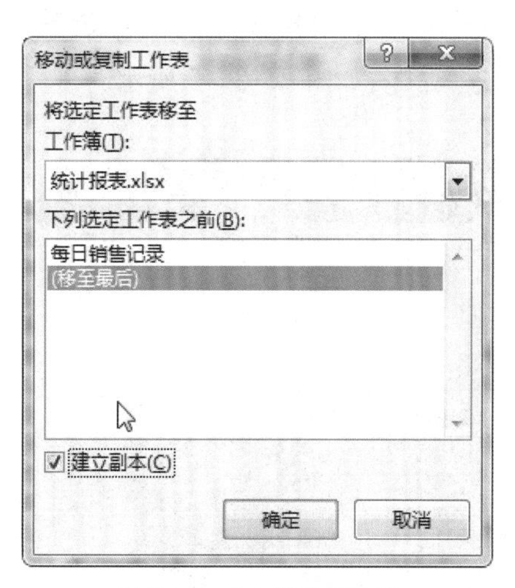

图2-2-2　复制工作表

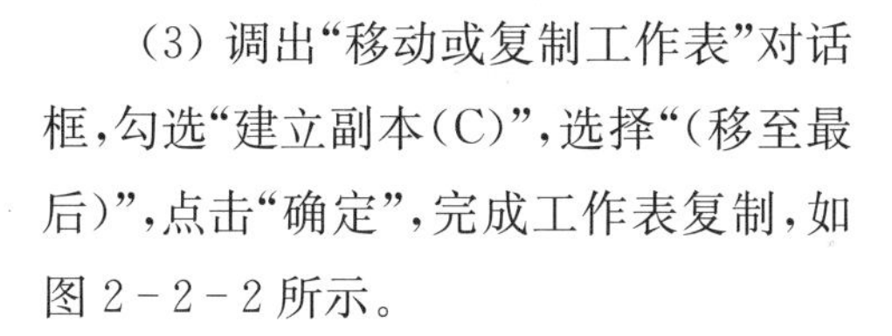

（3）调出“移动或复制工作表”对话框，勾选“建立副本(C)”，选择“(移至最后)”，点击“确定”，完成工作表复制，如图2-2-2所示。

Step2：重命名新复制的工作表

（1）用鼠标右击新复制的工作表名称“每日销售记录(2)”。

（2）选择“重命名”命令，如图2-2-3所示。

（3）进入到重命名状态后，先删除原来的名称，再输入新工作表名“销售业绩统计”，输入完成后，按下回车键，完成重命名操作，如图2-2-4所示。

图2-2-3　重命名工作表

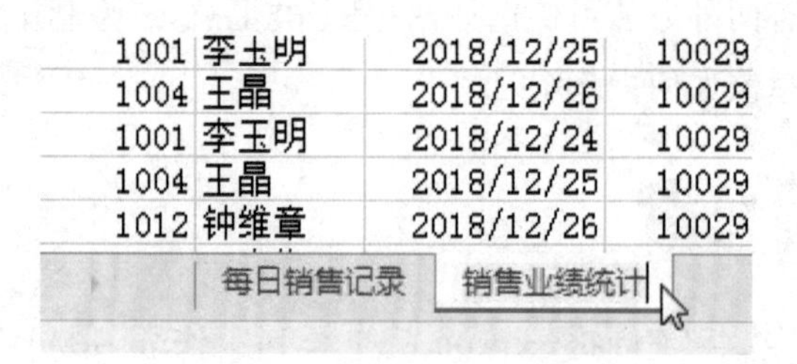

图 2-2-4　输入新工作表名称

Step3:整理销售表数据

(1) 选中整张表格数据,选择“数据/编辑”组,点击“排序和筛选”下拉框下的“排序”命令,如图 2-2-5 所示。

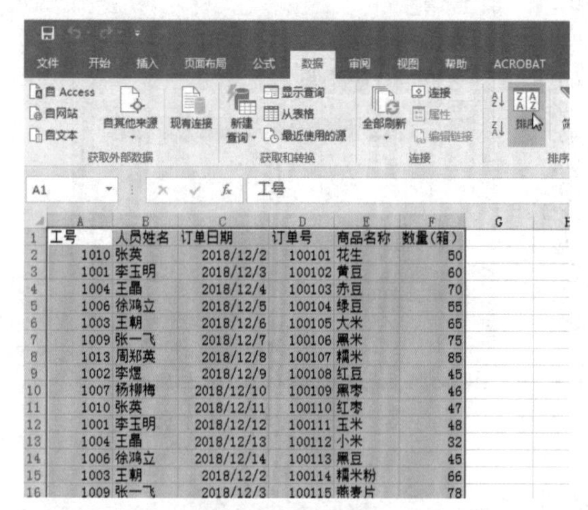

图 2-2-5　排序

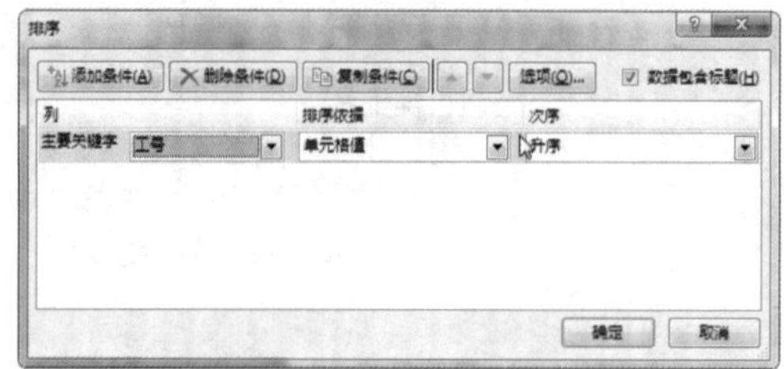

图 2-2-6　完成排序

(2) 在调出的“排序”对话框内,勾选“数据包含标题”,主要关键字选择“工号”,次序选择“升序”,点击“确定”,完成排序,如图 2-2-6 所示。

Step4:对销售数据进行分类汇总

(1) 再次全选整张表格,选择“数据/分组显示”组,点击“分类汇总”按钮,如图 2-2-7 所示。

图 2-2-7　选择分类汇总命令

（2）调出“分类汇总”对话框，在分类字段中选择“人员姓名”，汇总方式中选择“求和”，在选定汇总项中选择“数量(箱)”，其余选项使用默认，点击“确定”按钮，完成分类汇总操作，如图 2－2－8 所示。

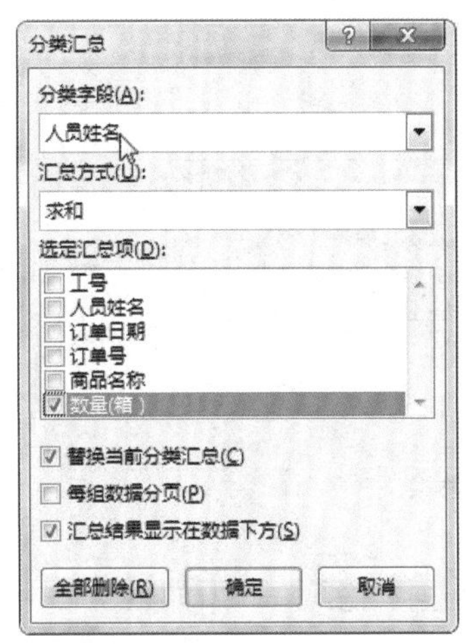

图 2－2－8　分类汇总

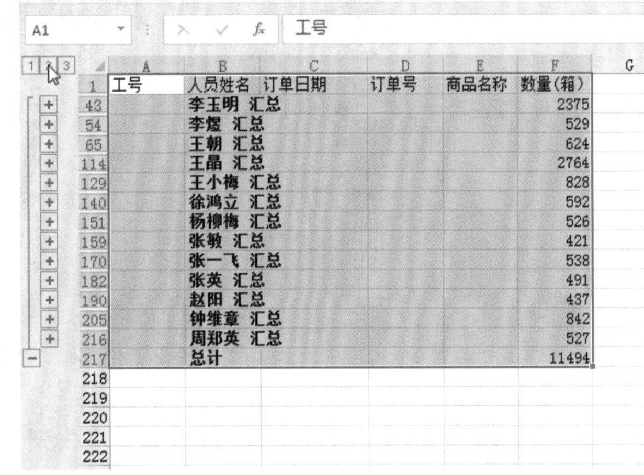

	A	B	C	D	E	F
1	工号	人员姓名	订单日期	订单号	商品名称	数量(箱)
43		李玉明 汇总				2375
54		李煜 汇总				529
65		王朝 汇总				624
114		王晶 汇总				2764
129		王小梅 汇总				828
140		徐鸿立 汇总				592
151		杨柳梅 汇总				526
159		张敏 汇总				421
170		张一飞 汇总				538
182		张英 汇总				491
190		赵阳 汇总				437
205		钟维章 汇总				842
216		周郑英 汇总				527
217		总计				11494

图 2－2－9　二级显示分类汇总数据

（3）完成分类汇总操作后，我们会在工作表的最左侧看到一个显示级别，用鼠标点击级别中的“2”，设置为二级显示，即可看到每位促销员的销售汇总数据，如图 2－2－9 所示。

Step5：调整表格格式

（1）选择“开始/编辑”组，点击“查找和选择”下拉框下的“替换”命令，如图 2－2－10 所示。

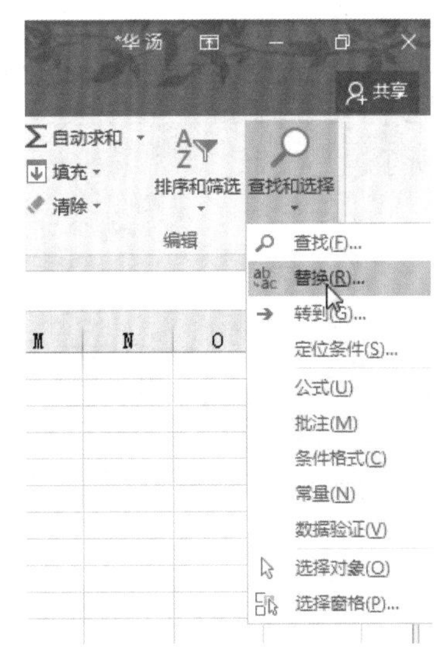

图 2－2－10　替换功能

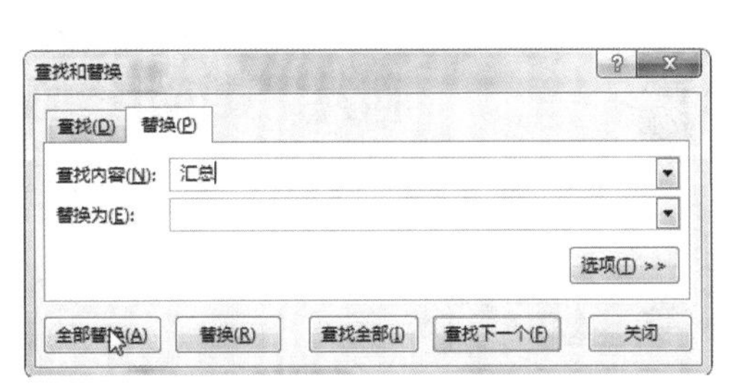

图 2－2－11　替换文本

（2）在“查找内容”中输入“汇总”，“替换为”框中不输入任何内容，点击“全部替换”，如图 2－2－11 所示。

（3）完成文本替换，如图 2－2－12 所示。

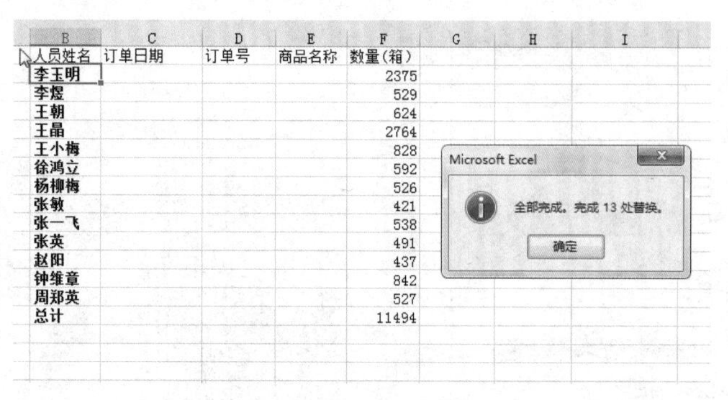

人员姓名	订单日期	订单号	商品名称	数量（箱）
李玉明				2375
李煜				529
王朝				624
王晶				2764
王小梅				828
徐鸿立				592
杨柳梅				526
张敏				421
张一飞				538
张英				491
赵阳				437
钟维章				842
周郑英				527
总计				11494

图 2－2－12　完成替换

（4）分别选中 A、C、D、E 四列，用鼠标右击列号，选择“隐藏”命令，如图 2－2－13 所示。

图 2－2－13　隐藏空白数据列

	B	F
1	人员姓名	数量（箱）
43	李玉明	2375
54	李煜	529
65	王朝	624
114	王晶	2764
129	王小梅	828
140	徐鸿立	592
151	杨柳梅	526
159	张敏	421
170	张一飞	538
182	张英	491
190	赵阳	437
205	钟维章	842
216	周郑英	527
217	总计	11494

图 2－2－14　完成表格设置

（5）完成对表格的调整，如图 2－2－14 所示。

活动二
利用 SUMIF 函数计算销售业绩

活动分析

利用分类汇总功能计算的销售业绩表，其结构会被分级显示功能修改，不方便我们的后续操作。接下来，我们将使用条件求和函数制作相同的销售统计表，看看结果会有什么不同。

方法与步骤

Step1：再次复制工作表“每日销售记录”并重命名

（1）在左下方工作表名“每日销售记录”上，用鼠标右击，选择“移动或复制”命令，如图 2－2－15 所示。

图 2－2－15　移动或复制

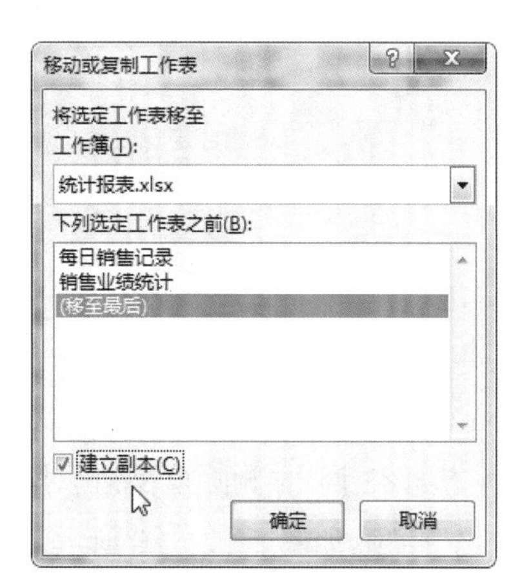

图 2－2－16　复制工作表

（2）调出“移动或复制工作表”对话框，勾选“建立副本”，选择“(移至最后)”，点击“确定”，完成工作表复制，如图 2－2－16 所示。

Step2：重命名新复制的工作表

（1）用鼠标右击新复制的工作表名称“每日销售记录(2)”。

（2）选择“重命名”命令，如图 2－2－17 所示。

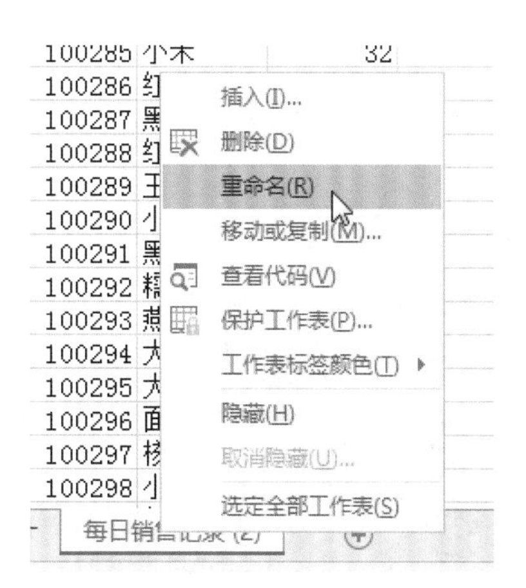

图 2－2－17　重命名工作表

图 2－2－18　输入新工作表名称

（3）进入到重命名状态后，先删除原来的名称，再输入新工作表名“销售业绩统计”，输入完成后，按下回车键，完成重命名操作，如图 2－2－18 所示。

Step3：整理销售表数据

（1）选中整张表格，选择“数据/数据工具”组，点击“删除重复项”命令，如图 2－2－19 所示。

图 2－2－19　删除重复项

（2）调出“删除重复值”对话框，先点击“取消全选”按钮，再勾选“工号”及“人员姓名”两项，如图 2－2－20 所示。

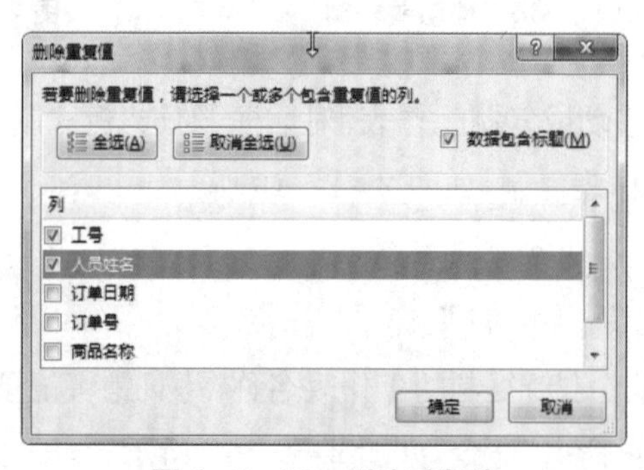

图 2－2－20　删除重复值

（3）点击“确定”，完成操作，如图 2－2－21 所示。

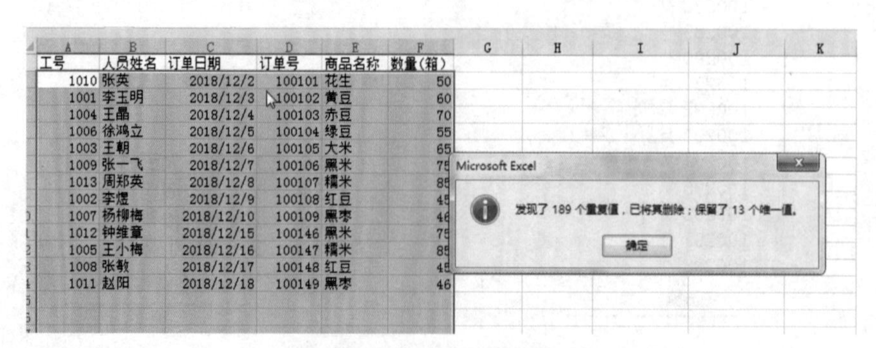

图 2－2－21　完成删除重复值

(4) 选中 C、D、E 三列，用鼠标右键点击，选择删除命令，删除无用的数据列，如图 2-2-22 所示。

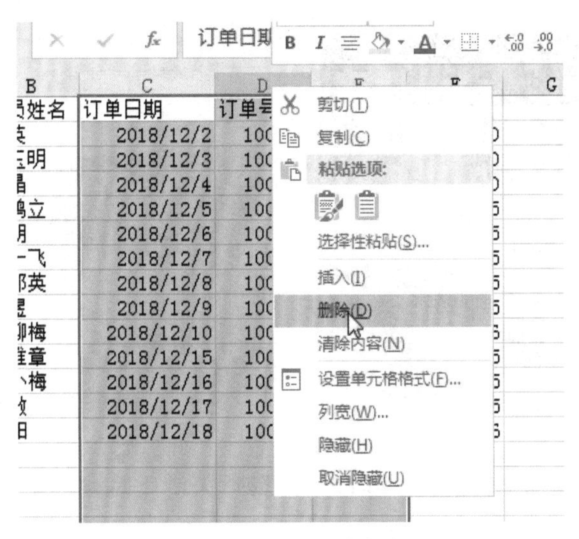

图 2-2-22　删除列

(5) 选中 C2:C14 单元格区域，如图 2-2-23 所示。

(6) 按下键盘上的 Delete 键，清除选定区域的无效数据，如图 2-2-24 所示。

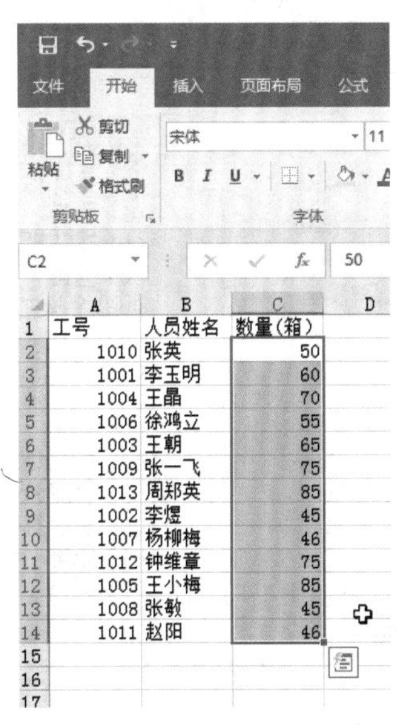

图 2-2-23　选中数据区域

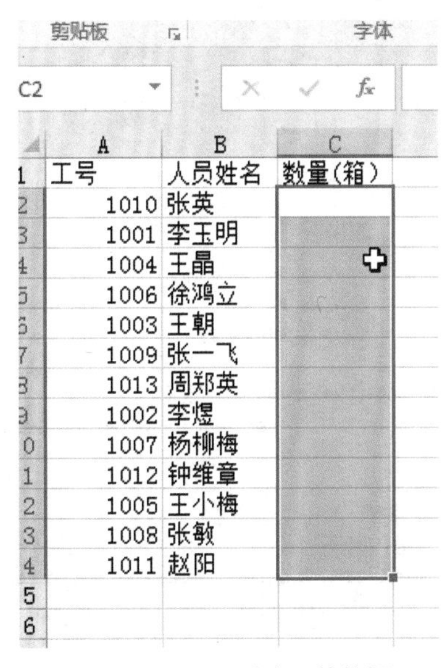

图 2-2-24　删除无效数据

Step4:计算销售表数据

(1) 选中 C2 单元格，选择"公式/函数库"组，点击"插入函数"按钮，如图 2-2-25 所示。

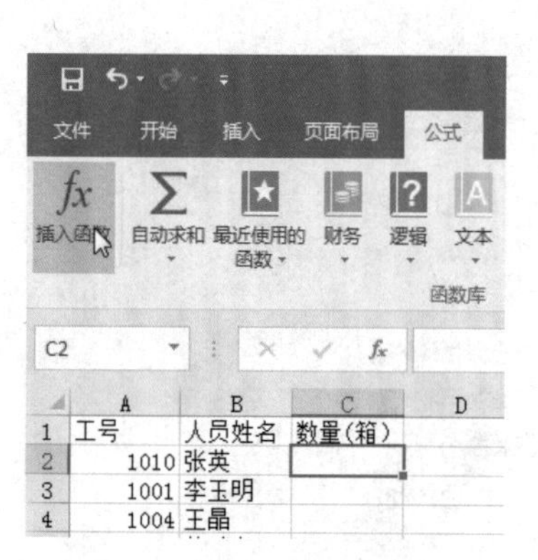

图 2-2-25　插入函数

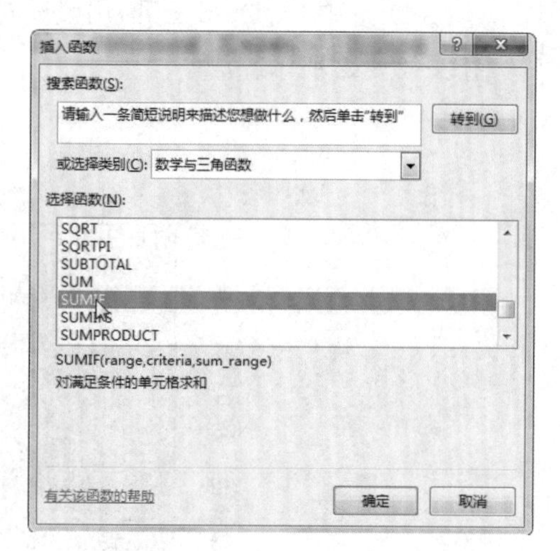

图 2-2-26　选择 SUMIF 函数

(2) 调出“插入函数”对话框，在选择类别中选择“数学与三角函数”，选择函数“SUMIF”，如图 2-2-26 所示。

(3) 点击“确定”按钮后，调出 SUMIF 函数的“函数参数”对话框。

(4) 在 Range 中，点击工作表“每日销售记录”中的 B 列。

(5) 在 Criteria 中，点击当前表的 B2 单元格。

(6) 在 Sum_range 中，点击工作表“每日销售记录”的 F 列，如图 2-2-27 所示。

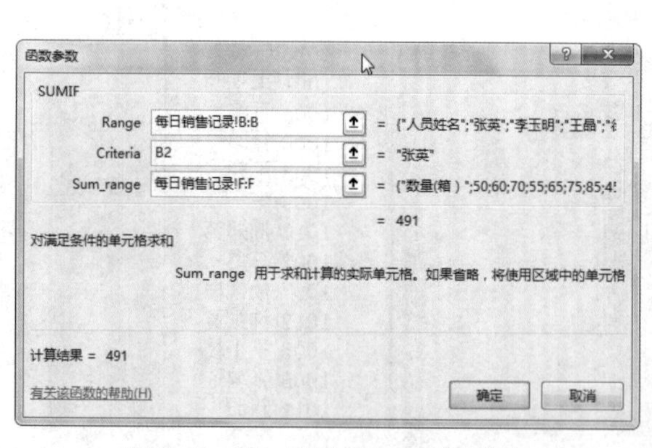

图 2-2-27　设置 SUMIF 函数参数

图 2-2-28　填充公式，自动计算数据

(7) 点击“确定”完成该单元格的计算。

(8) 点击 C2 单元格的右下角，使用填充柄完成 C3:C14 数据的计算，如图 2-2-28 所示。

(9) 至此，工作表中的数据汇总工作完成，我们可以核对一下两张表中的数据，我们发现数据是一样的。

活动三
利用业绩汇总数据制作销售人员提成图表

活动分析

销售员的业务业绩计算出来后，就要对每位销售员的业务提成进行计算。提成算法为：每位销售员的基础销售指标为 500 箱/月，超出部分，每箱提成为 10 元；若没有完成基础销售指标，则没有提成奖金，让我们来看看如何制作提成图表。

方法与步骤

Step1：增加提成奖金列，输入公式

（1）选中单元格 D1，输入列标题“提成奖金”，如图 2－2－29 所示。

	A	B	C	D
1	工号	人员姓名	数量(箱)	提成奖金
2	1010	张英	491	
3	1001	李玉明	2375	
4	1004	王晶	2764	
5	1006	徐鸿立	592	
6	1003	王朝	624	
7	1009	张一飞	538	
8	1013	周郑英	527	
9	1002	李煜	529	
10	1007	杨柳梅	526	
11	1012	钟维章	842	
12	1005	王小梅	828	
13	1008	张敏	421	
14	1011	赵阳	437	

图 2－2－29　输入列标题

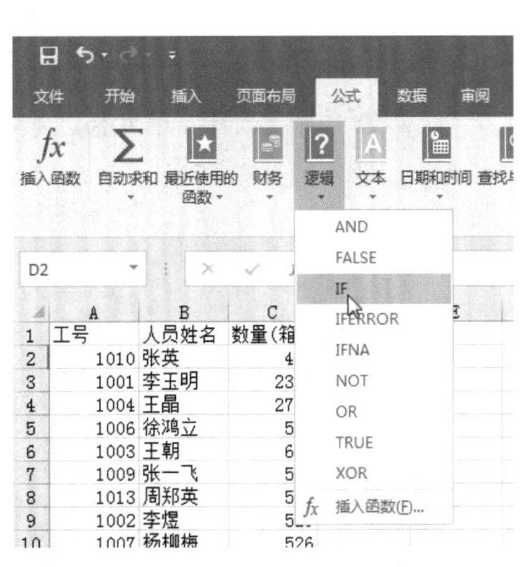

图 2－2－30　插入 IF 函数

（2）选中 D2 单元格，选择“公式/函数库”组，点击“逻辑”下拉框下的“IF”函数，如图 2－2－30 所示。

（3）在调出的“函数参数”对话框中，在 Logical_test（逻辑表达式）中输入：C2－500＞0。

（4）在 Value_if_true（逻辑为真）中输入公式：(C2－500) * 10。

（5）在 Value_if_false（逻辑为假）中输入值：0，如图 2－2－31 所示。

（6）点击“确定”完成该单元格的计算。

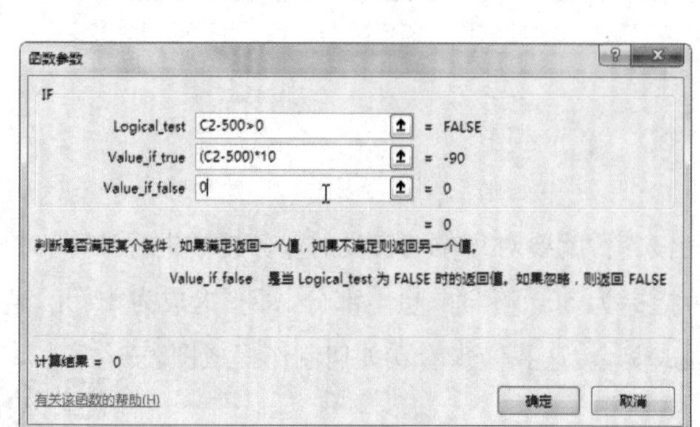

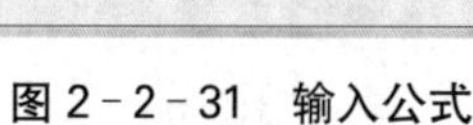

图 2-2-31 输入公式

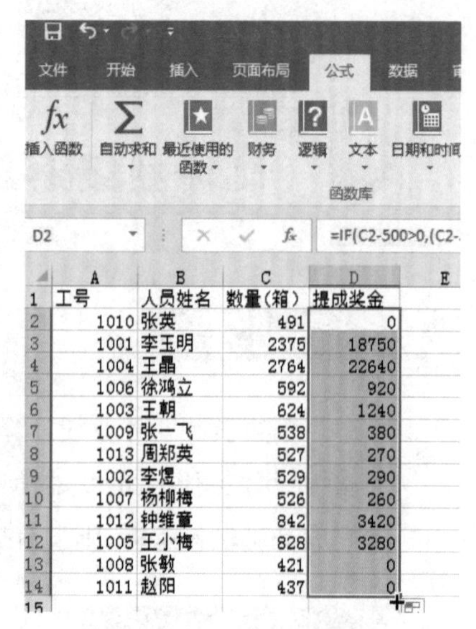

	A	B	C	D
1	工号	人员姓名	数量(箱)	提成奖金
2	1010	张英	491	0
3	1001	李玉明	2375	18750
4	1004	王晶	2764	22640
5	1006	徐鸿立	592	920
6	1003	王朝	624	1240
7	1009	张一飞	538	380
8	1013	周郑英	527	270
9	1002	李煜	529	290
10	1007	杨柳梅	526	260
11	1012	钟维章	842	3420
12	1005	王小梅	828	3280
13	1008	张敏	421	0
14	1011	赵阳	437	0

图 2-2-32 完成计算

(7) 点击 D2 单元格的右下角，使用填充柄完成 D3:D14 数据的计算，如图 2-2-32 所示。

Step2：利用计算好的提成奖金数据，制作图表

(1) 选中 B1:B14 单元格区域，按住键盘上的 Ctrl 键，继续选中 D1:D14 单元格区域，如图 2-2-33 所示。

A	B	C	D
工号	人员姓名	数量(箱)	提成奖金
1010	张英	491	0
1001	李玉明	2375	18750
1004	王晶	2764	22640
1006	徐鸿立	592	920
1003	王朝	624	1240
1009	张一飞	538	380
1013	周郑英	527	270
1002	李煜	529	290
1007	杨柳梅	526	260
1012	钟维章	842	3420
1005	王小梅	828	3280
1008	张敏	421	0
1011	赵阳	437	0

图 2-2-33 选择数据区域

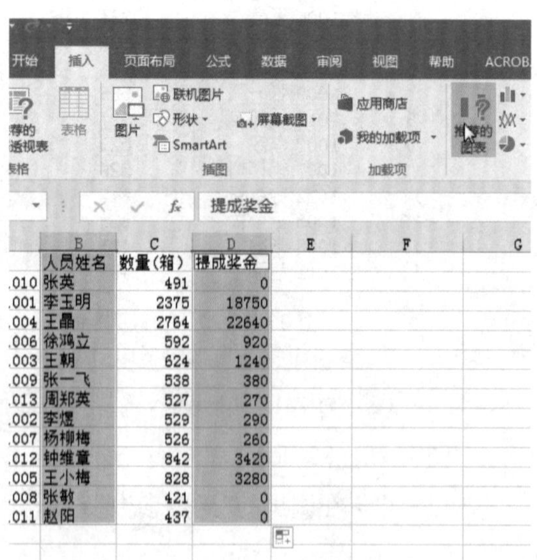

B	C	D
人员姓名	数量(箱)	提成奖金
张英	491	0
李玉明	2375	18750
王晶	2764	22640
徐鸿立	592	920
王朝	624	1240
张一飞	538	380
周郑英	527	270
李煜	529	290
杨柳梅	526	260
钟维章	842	3420
王小梅	828	3280
张敏	421	0
赵阳	437	0

图 2-2-34 插入图表

(2) 选择“插入/图表”组，点击“推荐的图表”按钮，如图 2-2-34 所示。

(3) 在调出“插入图表”对话框中，点击“所有图表”选项卡，选择“柱形图”类别下的“三维簇状柱形图”，如图 2-2-35 所示。

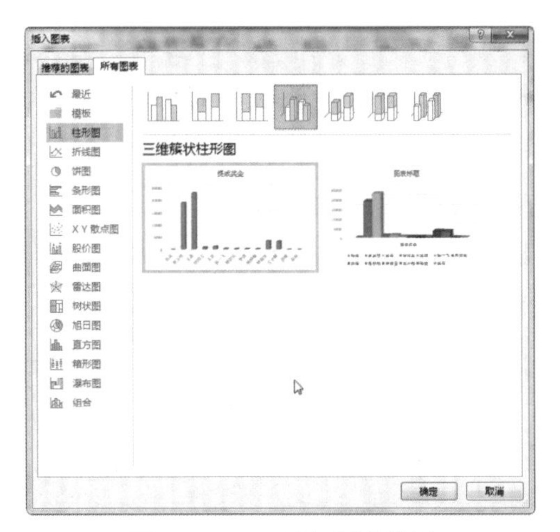

图 2-2-35　选择图表类型

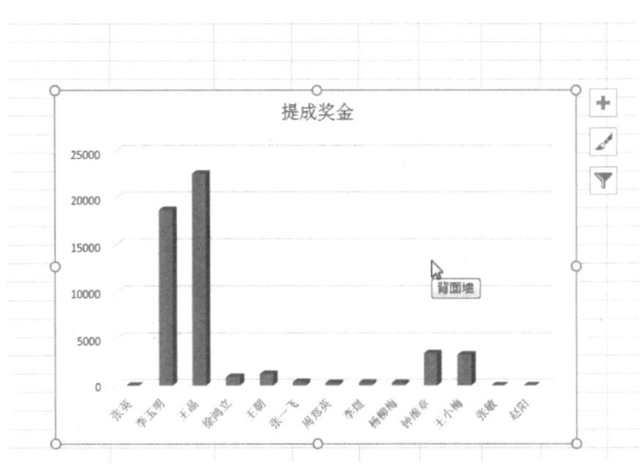

图 2-2-36　插入图表

(4) 点击“确定”，插入图表，并调整图表的大小，如图 2-2-36 所示。

(5) 选择“表格工具/设计”选项卡，点击“图表样式”下拉框下的“样式 10”样式，如图 2-2-37 所示。

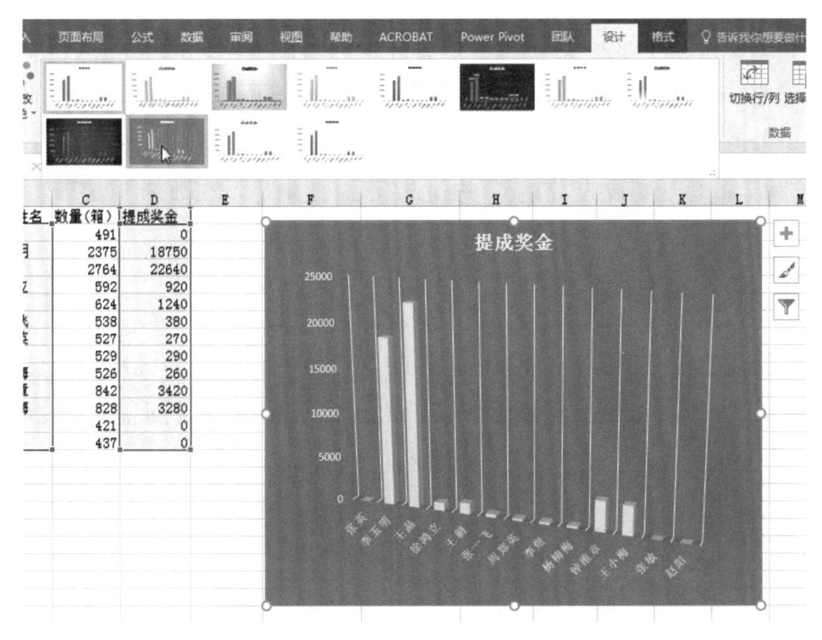

图 2-2-37　设置图表样式

(6) 完成后以原文件名保存。

知识链接

1. 条件求和函数 SUMIF

SUMIF 函数是 Excel2007 版本以后新增的函数，功能十分强大，实用性很强。

SUMIF 函数用法：SUMIF(Range，Criteria，Sum_range)

第一个参数：Range 为条件区域，用于条件判断的单元格区域。

第二个参数：Criteria 是汇总条件，为确定哪些单元格将被相加求和的条件，其形式可以由数字、逻辑表达式等组成的判定条件。例如，条件可以表示为 32、"32"、">32"或"apples"。可以为具体的条件，也可以为模糊的条件，比如：对所有姓张的汇总，可以采用"*张"。

第三个参数：Sum_range 为实际汇总区域，需要求和的单元格、区域或引用。

2. 分类汇总

Excel 中如果想对某类数据进行汇总，可以使用分类汇总功能。但必须注意以下几点：

首先必须对要汇总的数据进行排序，选中所有数据。这里的关键字和你要汇总的方法是相关的，你想怎么分类就选哪个关键字，本任务中要汇总每个人的销量，因此选择“人员姓名”为排序关键字。至于次序为“升序”或“降序”都可以的。

选中排好序的数据，这里应该选择步骤 1 排序的关键字；汇总方式有求和、计数、平均值、最大值、最小值和乘积这几种统计方式；汇总规则有表格中的几列标题，选择哪一个就表示要为哪一个进行统计。本例中分类字段设为“人员姓名”，汇总方式设为“求和”，汇总规则设为“销量”，并勾选“汇总结果显示在数据下方”。

思考与练习

使用本任务中的素材，并以销售的农产品名称或商品代码为条件，分别用分类汇总和 SUMIF 函数对公司当月所销售的各个产品销量进行汇总，并设计图表。

任务三
普通话考试报名表的制作

学习目标

- 学会使用记录单输入数据、验证数据有效性
- 学会使用 MID、YEAR 函数，根据身份证信息获得出生年月，计算年龄
- 学会使用 IF、MOD 函数判断性别
- 学会设置表格样式、打印区域

任务描述

张老师是新中职业技术学院的教务管理员，负责学生各类考证报名工作。2018年上半年普通话等级考试报名工作即将开始，根据考试院的要求制作一份新中职业技术学院普通话等级考试报名汇总表。

正反案例

在收集学生资料的时候，我们往往需要学生在报名表上填写多项信息。由于信息格式的不统一，字迹不端正，很容易在信息录入的过程中输错信息，这样就会造成后续出错信息的更正等大量工作。为了避免这些因素，我们尽量减少信息输入量，以“下拉菜单”、“函数”等方式自动生成信息。

例如：在“普通话等级考试报名汇总表. xlsx”中，我们只需要输入姓名、身份证号信息；学号、班级、性别、出生年月、年龄、报考等级通过函数、下拉菜单方式、自动填充等方式自动生成。这样不但能减少手动输入信息的工作量，还能提高工作效率，下面我们就来学习下这些方法吧！

任务分析

为了方便数据的录入，制作一个记录单作为输入数据的入口，并规范输入字段的

内容。其次根据身份证号码，利用函数计算学生的“性别”、“出生年月”以及“年龄”。最后对表格设置样式、边框、底纹等并打印。

活动一 收集学生报名信息

活动分析

根据考试院的要求设计一份汇总表，收集学生信息。输入数据除了直接从工作表的单元格输入外，还有其他方法吗？答案肯定是有的。可以制作使用记录单输入数据，完成学号、班级、姓名、身份号码、报考等级信息录入。其中，报考等级通过下拉列表的形式，身份证号码限定 18 位数字，让输入文字更方便、规范。

方法与步骤

Step1：建立单元格下拉式列表

（1）打开素材文件夹中“普通话等级考试报名汇总表.xlsx”。

（2）选中 E4：E20，选择“数据/数据工具”组，点击“数据验证”下拉框下的“数据验证…”命令，如图 2-3-1 所示。

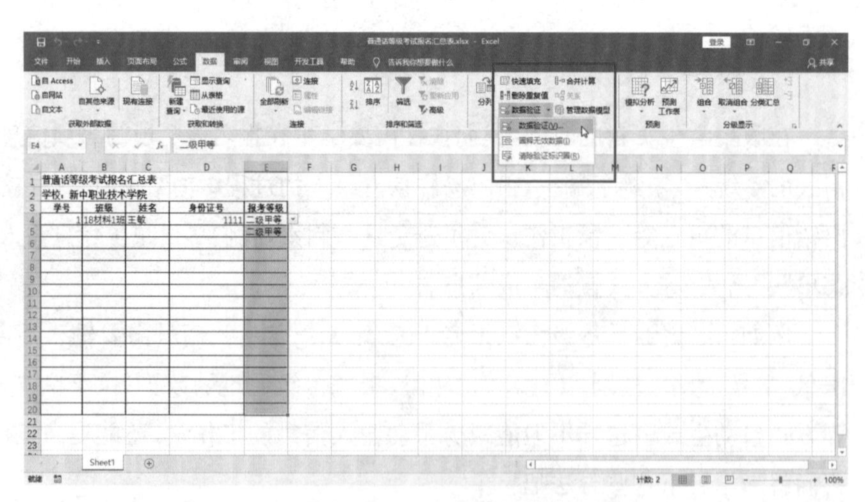

图 2-3-1　数据验证菜单

（3）选择“设置”选项卡，点击“允许”下拉按钮，选择“序列”选项，如图 2-3-2 所示。

图 2-3-2　数据验证选项卡

图 2-3-3　设置来源

(4) 在“来源”文本框中输入选项文字,一级甲等、一级乙等、二级甲等、二级乙等,以“,”分隔各选项,点击确定按钮,如图 2-3-3 所示。

(5) 报考等级字段可以以下拉列表的形式选择需要报考的等级。

Step2:数据有效性,身份号码字段输入 18 位数字有效,否则调出错误提示框

(1) 选中 D4:D20,设置该区域单元格格式为“文本”。

(2) 选择“数据/数据工具”组,点击“数据验证”下拉框下的“数据验证…”命令。

(3) 选择“设置”选项卡,点击“允许”下拉按钮,选择“文本长度”选项,长度为 18,如图 2-3-4 所示。

图 2-3-4　设置文本长度为 18 位

图 2-3-5　出错警告选项卡

(4) 点击“出错警告”选项卡,设置样式为停止,标题为出错,错误信息为“身份证号码位数不正确”,请重新输入,如图 2-3-5 所示。

（5）这样就提高了身份证号码的准确性。如输入非法数据，即会调出错误对话框，如图 2－3－6 所示。

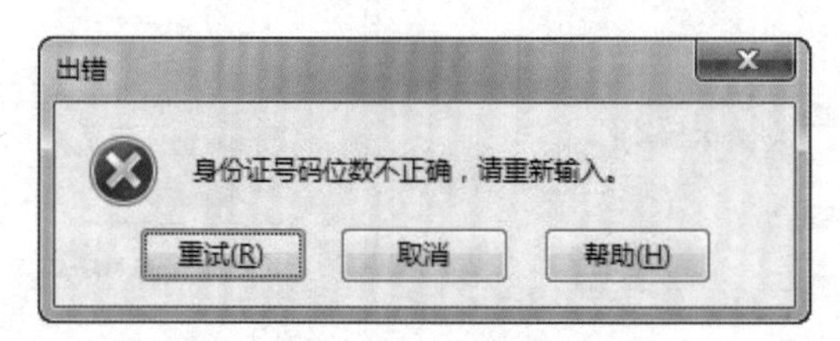

图 2－3－6　错误提示框

Step3：使用记录单输入数据

（1）打开素材文件夹中“普通话等级考试报名汇总表. xlsx”选中表格字段名称，即 A3：E3。在 Excel 命令搜索框中输入“记录单”，如图 2－3－7 所示。

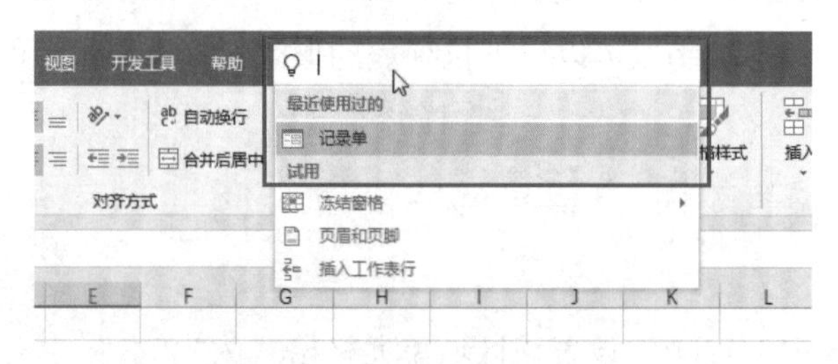

图 2－3－7　帮助信息文本框

（2）调出记录单对话框，以记录单的方式显示工作表第一条记录，如图 2－3－8 所示。

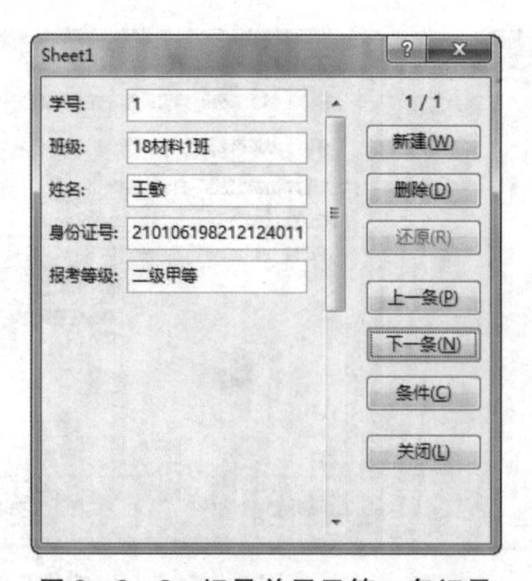

图 2－3－8　记录单显示第一条记录

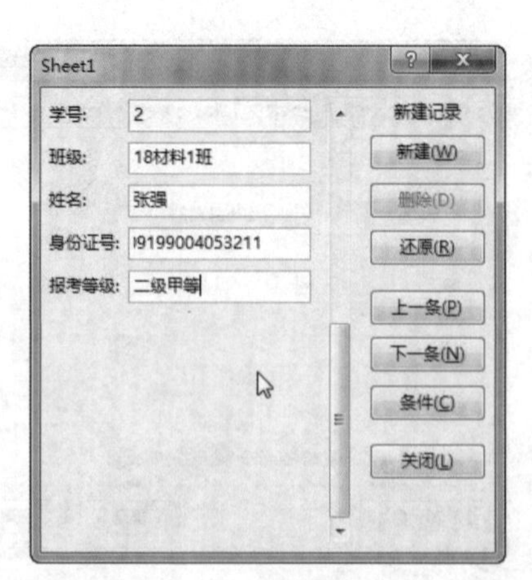

图 2－3－9　新建记录

（3）点击“新建”按钮，添加一条新记录，如图 2－3－9 所示。

（4）重复(1)—(3)步骤，为报名汇总表输入学生信息。

活动二
利用函数计算出生年月、年龄

活动分析

根据考试报名要求，需要增加出生年月和年龄字段。首先根据身份证号码，利用 MID 函数来填充出生年月字段，然后利用 TODAY 函数获取当前系统时间，YEAR 函数求得年龄。

方法与步骤

Step1：用 MID 函数对表格中的出生年月进行填充

（1）选中 D 列，鼠标右击，选择“插入”命令。在 D3 单元格输入字段名称“出生年月”。

（2）选中 D4 单元格，选择“公式/函数库”组，点击“插入函数”按钮，如图 2－3－10 所示。

图 2－3－10　插入函数菜单

（3）调出“插入函数”对话框，搜索函数“mid”，点击“转到”、“确定”按钮，如图 2－3－11 所示。

图 2－3－11　插入函数对话框

(4) 在“函数参数”对话框中进行如下设置：

Text：E4 单元格，即身份证号码单元格。

Start_num：从身份证号码第 7 位开始提取字符，注意 text 中的第一个字符起始为 1。

Num_chars：提取 4 个字符串长度，如图 2-3-12 所示。

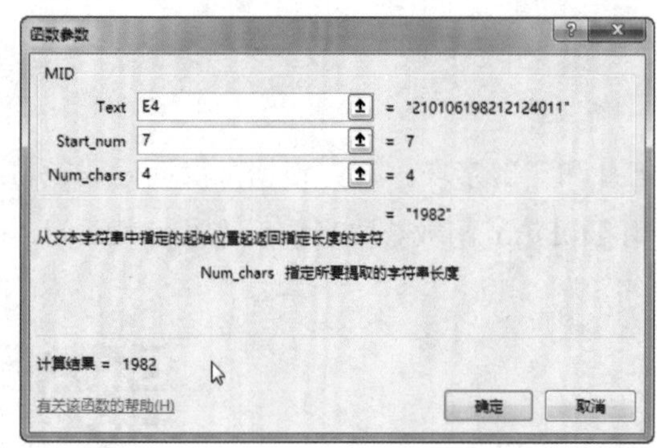

图 2-3-12　MID 函数参数

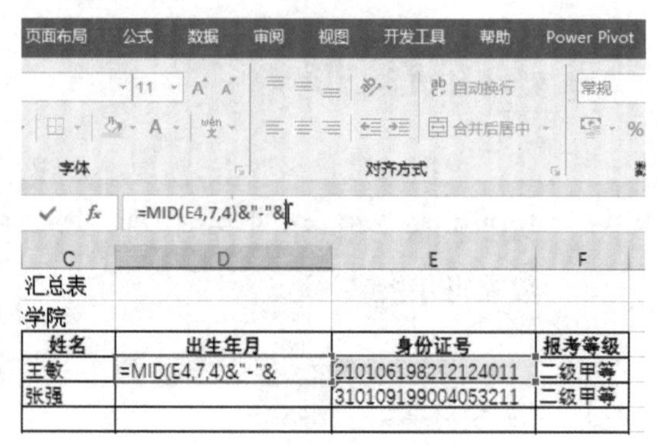

图 2-3-13　连字符

(5) 点击“确定”，获取年份。

(6) 点击编辑栏，在公式后面输入 &"-"&，标点符号为英文状态。& 为连字符，连接年份与月份之间用“-”表示，如图 2-3-13 所示。

(7) 点击编辑栏左边的 *fx* “插入函数”命令，调出“函数参数”对话框，完成取月份，如图 2-3-14 所示。

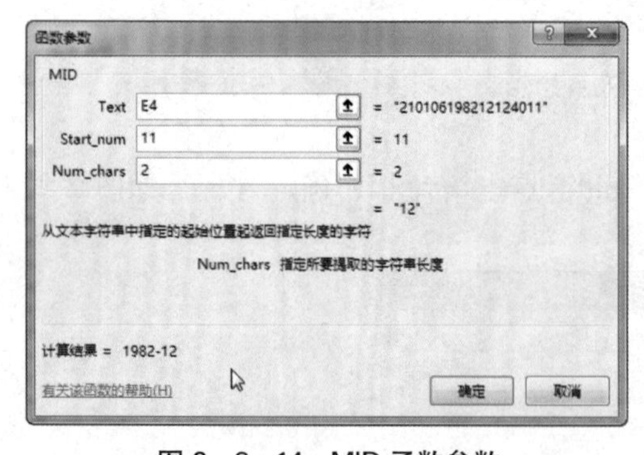

图 2-3-14　MID 函数参数

图 2-3-15　出生年月函数

(8) 继续重复第(6)—(7)步，完成取日期，如图 2-3-15 所示。

Step2：用 TODAY、YEAR 函数计算年龄

(1) 选中 E 列，鼠标右击插入。在 E3 单元格输入字段名称“年龄”。

(2) 使用 TODAY 函数，返回当前系统日期，套用 YEAR 函数获取年份。在编辑栏中输入公式：=year(today())-year(D4)，如图 2-3-16 所示。

=year(today())-year(D4)

YEAR(serial_number) E F G

出生年月	年龄	身份证号	报考等级
1992-12-12	=year(today())-year(D4)	210106199212124011	二级甲等
1990-04-05		310109199004053211	二级甲等

图 2-3-16　YEAR、TODAY 函数

活动三
利用函数填充性别

活动分析

在报名表中性别也是必填的一项。我们可以根据身份证号码倒数第二位来判断性别。如果是偶数性别为女，如果是奇数性别为男。我们需要使用 IF 函数条件判断来确定性别，在判断性别之前需要使用 MID 函数获取身份证号码的第十七位，利用 MOD 函数判断奇偶数。最后再次使用 IF 函数嵌套完成当没有输入身份证号码，性别、出生年月内容为空的操作。

方法与步骤

Step1：插入 IF 函数

（1）选中 D 列，鼠标右击插入，在 D3 单元格输入字段名称“性别”。选中 D4 单元格，选择“公式/函数库”组，点击“插入函数”按钮。在插入函数对话框中搜索 IF 函数，点击“确定”按钮。

（2）在“函数参数”对话框判断条件（Logical_test）中输入：mod(mid(G4,17,1),2)=0。

MOD 函数是求余函数，输入结果为两个数值表达式作除法运算后的余数。将身份证号码第十七位除以 2，如果余数为零，即为偶数，非零为奇数。

（3）判断条件正确返回 Value_if_true 的值，即返回“女”，否则返回 value_if_false 的值，即返回“男”，点击确定，完成性别字段的公式设置，如图 2-3-17 所示。

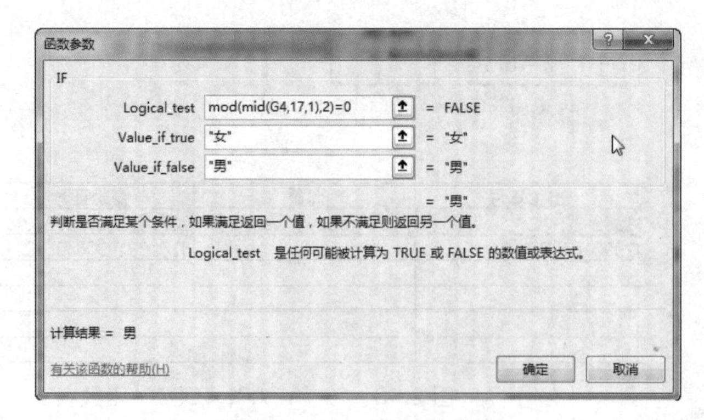

图 2-3-17 IF 函数参数

Step2:判断身份证号码列没有输入内容,性别、出生年月列内容为空,填充两栏

(1) 选中 D4 单元格,点击编辑框,将内容修改为=IF(G4="","",IF(MOD(MID(G4,17,1),2)=0,"女","男"))。如果 G4 单元格内容为空,则该单元格内容为空,否则判断性别,如图 2-3-18 所示。

IF | =IF(G4="","",IF(MOD(MID(G4,17,1),2)=0,"女","男"))

IF(logical_test, [value_if_true], [value_if_false])

	A	B	C	D	E	F	G	H
1	普通话等级考试报名汇总表							
2	学校：新中职业技术学院							
3	学号	班级	姓名	性别	出生年月	年龄	身份证号	报考等级
4	1	18材料1班	王敏	=IF(G4="",'	1992-12-12	26	210106199212124011	二级甲等
5	2	18材料1班	张强		1990-04-05		310109199004053211	二级甲等
6								
7								

图 2-3-18 性别字段函数

(2) 选中 E4 单元格,点击编辑框,将内容修改为=IF(G4="","",MID(G4,7,4)&"-"&MID(G4,11,2)&"-"&MID(G4,13,2))。如果 G4 单元格内容为空,则该单元格内容为空,否则填充出生年月,如图 2-3-19 所示。

注意:表示单元格内容为空,用""表示。

IF | =IF(G4="","",MID(G4,7,4)&"-"&MID(G4,11,2)&"-"&MID(G4,13,2))

	A	B	C	D	E	F	G	H
1	普通话等级考试报名汇总表							
2	学校：新中职业技术学院							
3	学号	班级	姓名	性别	出生年月	年龄	身份证号	报考等级
4	1	18材料1班	王敏	男	=IF(G4="","",MID(G4,7,4)&	26	210106199212124011	二级甲等
5	2	18材料1班	张强		1990-04-05		310109199004053211	二级甲等
6								
7								
8								

图 2-3-19 出生年月字段函数

(3) 以相同的方法完成年龄公式的修改。

（4）使用填充柄，填充“性别”、“出生年月”、“年龄”字段。

活动四
表格样式、打印设置

活动分析

学生信息录入完毕后，需要对表格进行设计。首先把学生学号前面统一添加学校代码“XZ—”字样，然后对标题、副标题进行格式化；利用套用表格样式工具，完成表格数据美化；完成打印等一系列设置。

方法与步骤

Step1：在学生学号前添加学校代码“XZ－”，并把学号变成001，以此类推

（1）选中A4单元格，鼠标右击，调出“设置单元格格式”对话框，“数字”选项卡，分类中选择“自定义”，在类型下的文本框中输入"XZ—"000，点击“确定”，如图2－3－20所示。

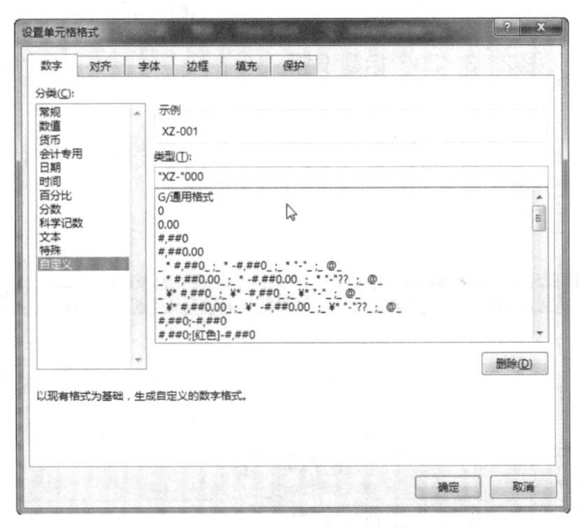

图2－3－20　设置单元格格式

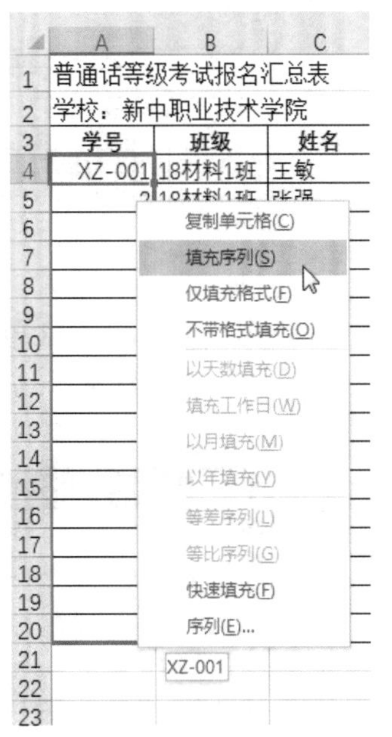

图2－3－21　填充序列

（2）使用填充柄，鼠标右击“填充序列”，如图2－3－21所示。

Step2:标题跨列居中、副标题合并单元格并格式化

(1) 选中 A1:H1 单元格,右击鼠标,调出“设置单元格格式”对话框,“对齐”选项卡,在“水平对齐”下拉框下选择“跨列居中”命令,如图 2-3-22 所示。

图 2-3-22　对齐设置

(2) 设置字体格式化:黑体、加粗、16 磅,如图 2-3-23 所示。

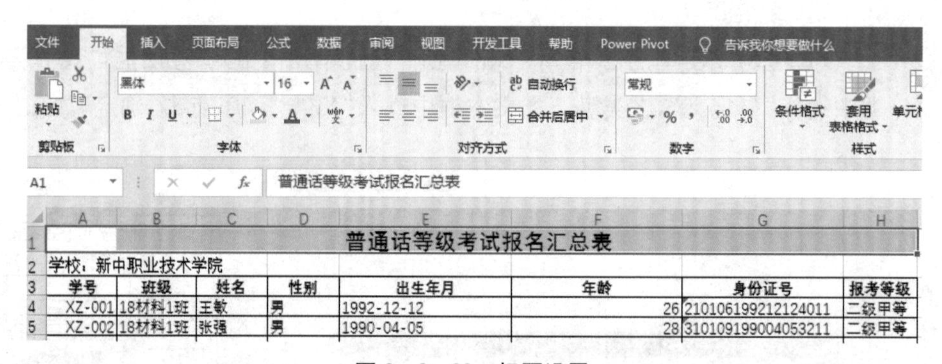

图 2-3-23　标题设置

(3) 选中 A2:H2 单元格,选择“开始/对齐方式”组,点击“合并后居中”下拉框下的“合并单元格”命令,如图 2-3-24 所示。

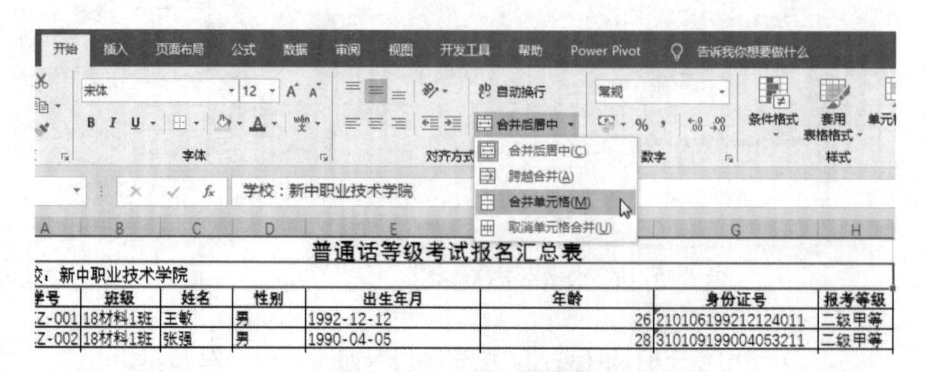

图 2-3-24　副标题设置

(4) 字体格式化:宋体、12 磅。

Step3:表格样式设置

(1) 选中 A3:H20 单元格,右击鼠标,调出“设置单元格格式”对话框。选择“边框”选项卡,设置表格外框粗,内框细,如图 2-3-25 所示。

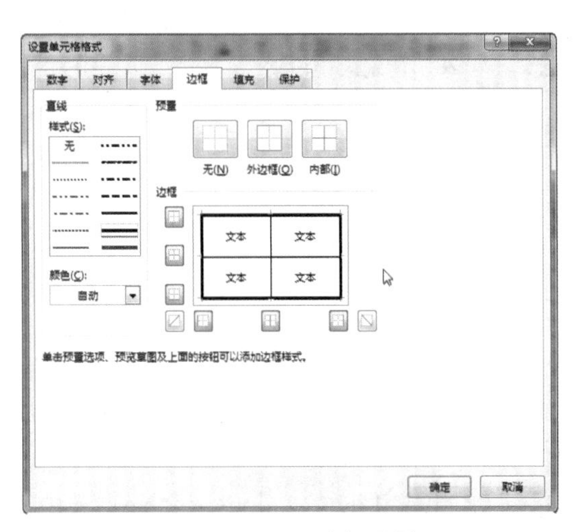

图 2-3-25　边框设置

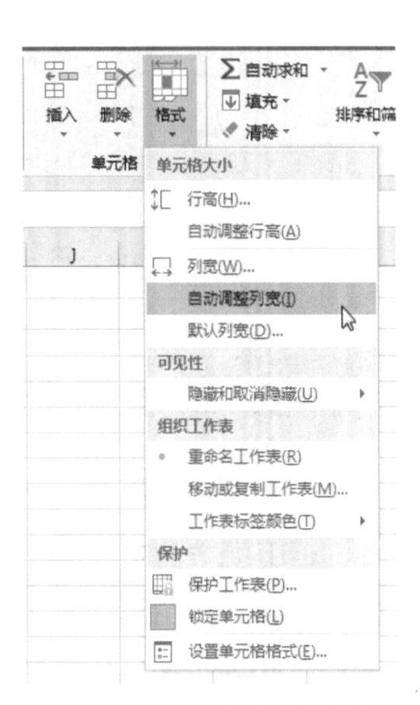

图 2-3-26　自动调整列宽

(2) 选中 A3:H3 单元格,即表格字段名称部分。白色,背景 1,深色 15%底纹,宋体,加粗,11 磅。选中 A4:H20 单元格,居中。

(3) 选中 A 列至 H 列,选择“开始/单元格”组,点击“格式”下拉框下的“自动调整列宽”命令,如图 2-3-26 所示。

Step4:打印区域设置

(1) 如果学生信息超过一页,从第二页如何显示字段名称呢?选择“页面布局/页面设置”组,点击“打印标题”按钮,调出“页面设置”对话框,“工作表”选项卡,顶端标题行选择第 3 行,如图 2-3-27 所示。

这样设置后,第二页起每页上都有标题行。

(2) 如果汇总表需要在一页上打印,但通过打印预览第二页上也有少量学生信息记录。如何设置在一页上呢?

图 2-3-27　顶端标题行设置

选择“页面布局/调整为合适大小”组，将宽度和高度设置为1页，如图2-3-28所示。

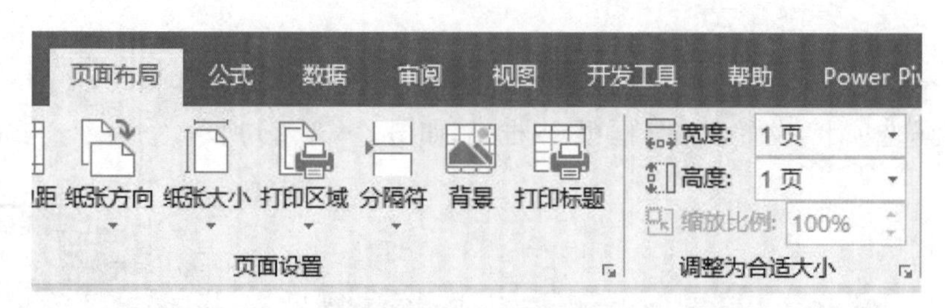

图2-3-28 调整大小设置

目前的学生信息能够在一页上打印，如果超出一页范围，会自动调整缩放比例。

知识链接

1. 条件判断函数IF

IF函数的功能是判断是否满足某个条件，如果满足，返回一个值，如果不满足则返回另一个值。

其函数表达式为：IF(logical_test，value_if_true，value_if_false)，其中logical_test表示用来判断TRUE或FALSE的数值或表达式。value_if_true表示当logical_test为TURE时的返回值。value_if_false表示当logical_test为FALSE时的返回值。

IF函数最多可以嵌套七层。

2. 数学函数MOD

MOD函数是一个求余数的函数，其格式为：MOD(number，divisor)，输出结果为两个数值表达式作除法运算后的余数。Number为被除数，divisor为除数。

3. 文本函数MID

MID函数的功能是从文本字符串中制定的起始位置起，返回指定长度的字符的函数。其格式为：MID(text，start_num，num_chars)，text为准备从中提取字符串的文本字符串。start_num指的是准备提取的第一个字符的位置，text中的第一个字符表示为1。num_chars指的是指定所要提取的字符串长度。

4. 日期时间函数YEAR、NOW、TODAY

YEAR函数的功能是返回日期的年份值，是一个1900—9999之间的数。其格式为YEAR(serial_number)，serial_number指的是Excel中进行日期及时间计算的日期时间代码。

NOW函数的功能是返回日期时间格式的当前日期和时间。

TODAY函数的功能是返回日期格式的当前系统日期。

思考与练习

制作一份学生学籍信息表。包含学号、姓名、性别、身份证号码、出生年月、是否团员、家庭地址、联系电话等字段。要求使用 IF、MID、MOD、TODAY、YEAR 等函数计算相关字段。联系电话字段设置字段有效性为 11 位数字。是否团员字段设置下拉式列表“是”、“否”选择。美化表格设置标题、字段名称、数据等格式。

任务四
普通话考试成绩分析

学习目标

- 学会使用条件计数 COUNTIF 函数对数据进行处理
- 学会制作数据透视表的基本方法
- 学会使用数据透视表分析数据并计算
- 学会使用数据透视表中的数据制作图表
- 学会使用单元格样式美化统计表和图

任务描述

2018 年上半年普通话等级考试结果已经公布。张老师根据学生的考试成绩需要分析全校普通话考试的合格率;各班级不同等级的人数分布情况;各班级普通话等级考试合格率;完成相应的图表,美化图表提交至学校档案室存档保管。

任务分析

根据普通话考试的等级,首先使用 COUNTIF 函数计算全校学生不同等级所占的人数,再统计合格率。由于 COUNTIF 函数的局限性,使用数据透视表制作各班级不同等级的人数分布情况,然后在数据透视表的基础上计算合格率。根据合格率制作数据图,最后利用单元格样式美化图表。

活动一
计算全校普通话考试的合格率

活动分析

普通话考试成绩规定若成绩为 87 分以上等级为二级甲等,80 分以上等级为二级乙等。根据新中职业技术学院语言文字相关规定，学生普通话等级为二级乙等以上均为合格，低于80分为不合格。所以，合格率的统计公式为（二级甲等人数＋二级乙等人数＋一级甲等人数＋一级乙等人数）/总人数。

方法与步骤

Step1：添加合格率统计工作表，并按成绩等级设计统计表格

（1）打开素材文件夹“普通话考试学生成绩表.xlsx”，点击工作表区域下方 ⊕（新建工作表）按钮，新建一个空白的工作表，并重命名为“全校合格率统计表”，如图2-4-1所示。

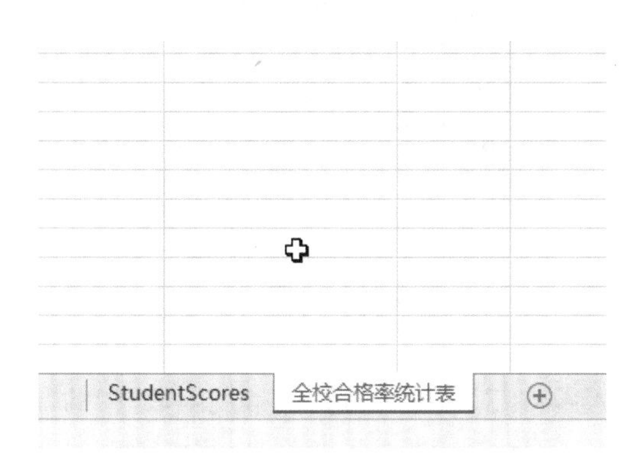

图2-4-1　新建工作表

（2）在新建的“全校合格率统计表”中，选中A1单元格，输入标题“普通话考试各等级人数据统计表”。在A2:A9区域中，分别输入：等级、不入级、三级乙等、三级甲等、二级乙等、二级甲等、一级乙等、一级甲等。选中B2单元格，输入列标题：人数，如图2-4-2所示。

剪贴板　字体

E11

	A	B
1	普通话考试各等级人数据统计表	
2	等级	人数
3	不入级	
4	三级乙等	
5	三级甲等	
6	二级乙等	
7	二级甲等	
8	一级乙等	
9	一级甲等	
10		
11		

图2-4-2　表格设计完成

Step2:利用函数统计各等级的人数

(1) 选中 B3 单元格,选择“公式/函数库”组,点击“插入函数”按钮,如图 2-4-3 所示。

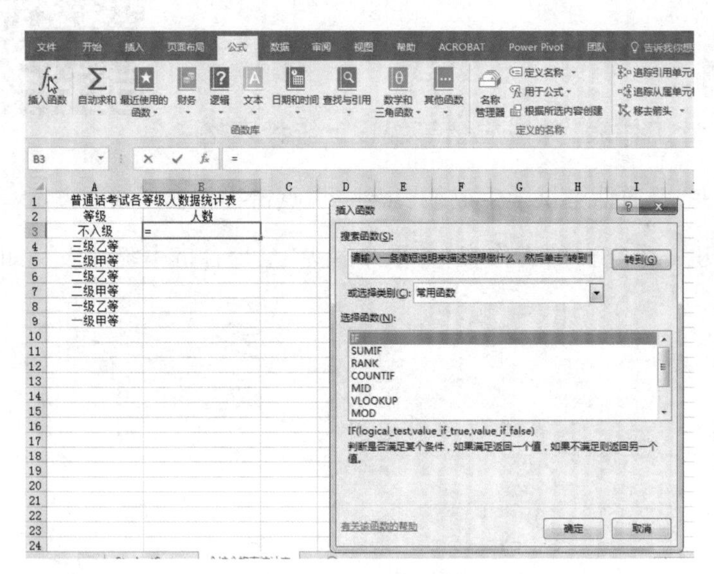

图 2-4-3 插入公式

图 2-4-4 COUNTIF 函数

(2) 在“插入函数”对话框中,选择“常用函数”中的“COUNTIF“函数,如图 2-4-4 所示。

(3) 调出“函数参数”对话框,在 Range 中,用鼠标点击选 StudentsScore 表中的 I 列;在 Criteria 中,用鼠标点击选“A3”单元格,如图 2-4-5 所示。

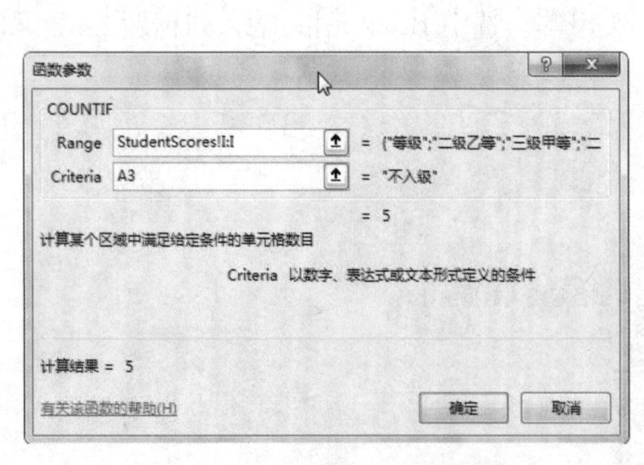

图 2-4-5 COUNTIF 函数对话框

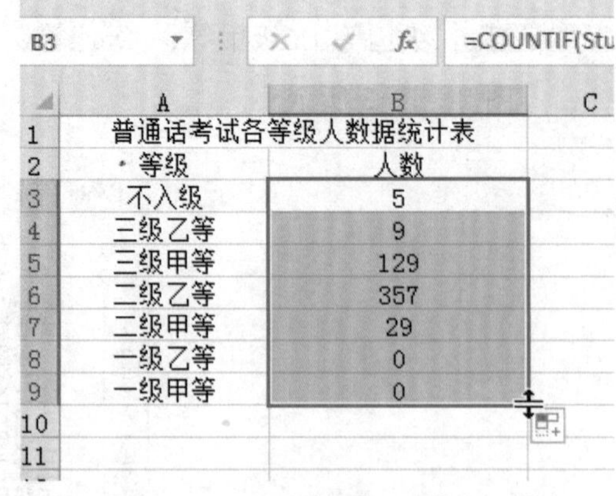

图 2-4-6 填充计算出各等的人数

(4) 点击“确定”按钮,使用填充柄向下进行填充,完成人数的统计,如图 2-4-6 所示。

Step3:计算合格率并美化表格

(1) 选中 A10 单元格,输入行标题“合格人数”;选中 A11 单元格,输入行标题“合格率”,如图 2-4-7 所示。

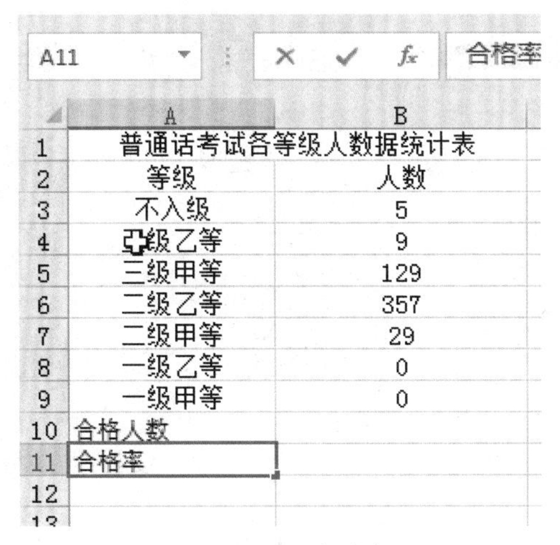

	A	B
1	普通话考试各等级人数据统计表	
2	等级	人数
3	不入级	5
4	三级乙等	9
5	三级甲等	129
6	二级乙等	357
7	二级甲等	29
8	一级乙等	0
9	一级甲等	0
10	合格人数	
11	合格率	
12		

图 2-4-7 添加行标题

函数库
COUNTIF
=B6+B7+B8+B9

	A	B	C
1	普通话考试各等级人数据统计表		
2	等级	人数	
3	不入级	5	
4	三级乙等	9	
5	三级甲等	129	
6	二级乙等	357	
7	二级甲等	29	
8	一级乙等	0	
9	一级甲等	0	
10	合格人数	=B6+B7+B8+B9	
11	合格率		
12			

图 2-4-8 计算合格人数

(2) 选中 B10 单元格,输入公式:=B6+B7+B8+B9,如图 2-4-8 所示。

(3) 选中 B11 单元格,输入公式:=B10/SUM(B3:B9),如图 2-4-9 所示。

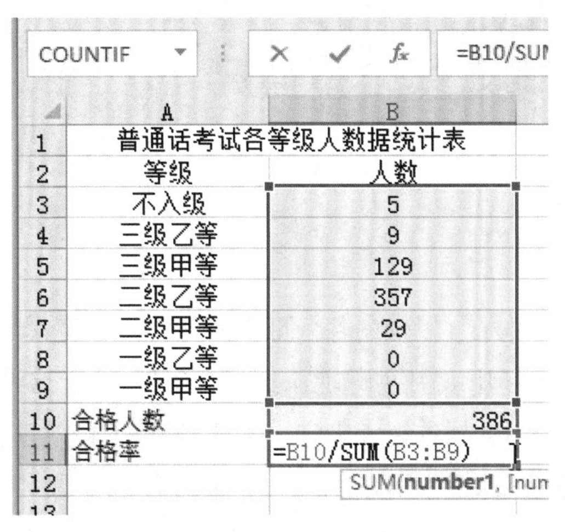

	A	B
1	普通话考试各等级人数据统计表	
2	等级	人数
3	不入级	5
4	三级乙等	9
5	三级甲等	129
6	二级乙等	357
7	二级甲等	29
8	一级乙等	0
9	一级甲等	0
10	合格人数	386
11	合格率	=B10/SUM(B3:B9)
12		

图 2-4-9 计算合格率

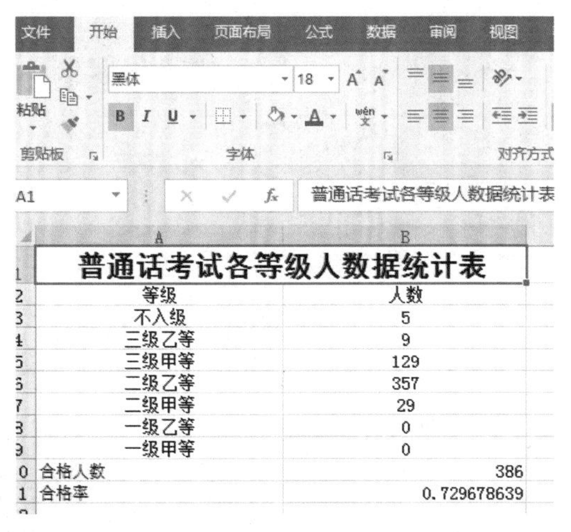

	A	B
1	普通话考试各等级人数据统计表	
2	等级	人数
3	不入级	5
4	三级乙等	9
5	三级甲等	129
6	二级乙等	357
7	二级甲等	29
8	一级乙等	0
9	一级甲等	0
10	合格人数	386
11	合格率	0.729678639

图 2-4-10 设置表标题

(4) 选中 A1:B1 区域,设置表标题“普通话考试各等级人数据统计表”,字体为黑体、18 磅、加粗,合并后居中,如图 2-4-10 所示。

(5) 设置表格内所有内容居中显示,字体为宋体,字号为 18 磅,如图 2-4-11 所示。

(6) 选中 B11 单元格,点击“开始/数字”组,点击“数字格式”下拉框下的“百分比”命令设置单元格格式为“百分比”,如图 2-4-12 所示。

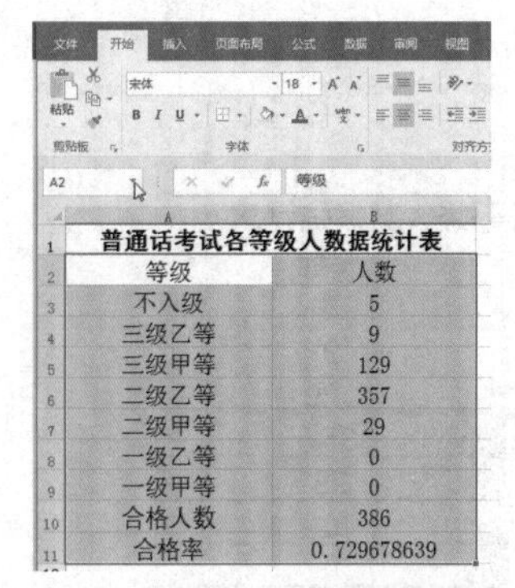

图 2-4-11　设置对齐方式

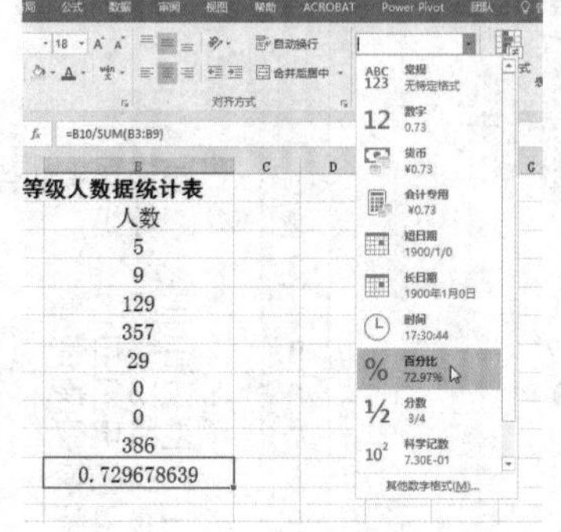

图 2-4-12　X 轴坐标格式

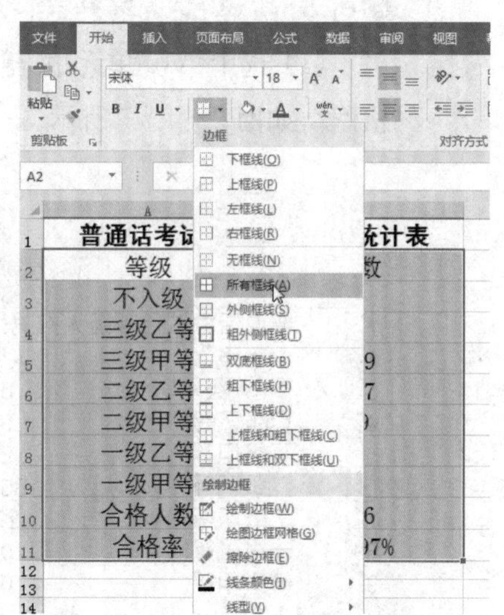

图 2-4-13　设置表格边框

(7) 选中 A2:B11 区域，点击“开始/字体”组，点击“下框线”下拉框下的“所有框线”命令设置单元格边框，如图 2-4-13 所示。

活动二
统计各班级的成绩分布情况

活动分析

全校普通话成绩的合格率已经统计好了，但校内各个班级的合格率也需要进行统计，方便对任课教师的考核评价，COUNTIF 函数就只能添加一个条件，对于这种有多个条件进行统计的情况，我们就可以使用数据透视表来进行统计，提高工作效率。

首先了解制作数据透视表的一般步骤，然后分析需求中需要计算的字段，需要显示的字段放在行或列中。在本活动的需求中提出分析各班级不同等级的人数，即将等级字段以计数统计方式放在“值”中，显示的所在班级字段放在“行”中，等级字段放在“列”中。

方法与步骤

Step1：数据区域命名

(1) 打开素材文件夹中“普通话考试学生成绩表. xlsx”，StudentScores 工作表。

选中数据区域中的任意一个单元格，使用快捷方式 Ctrl＋Shift＋8，选择所有数据单元格。

(2) 在名称定义框中输入“scores”，回车确认，如图 2-4-14 所示。

	姓名	性别	身份证号	学校名称	所在班级	准考证号	测试时间	成绩	等级	证书编号
2	谢笑丘	男	310115199809111914	新中职业技术学院	14综合1班	3120315050001	2015.05.30	84.3	二级乙等	3115203001403
3	沈玮锋	男	31010819990326055X	新中职业技术学院	14综合1班	3120315050002	2015.05.30	79.5	三级甲等	3115203001404
4	姚勤	男	321323199810313314	新中职业技术学院	14综合1班	3120315050003	2015.05.30	84.2	二级乙等	3115203001405
5	陈伟成	男	310227199905302412	新中职业技术学院	14综合1班	3120315050004	2015.05.30	80.7	二级乙等	3115203001406
6	徐逸晨	男	310104199904234411	新中职业技术学院	14综合1班	3120315050005	2015.05.30	82.2	二级乙等	3115203001407
7	李永旭	男	23108419990822201X	新中职业技术学院	14综合1班	3120315050006	2015.05.30	83.1	二级乙等	3115203001408
8	陈勇	男	310105199811193610	新中职业技术学院	14综合1班	3120315050007	2015.05.30	81.4	二级乙等	3115203001409
9	张志浩	男	31010719981130001X	新中职业技术学院	14综合1班	3120315050008	2015.05.30	82.2	二级乙等	3115203001410
10	孔申	男	320925199805143917	新中职业技术学院	14综合1班	3120315050009	2015.05.30	82.1	二级乙等	3115203001411
11	郑晓杰	男	310104199908240819	新中职业技术学院	14综合1班	3120315050010	2015.05.30	71.6	三级甲等	3115203001412
12	陈崇明	男	410304199907230517	新中职业技术学院	14综合1班	3120315050011	2015.05.30	81.7	二级乙等	3115203001413
13	王昭栋	男	310112199906253915	新中职业技术学院	14综合1班	3120315050012	2015.05.30	81.2	二级乙等	3115203001414
14	顾庭轩	男	31011419990818301X	新中职业技术学院	14综合1班	3120315050013	2015.05.30	82.3	二级乙等	3115203001415
15	朱寅杰	男	310114199809142618	新中职业技术学院	14综合1班	3120315050014	2015.05.30	81	二级乙等	3115203001416
16	倪英杰	男	310114199810130817	新中职业技术学院	14综合1班	3120315050015	2015.05.30	78.8	三级甲等	3115203001417
17	施邦杰	男	310115199809021951	新中职业技术学院	14综合1班	3120315050016	2015.05.30	80.4	二级乙等	3115203001418
18	陶彦君	男	310115199811157217	新中职业技术学院	14综合1班	3120315050017	2015.05.30	78.5	三级甲等	3115203001419

图 2-4-14　名称框中输入 scores

(3) 在名称定义框下拉按钮选择 scores 即选中所有数据，如图 2-4-15 所示。

	姓名	性别	身份证号	学校名称	所在班级	准考证号	测试时间	成绩	等级	证书编号
2	谢笑丘	男	310115199809111914	新中职业技术学院	14综合1班	3120315050001	2015.05.30	84.3	二级乙等	3115203001403
3	沈玮锋	男	31010819990326055X	新中职业技术学院	14综合1班	3120315050002	2015.05.30	79.5	三级甲等	3115203001404
4	姚勤	男	321323199810313314	新中职业技术学院	14综合1班	3120315050003	2015.05.30	84.2	二级乙等	3115203001405
5	陈伟成	男	310227199905302412	新中职业技术学院	14综合1班	3120315050004	2015.05.30	80.7	二级乙等	3115203001406
6	徐逸晨	男	310104199904234411	新中职业技术学院	14综合1班	3120315050005	2015.05.30	82.2	二级乙等	3115203001407
7	李永旭	男	23108419990822201X	新中职业技术学院	14综合1班	3120315050006	2015.05.30	83.1	二级乙等	3115203001408
8	陈勇	男	310105199811193610	新中职业技术学院	14综合1班	3120315050007	2015.05.30	81.4	二级乙等	3115203001409
9	张志浩	男	31010719981130001X	新中职业技术学院	14综合1班	3120315050008	2015.05.30	82.2	二级乙等	3115203001410
10	孔申	男	320925199805143917	新中职业技术学院	14综合1班	3120315050009	2015.05.30	82.1	二级乙等	3115203001411
11	郑晓杰	男	310104199908240819	新中职业技术学院	14综合1班	3120315050010	2015.05.30	71.6	三级甲等	3115203001412
12	陈崇明	男	410304199907230517	新中职业技术学院	14综合1班	3120315050011	2015.05.30	81.7	二级乙等	3115203001413
13	王昭栋	男	310112199906253915	新中职业技术学院	14综合1班	3120315050012	2015.05.30	81.2	二级乙等	3115203001414
14	顾庭轩	男	31011419990818301X	新中职业技术学院	14综合1班	3120315050013	2015.05.30	82.3	二级乙等	3115203001415

图 2-4-15　名称引用

Step2：根据向导制作数据透视表

(1) 选择“插入/表格”组，点击“数据透视表”按钮，调出“数据透视表”对话框。在“表/区域”中输入 scores。

(2) 选择放置数据透视表的位置为新工作表，点击“确定”，如图 2-4-16 所示。

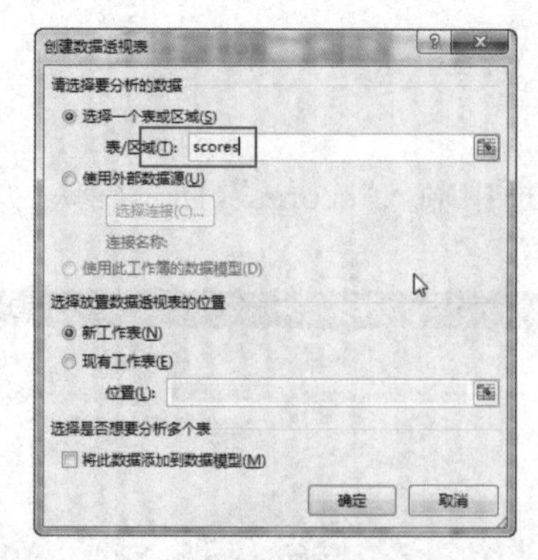

图 2－4－16 创建数据透视表对话框

（3）在工作簿中，新建“Sheet1”工作表，如图 2－4－17 所示。

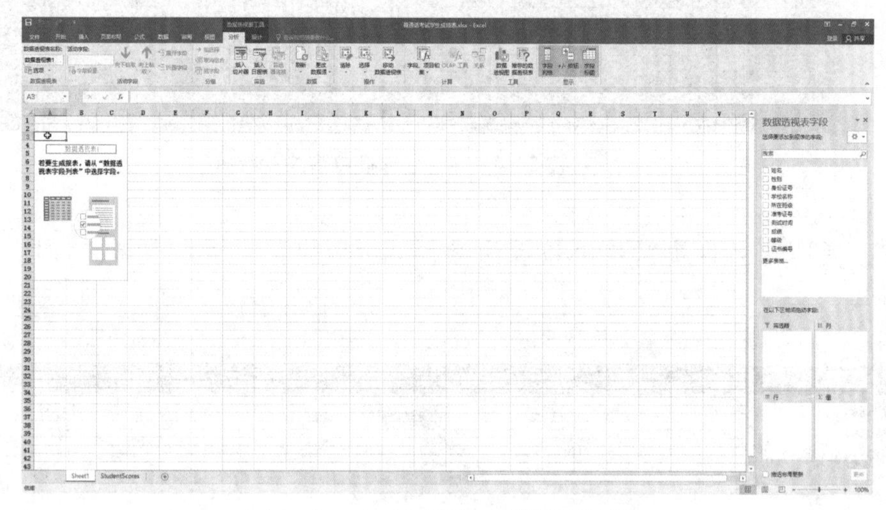

图 2－4－17 新建“Sheet1”数据透视表

Step3：设置数据透视表字段

（1）在右侧数据透视表字段中，将等级字段拖曳至“值”中，统计方式为：计数项。如需要修改统计方式，可以点击下拉按钮，选择“值字段设置”，调出值字段设置对话框，修改计算类型，如图 2－4－18 所示。

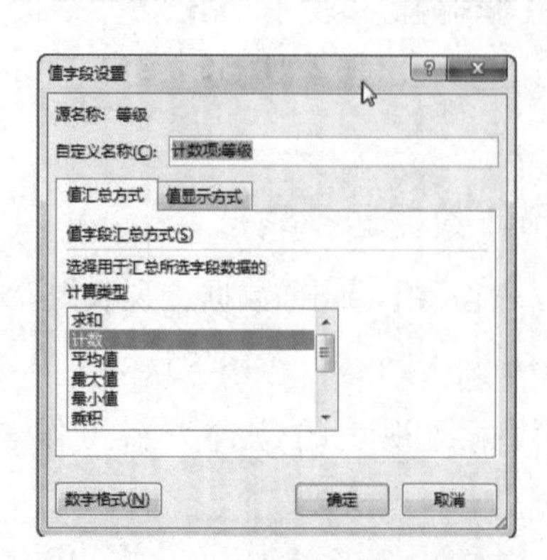

图 2－4－18 值字段设置对话框

（2）在右侧数据透视表字段中，将等级字段拖曳至“列”中，所在班级字段拖曳至“行”中。形成以“等级为统计计数项，列为等级类别字段，行为班级的一张二维数据表”。数据透视表字段如图 2－4－19 所示。

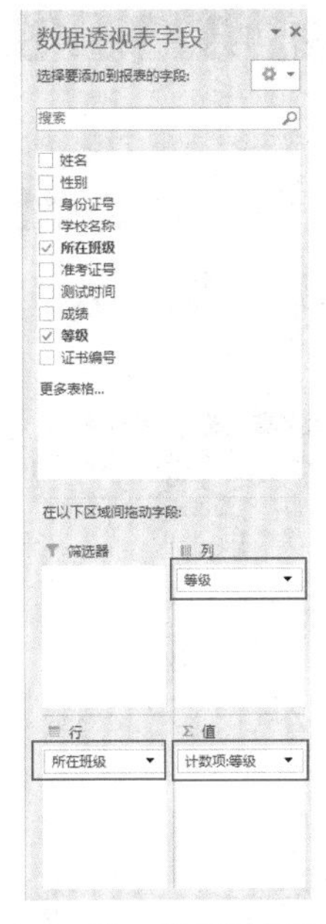

图 2－4－19　数据透视表字段

	A	B	C	D	E	F	G
1							
2							
3	计数项:等级	列标签					
4	班级	不入级	二级甲等	二级乙等	三级甲等	三级乙等	总计
5	14材料1班		3	23	10		36
6	14环保1班		1	13	10		24
7	14环测贯通1班		2	41	2		45
8	14机电贯通1班		1	27	10	1	39
9	14机电贯通2班		3	27	10		40
10	14机电维修1班		2	27	7		36
11	14商务1班	2	1	29	10		42
12	14设计贯通1班		8	22			30
13	14数控1班		1	19	13	2	35
14	14数字媒体1班	1	2	18	10		31
15	14网络1班			18	7		25
16	14珠宝贯通1班	1	4	14	2		21
17	14珠宝贯通2班			17	6		23
18	14装饰设计1班		1	14	4		19
19	14综合1班			21	7	1	29
20	14综合2班			10	12	3	25
21	14综合3班	1		17	9	2	29
22	总计	5	29	357	129	9	529

图 2－4－20　各班不同等级的人数

（3）选中 A4 单元格，将字段名称修改为“班级”。

（4）完成数据透视表的制作，如图 2－4－20 所示。

活动三
统计普通话考试各班级合格率

活动分析

各班级的普通话成绩情况已经分析好了，接下来就需要进行合格率的统计了，让我们看看该如何正确计算。然后根据合格率制作各班合格率统计图。

方法与步骤

Step1：添加合格率字段，计算合格率

（1）在“Sheet1”工作表中，选中 H4 单元格，输入“合格率”。

(2) 根据公式，选中 H5 单元格，在编辑栏中输入=(C5+D5)/G5。由于使用的是数据透视表中经过统计以后的数据，所以不能使用鼠标选中 C5、D5、G5 单元格，必须通过编辑栏手动输入公式，点击回车，如图 2-4-21 所示。

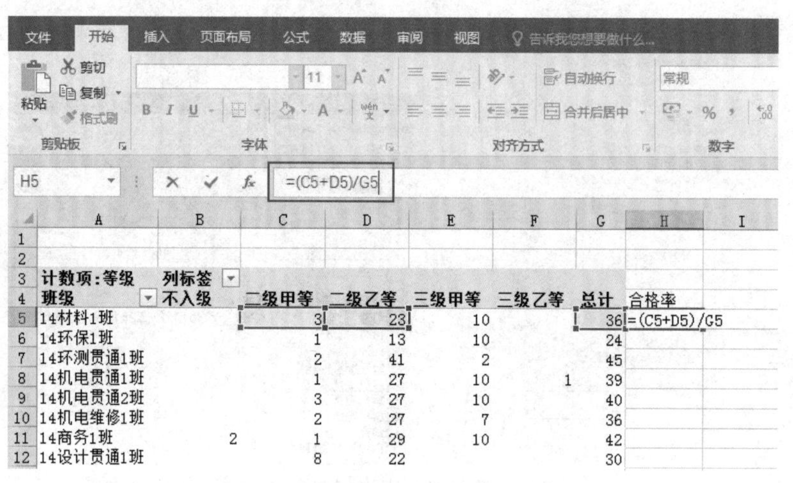

计数项:等级	列标签						
班级	不入级	二级甲等	二级乙等	三级甲等	三级乙等	总计	合格率
14材料1班		3	23	10		36	=(C5+D5)/G5
14环保1班		1	13	10		24	
14环测贯通1班		2	41	2		45	
14机电贯通1班		1	27	10	1	39	
14机电贯通2班		3	27	10		40	
14机电维修1班		2	27	7		36	
14商务1班	2	1	29	10		42	
14设计贯通1班		8	22			30	

图 2-4-21　编辑栏手动输入公式

(3) 使用填充柄，填充至 H21 单元格。

(4) 选中 H5:H21，鼠标右击，调出设置"单元格格式"对话框，选择"数字"选项卡，分类选择百分比，小数位数 1 位，点击"确定"按钮，结果如图 2-4-22 所示。

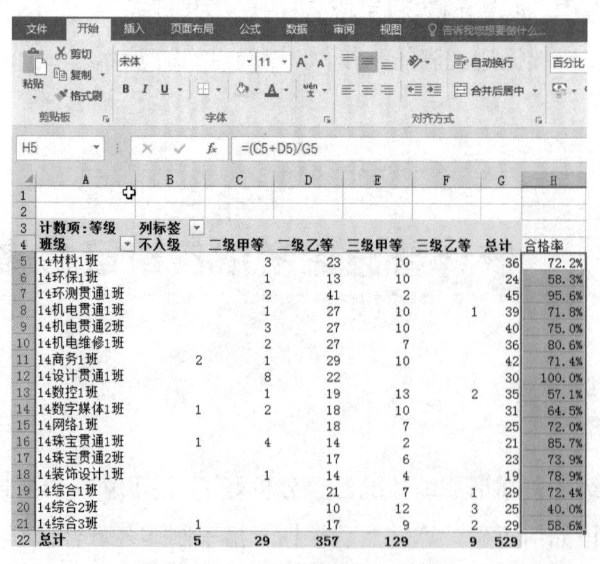

计数项:等级	列标签						
班级	不入级	二级甲等	二级乙等	三级甲等	三级乙等	总计	合格率
14材料1班		3	23	10		36	72.2%
14环保1班		1	13	10		24	58.3%
14环测贯通1班		2	41	2		45	95.6%
14机电贯通1班		1	27	10	1	39	71.8%
14机电贯通2班		3	27	10		40	75.0%
14机电维修1班		2	27	7		36	80.6%
14商务1班	2	1	29	10		42	71.4%
14设计贯通1班		8	22			30	100.0%
14数控1班		1	19	13	2	35	57.1%
14数字媒体1班	1	2	18	10		31	64.5%
14网络1班			18	7		25	72.0%
14珠宝贯通1班	1	4	14	2		21	85.7%
14珠宝贯通2班			17	6		23	73.9%
14装饰设计1班		1	14	4		19	78.9%
14综合1班			21	7	1	29	72.4%
14综合2班			10	12	3	25	40.0%
14综合3班	1		17	9	2	29	58.6%
总计	5	29	357	129	9	529	

图 2-4-22　填充柄填充合格率

Step2:制作合格率统计图

(1) 选择"插入/图表"组，点击"插入柱形图或条形图"下拉框下的"三维柱形图"区域中的"三维簇状柱形图"，如图 2-4-23 所示。

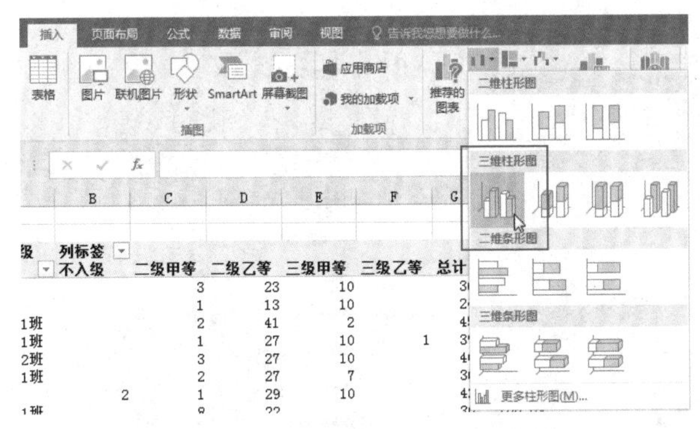

图 2-4-23　选择“三维簇状柱形图”

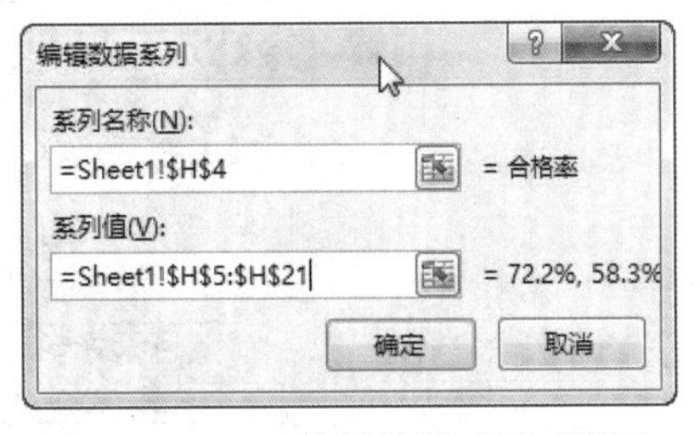

图 2-4-24　编辑数据系列对话框

（2）选择“设计/数据”组，点击“选择数据”按钮，调出“选择数据源”对话框。在图例项（系列）中，点击“添加”按钮，在“编辑数据系列”对话框中，系列名称选中 H4 单元格，系列值中把原来内容删除，选中 H5:H21 单元格，点击“确定”按钮，如图 2-4-24 所示。

（3）点击图中水平（分类）轴标签，点击“编辑”按钮，调出“轴标签”对话框。在轴标签区域选中 A5:A21 单元格，如图 2-4-25 所示。

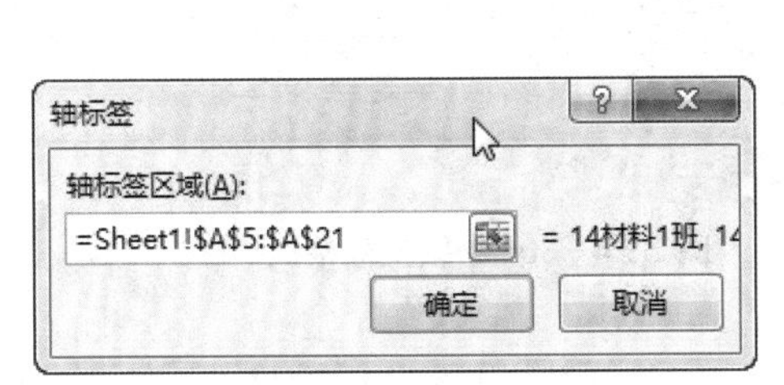

图 2-4-25　轴标签对话框

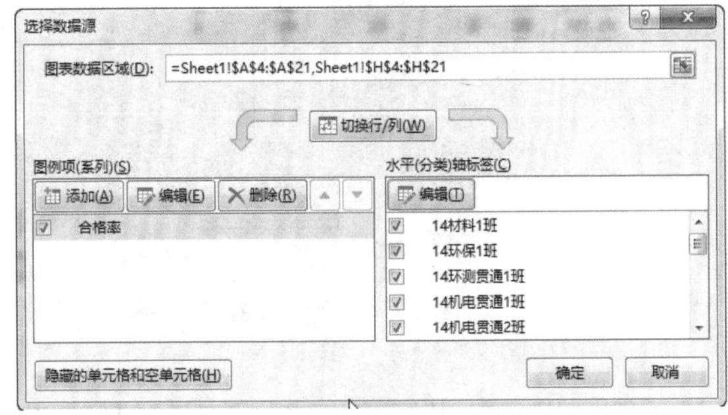

图 2-4-26　选择数据源对话框

（4）选择数据源对话框完成，点击“确定”按钮，如图 2-4-26 所示。

Step3：美化合格率统计图

（1）设置图表标题“各班合格率统计图”，字体为黑体、18 磅、加粗。

（2）选中图表，鼠标右击选择设置图表区格式菜单，在右侧设置图表区格式，渐变填充，边框圆角，如图 2-4-27、2-4-28 所示。

（3）设置 x 轴坐标轴格式主要刻度为 20%。鼠标右击 x 轴，设置坐标轴格式，在主要单位文本框中输入 0.2，如图 2-4-29 所示。

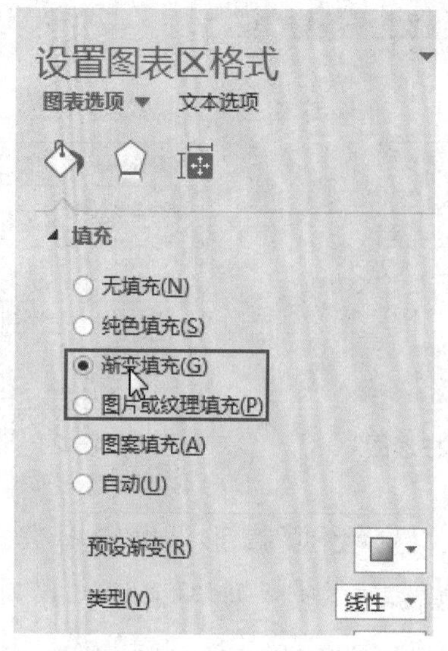

图 2-4-27　渐变填充

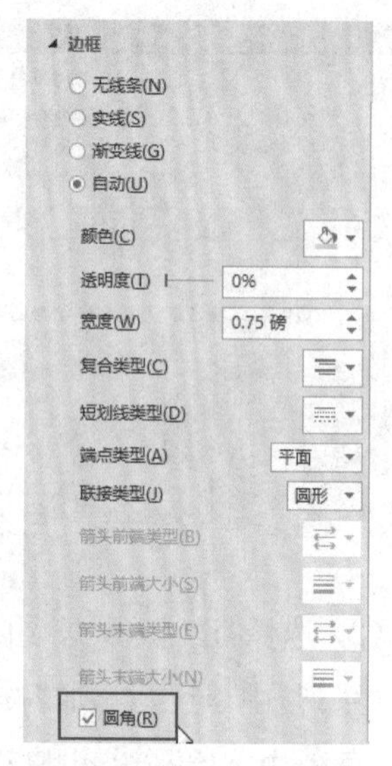

图 2-4-28　边框圆角

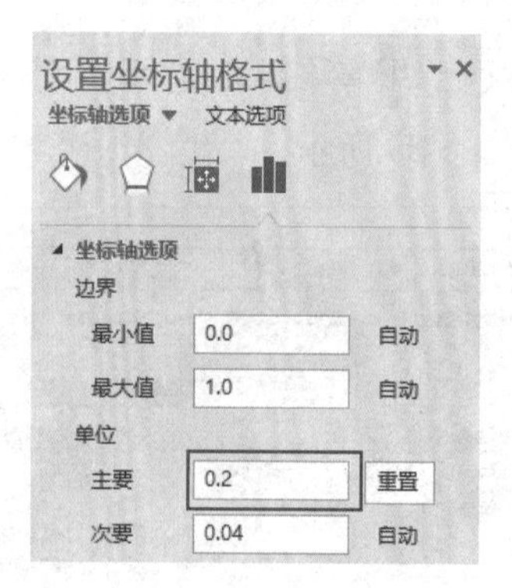

图 2-4-29　x 轴坐标格式

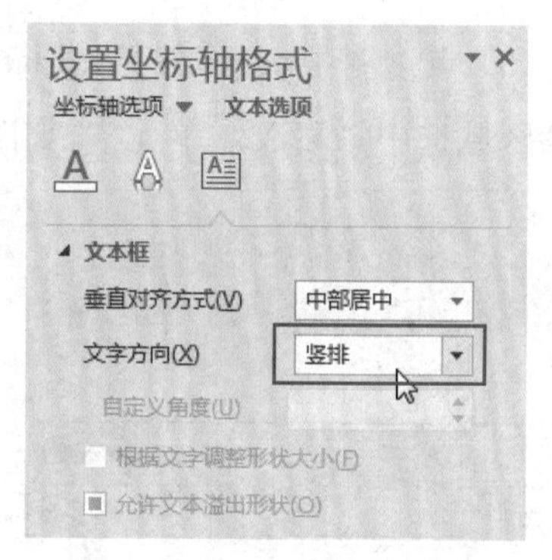

图 2-4-30　y 轴坐标格式

(4) y 轴坐标轴格式文字方向竖排。鼠标右击 y 轴，设置坐标轴格式，在文本选项，文本框，文字方向设置为竖排，如图 2-4-30 所示。

(5) 将图表放至 A24 至 H40 区域，如图 2-4-31 所示。

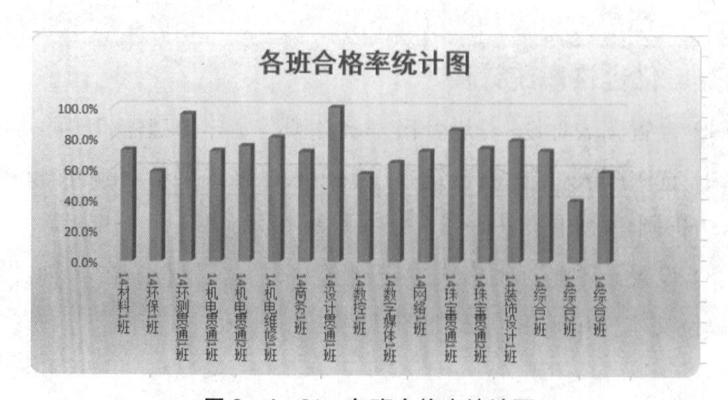

图 2-4-31　各班合格率统计图

知识链接

1. 条件计数函数 COUNTIF

COUNTIF 函数是 Microsoft Excel 中对指定区域中符合指定条件的单元格计数的一个函数。

COUNTIF(range,criteria)

range 要计算其中非空单元格数目的区域;

criteria 以数字、表达式或文本形式定义的条件。

说明:

(1) 条件不能超过 255 个字符,否则会返回错误。

(2) 统计文本个数时,不能包含前导空格与尾部空格,也不能出现单引号与双引号不一致和非打印字符;否则,可能返回不可预期的值。

(3) 在条件中可以使用通配符问号(?)和星号(*),问号表示任意一个字符,星号表示一个或一串字符;如果要查找问号或星号,需要在它们前面加转义字符~,例如查找问号,表达式应该这样写~?。

2. 名称引用

名称引用是对 Excel 中多个单元格即一块区域的命名。具有定位功能,用作公式中的参数,跨工作表操作。具体方法是选择需要命名的区域,点击名称框输入名称,然后以回车键确认。名称不能以数字、地址命名,名字中间也不能有空格。

3. 数据透视表

数据透视表是一种交互式的表,可以进行某些计算,如求和与计数等。所进行的计算与数据透视表中的排列有关。

数据透视表可以动态地改变版面布置,以便按照不同方式分析数据,也可以重新安排行号、列标和页字段。每一次改变版面布置时,数据透视表会立即按照新的布置重新计算数据。此外,如果原始数据发生更改,则可以更新数据透视表。

思考与练习

使用"普通话考试学生成绩表.xlsx"中的素材,统计各班级普通话考试优秀率,学生等级为二级甲等即为优秀。并制作各班优秀率统计图,美化图表。

项目三
演示文稿软件应用

PowerPoint 2016 已被广泛应用于各个领域，是日常工作和生活中不可缺少的办公软件之一，通过本项目的学习，我们将学会快速建立与编辑演示文稿，编辑文字、图片和图表等，在演示文稿中插入音频、视频等多媒体的应用，熟练运用演示文稿的各项功能设计出优秀的演示文稿。

随着 PPT 版本的升级，功能也在不断完善，我们可以从外观上认识其工作界面的布局，如图 3－0－1 所示。

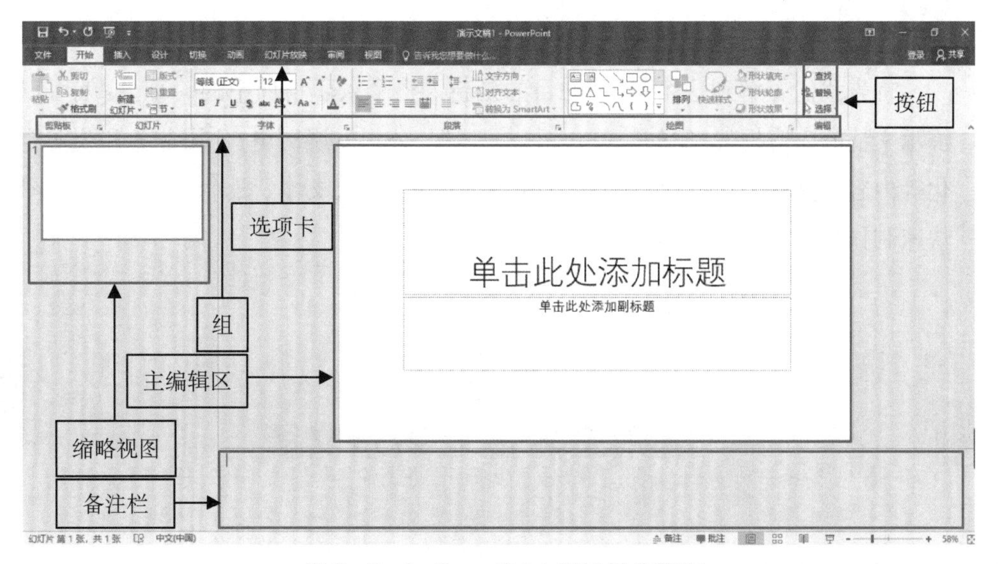

图 3－0－1　PowerPoint 2016 工作界面

任务一
新新旅行社公司介绍的演示文稿制作

学习目标

- 能够设置幻灯片主题和背景
- 能够设置幻灯片版式
- 学会插入文字、艺术字，并对其进行格式设置
- 学会在演示文稿中应用图片和 SmartArt 图形

任务描述

小张是新新旅行社人事部门的一名员工，公司需要对新入职的员工进行培训，其中有一部分内容是公司介绍，需要小张制作一个演示文稿，可以简单介绍公司现状。

任务分析

首先我们了解到这个 PPT 的目的是新人整个入职培训中的一部分，就可以确定演示文稿的内容框架，比如简单介绍公司概况、公司发展历史、公司业务和公司企业文化等内容。然后我们可以运用幻灯片主题设置，插入文本、图片和 SmartArt 图形等快速制作演示文稿。

活动一
运用主题建立演示文稿

活动分析

添加幻灯片内容之前，我们可以对幻灯片的布局和外观进行设置。

首先，PowerPoint 2016 启动界面提供了一些主题，如果用户需要创建一个有色彩

搭配和布局的演示文稿，可以通过提供的主题进行创建，但是大部分人在新做 PPT 时都没有使用主题的习惯。假如前期是通过单一元素的手动设置字体或者颜色，后期更改主题时字体和颜色是无法随之改变的，所以我们一般先设置主题，再开始制作。

其次，根据幻灯片的内容，可以设置幻灯片的大小和版式。

Step1：新建演示文稿并选择合适的主题

（1）启动 PowerPoint 2016，在打开的启动界面右侧选择“主题”，在“主题”中选择“视差”（主题可自行选择）选项，如图 3－1－1 所示。

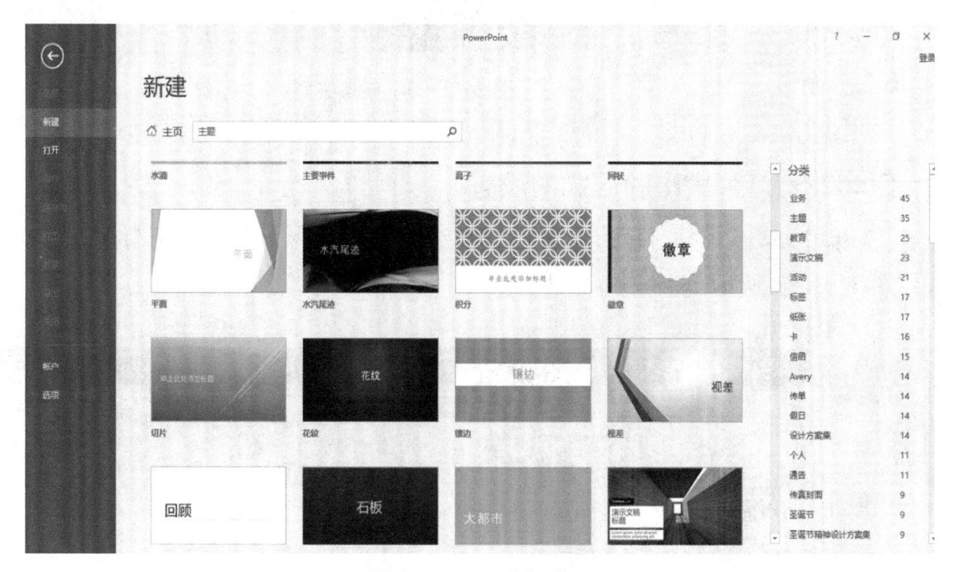

图 3－1－1　选择主题

（2）在打开的对话框中显示了该主题样式，选择需要的主题样式，如选择第 1 种样式，单击“创建”按钮，如图 3－1－2 所示。

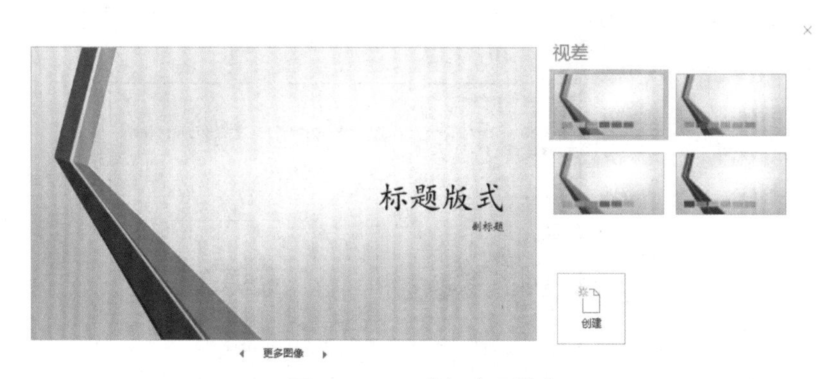

图 3－1－2　选择主题样式

（3）加载完成后即可看到该主题的演示文稿效果，如图 3-1-3 所示。

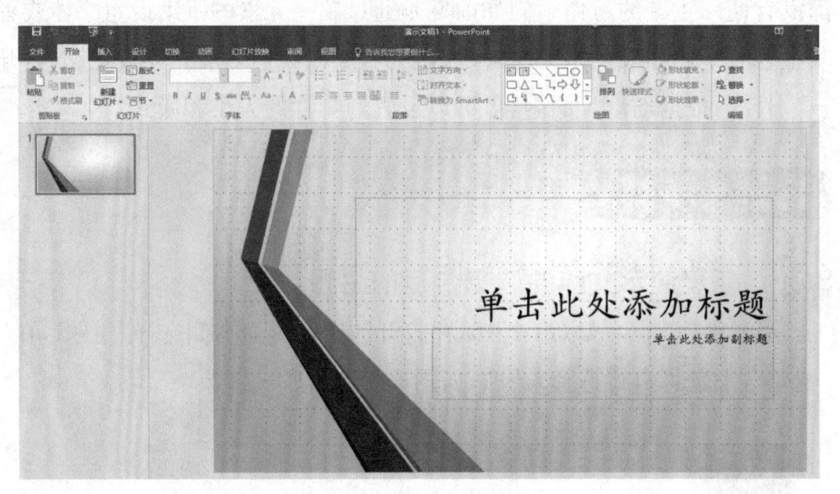

图 3-1-3　创建主题

Step2：幻灯片大小和版式的设置

（1）选择"设计/自定义"组，点击"幻灯片大小"下拉框下的"标准(4:3)"大小，如图 3-1-4 所示。

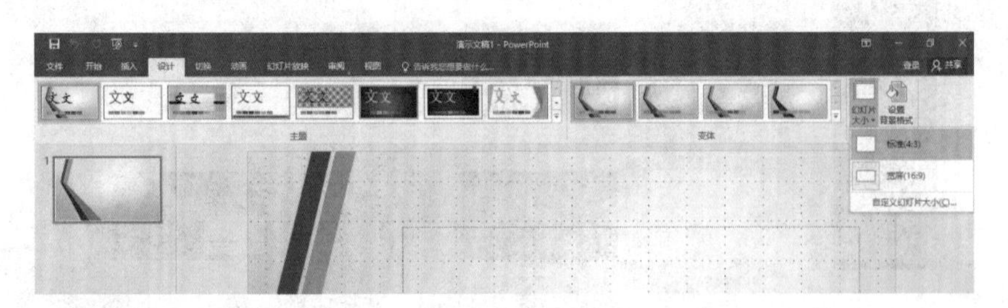

图 3-1-4　幻灯片大小

（2）弹出 Microsoft PowerPoint 对话框，提示是按最大化内容进行缩放还是按比例缩小，这里点击"确保适合"选项，如图 3-1-5 所示。回到"普通"视图，第一张幻灯片自动默认"标题"版式。

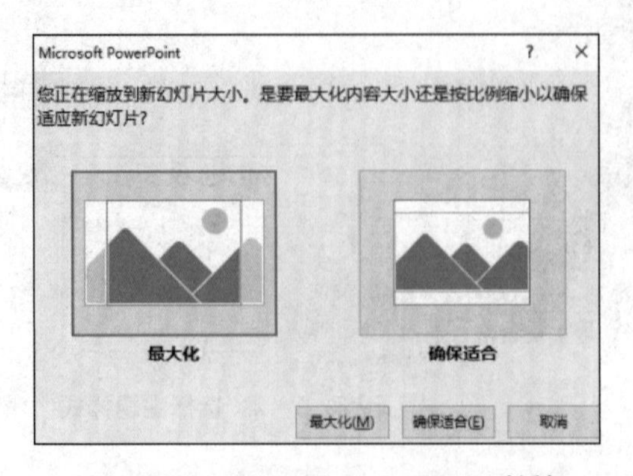

图 3-1-5　Microsoft PowerPoint 对话框

（3）增加 4 张新幻灯片，点击左侧“缩略视图”第 1 张幻灯片下方，连续按 4 次回车键。

（4）选中左侧“缩略视图”第 2 张幻灯片，选择“开始/幻灯片”组，点击“版式”下拉框下的“标题和内容”版式，如图 3－1－6 所示。

（5）选中左侧“缩略视图”第 3 张幻灯片，点击“版式”下拉框下的“两栏内容”版式。

（6）选中左侧“缩略视图”第 4 张幻灯片，点击“版式”下拉框下的“比较”版式。

（7）选中左侧“缩略视图”第 5 张幻灯片，点击“版式”下拉框下的“标题和内容”版式。

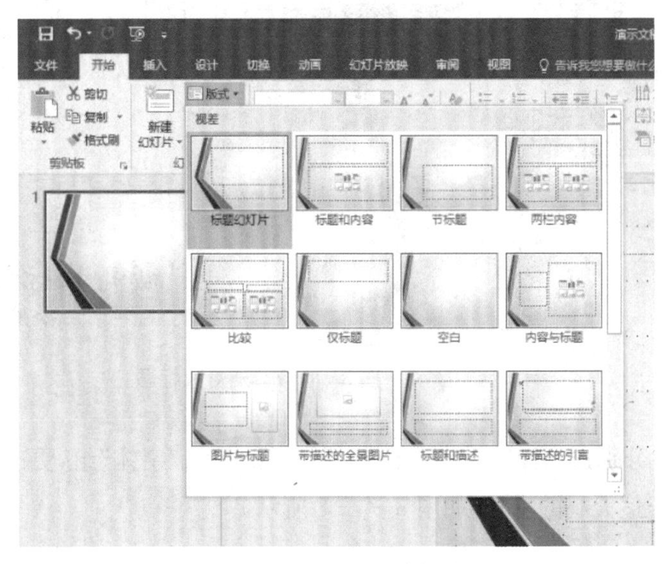

图 3－1－6　幻灯片版式

活动二
为演示文稿添加文本

活动分析

选定主题和版式后，我们就可以编辑演示文稿的内容了，文字是幻灯片传递信息的主要手段之一，而艺术字作为文本的特殊效果，通常被用于制作幻灯片的标题。

PowerPoint 中使用的字体大都是安装在 Windows 操作系统中的，但有部分人在做 PPT 时会从网上下载一些需要的字体，保存后在其他电脑上使用时发现字体丢失。

为了防止字体丢失，我们可以在PPT存盘时选择字体打包，选择“将字体嵌入文件”，还可以将文字转存为图片或形状。

方法与步骤

Step1：为演示文稿添加标题

（1）在第一张标题幻灯片中输入演示文稿的标题“新新旅行社”和副标题“公司介绍篇”，如图3－1－7所示。

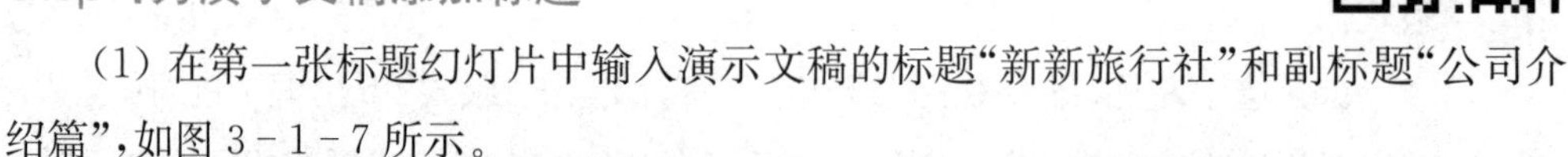

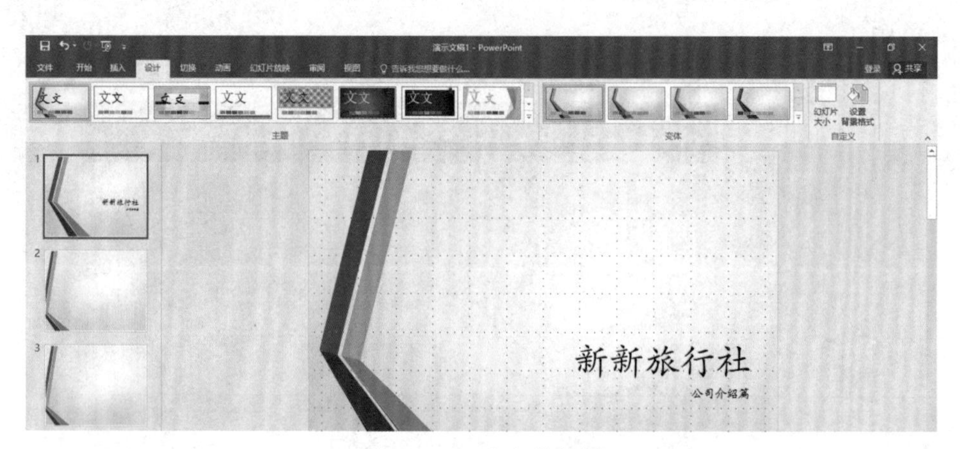

图3－1－7　幻灯片标题

（2）分别选中标题框和副标题框，选择“开始/字体”组，更改字体为“华文琥珀”，并更改合适大小的字号，如图3－1－8所示。

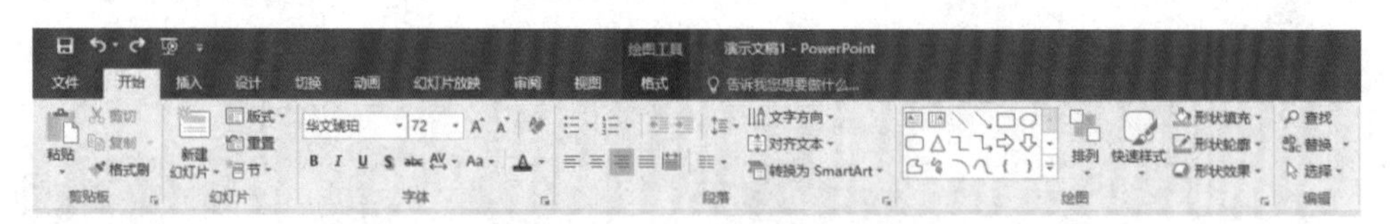

图3－1－8　更改字体字号

（3）调整标题对齐方式，选中标题框，选择“开始/段落”组，点击“居中”按钮，如图3－1－9所示。点击“对齐文本”下拉框下的“中部居中”选项，如图3－1－10所示。

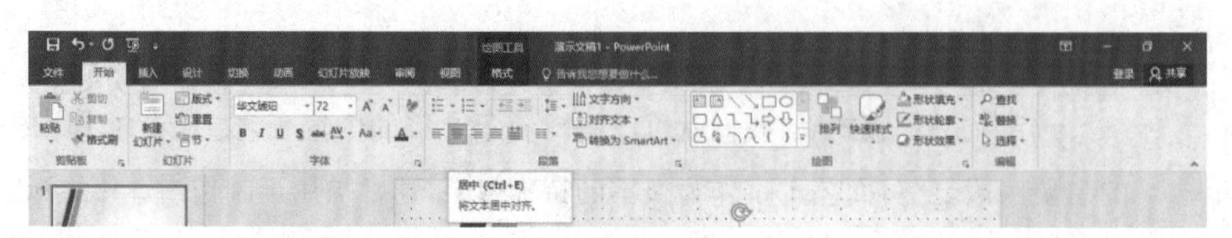

图3－1－9　水平对齐方式

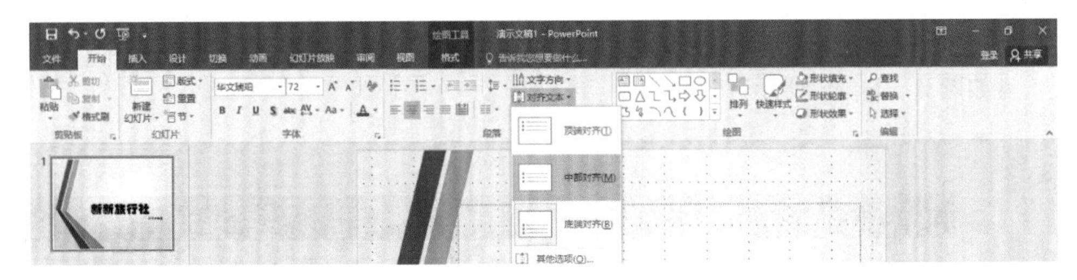

图 3－1－10　垂直对齐方式

（4）更改标题为艺术字，选中标题框，选择“绘图工具/格式/艺术字样式”组，点击“其他”下拉框下的“图像填充—蓝色，个性色 1，50％，清晰阴影—个性色 1”艺术字样式，如图 3－1－11 所示。

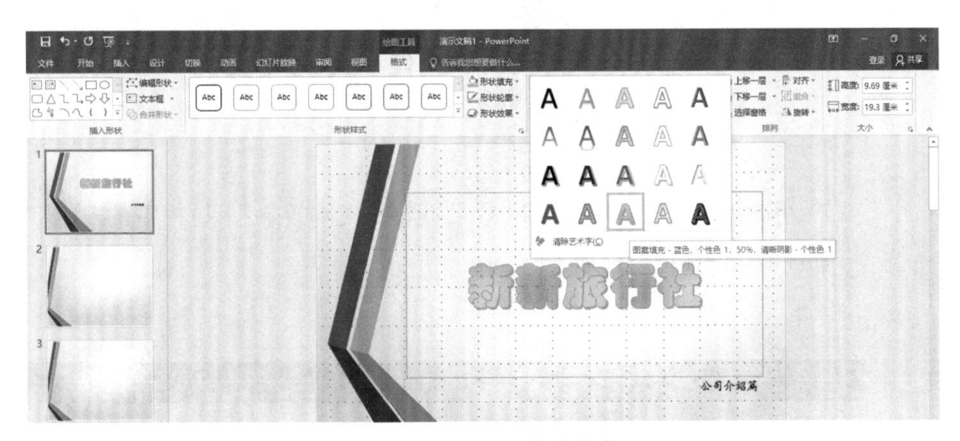

图 3－1－11　艺术字样式

（5）更改副标题艺术字的文本填充，选择副标题框，选择“绘图工具/格式/艺术字样式”组，点击“文本填充”下拉框下的“蓝色，个性色 1，深色 25％”主题颜色，如图 3－1－12 所示。

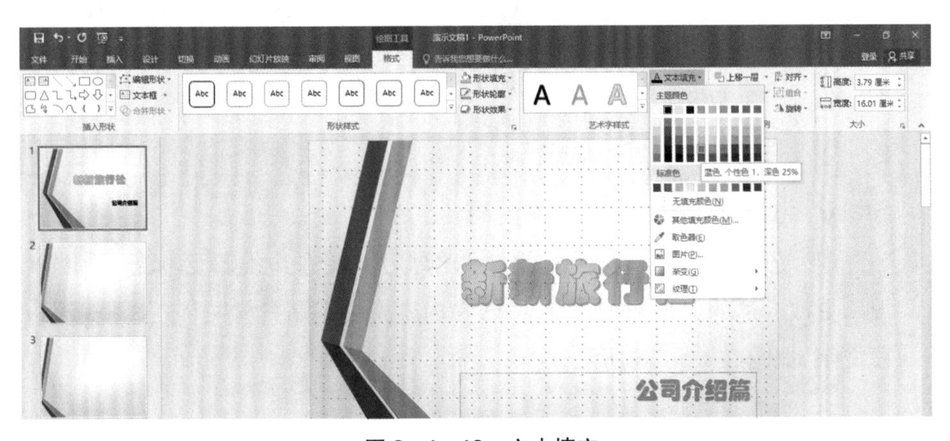

图 3－1－12　文本填充

(6) 更改副标题艺术字的文本轮廓，点击“文本轮廓”下拉框下的“深蓝”标准色，如图 3－1－13 所示。

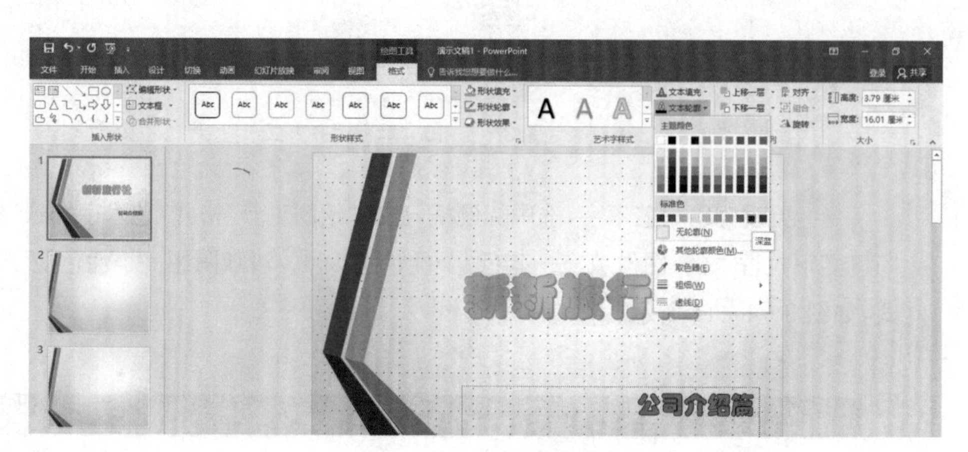

图 3－1－13　文本轮廓

(7) 更改副标题艺术字的文本效果，点击“文本效果”下拉框下的“棱台”的“圆形”效果，如图 3－1－14 所示。

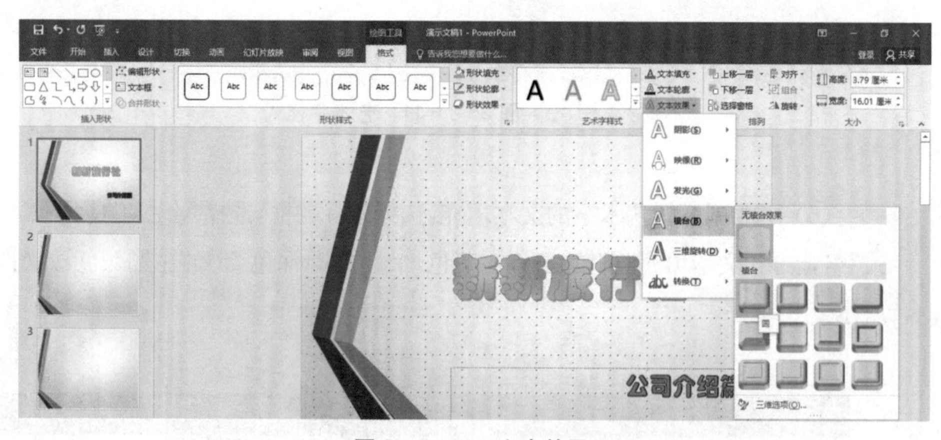

图 3－1－14　文本效果

Step2：为演示文稿添加文本内容

(1) 选中左侧“缩略视图”第 2 张幻灯片，在右边编辑区标题框中输入“公司概况”，更改合适的大小和艺术字样式，在内容框中粘贴素材文件“公司概况. txt”中第一段文字，如图 3－1－15 所示。

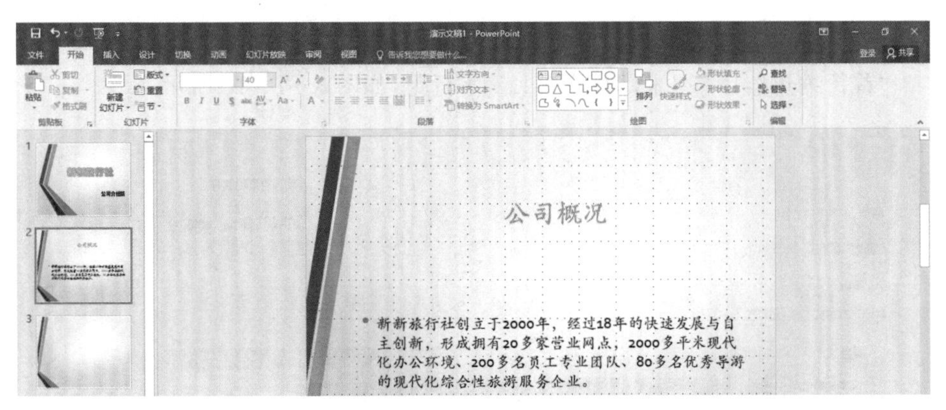

图 3－1－15　文字内容

(2) 选择“开始/段落”组，点击“项目符号”下拉框下的“无”选项，取消内容文字的项目符号，如图 3－1－16 所示。

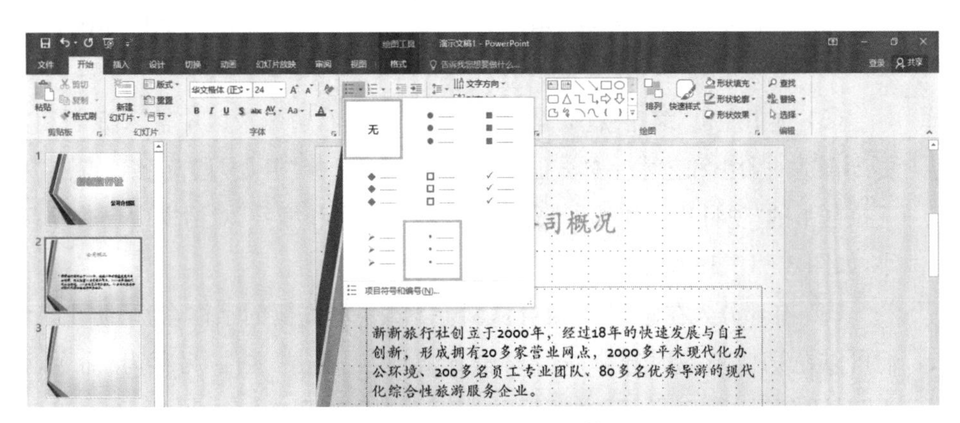

图 3－1－16　取消项目符号

(3) 更改文字的段落格式，选择“开始/段落”组，点击“两端对齐”按钮，如图 3－1－17 所示。

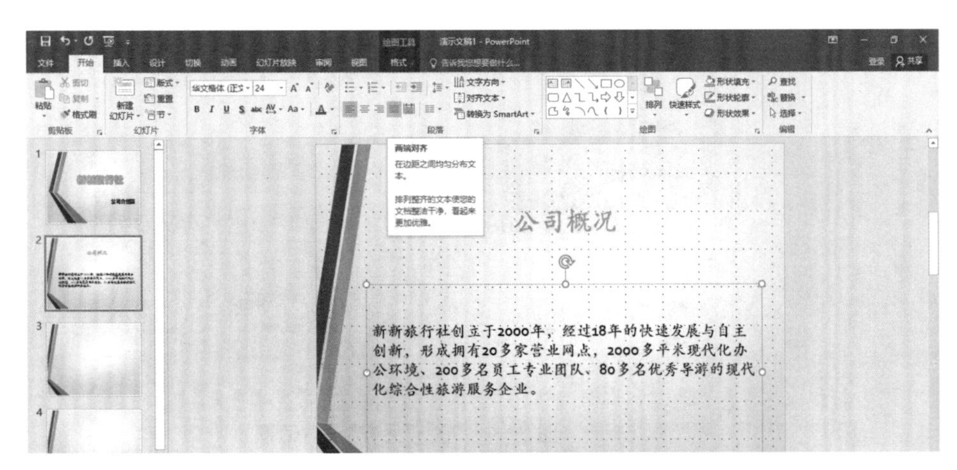

图 3－1－17　段落对齐方式

（4）选择“开始/段落”组，点击该组右下角“段落”对话框按钮，设置“特殊格式”为“首行缩进”：1.7 厘米，“行距”：1.5 倍行距，如图 3-1-18 所示。

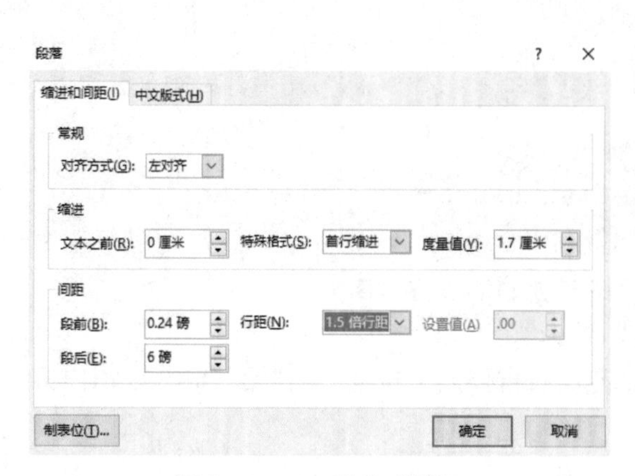

图 3-1-18　段落对话框

图 3-1-19　项目符号和编号

（5）选中左侧“缩略视图”第 3 张幻灯片，在右边编辑区中输入标题和文字，标题更改合适的大小和艺术字样式，选中内容文字，选择“开始/段落”组，点击“项目符号”下拉框下的“项目符号和编号”命令，在“项目符号和编号”对话框中更改项目符号和大小，如图 3-1-19 所示。

（6）有部分人在做 PPT 时会从网上下载一些需要的字体，为了防止字体丢失，我们可以在 PPT 存盘时选择“将字体嵌入文件”。点击“文件/另存为”命令，弹出“另存为”对话框，点击“工具”下拉框下的“保存选项”，如图 3-1-20 所示。

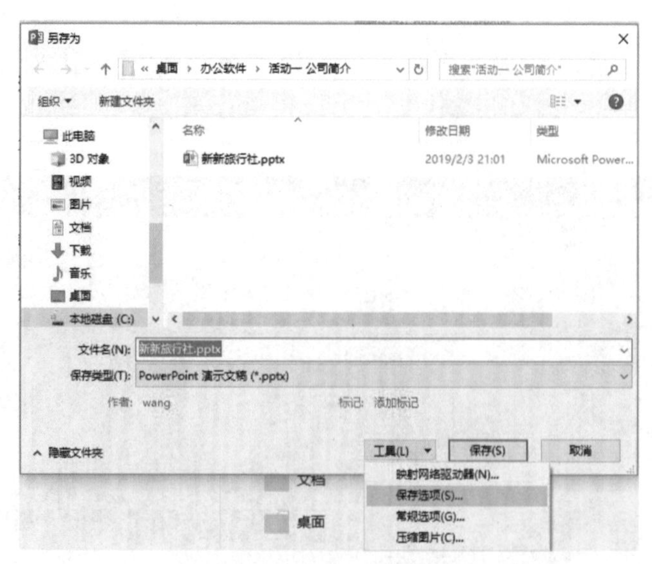

图 3-1-20　“另存为”对话框

（7）弹出“PowerPoint 选项”对话框，选择“保存/共享此演示文稿时保持保真度”组，勾选“将字体嵌入文件”复选框，如图 3－1－21 所示。

图 3－1－21 “另存为”对话框

（8）单击“确定”，返回“另存为”对话框，单击“保存”按钮。

活动三 在演示文稿中插入图片和 SmartArt 图形

活动分析

为了使幻灯片产生图文并茂的效果，我们要在演示文稿中插入适当的图片，并对图片进行一定的处理。假如图文混排不符合自然规律和生活习惯，会适得其反，只有遵循图片的使用原则，才能更好地提升 PPT 的效果。同时为了使幻灯片更加直观地说明层级关系、附属关系、并列关系和循环关系等各种关系，我们可以使用 SmartArt 图形，制作出精美图形。

方法与步骤

Step1：插入图片

（1）第3张幻灯片，在右侧内容框中点击图片图标，插入素材文件夹中的图像文件“图片1.jpg”，如图3-1-22所示。

（2）插入图片后可拖曳图片四周的控制点来调整图像大小，用鼠标直接拖动来改变图片位置。

图3-1-22 插入图片

（3）选中图片后，选择“图片工具/格式/图片样式”组，点击“其他”下拉框下的“棱台透视”图片样式，给图片添加图片样式，如图3-1-23所示。

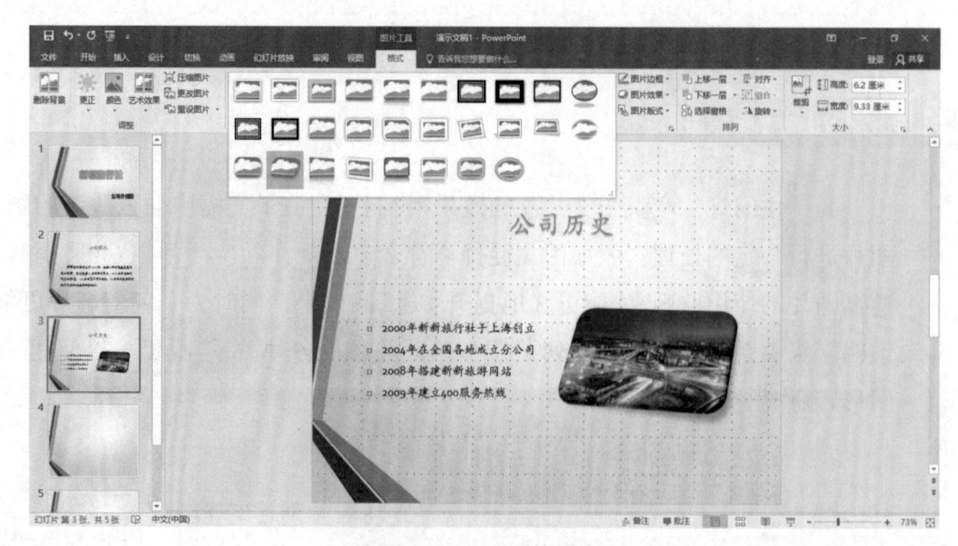

图3-1-23 图片样式

(4) 选中左侧“缩略视图”第 4 张幻灯片，在右边编辑区“公司业务”中输入标题和文本，标题更改合适的大小和艺术字样式，插入素材文件夹中的图像文件“图片 2.jpg”、“图片 3.jpg”，使用步骤(3)添加“映像圆角矩形”图片样式，如图 3-1-24 所示。

图 3-1-24　公司业务

Step2：插入 SmartArt 图形

(1) 选中左侧“缩略视图”第 5 张幻灯片，在右边编辑区中输入标题“企业文化”，标题更改合适的大小和艺术字样式，单击插入“SmartArt 图形”图标，如图 3-1-25 所示。

图 3-1-25　插入 SmartArt 图形

(2) 在弹出的“选择 SmartArt 图形”对话框中，选择“循环”选项，选择该类型下的“射线循环”选项，如图 3-1-26 所示，点击“确定”。

(3) 选择“SmartArt 工具/设计/创建图形”组，点击“文本窗格”按钮，打开“在此

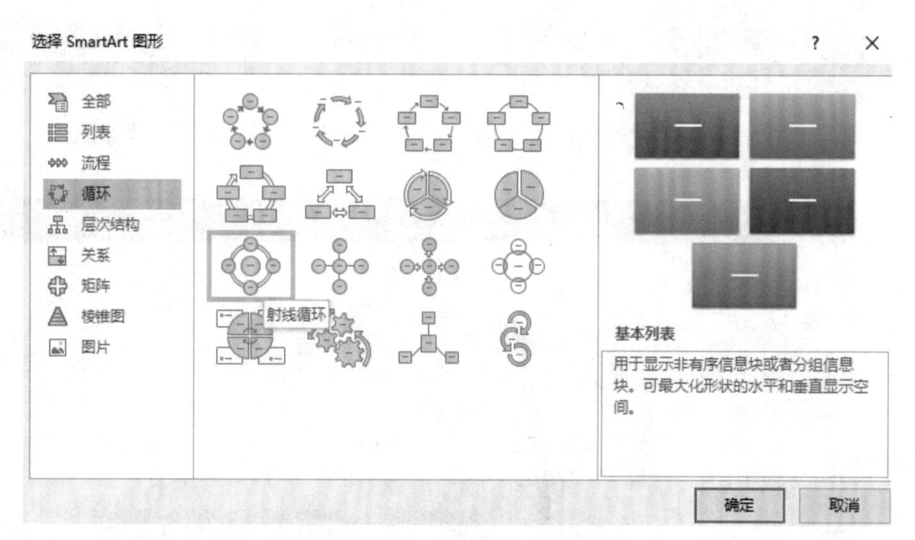

图 3-1-26　选择 SmartArt 图形

处键入文字"文本框，如图 3-1-27 所示。

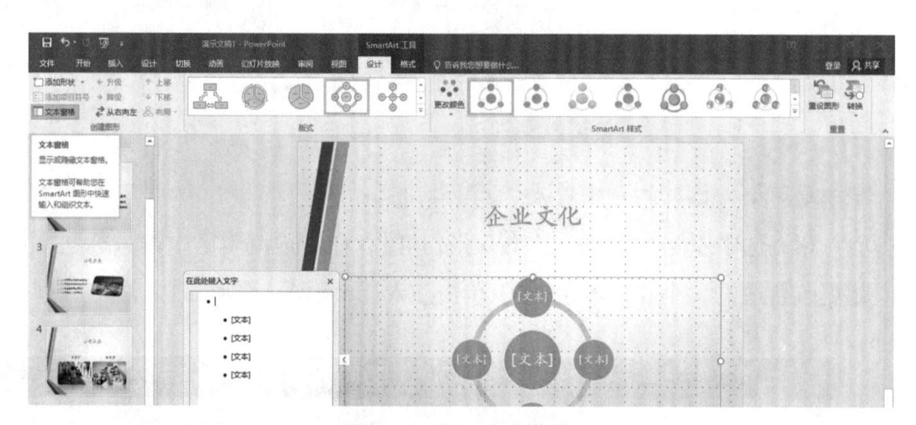

图 3-1-27　文本窗格

(4) 在"在此处键入文字"文本框中依次输入文本，即可在 SmartArt 图形中对应的形状内显示相应的文本，如图 3-1-28 所示。

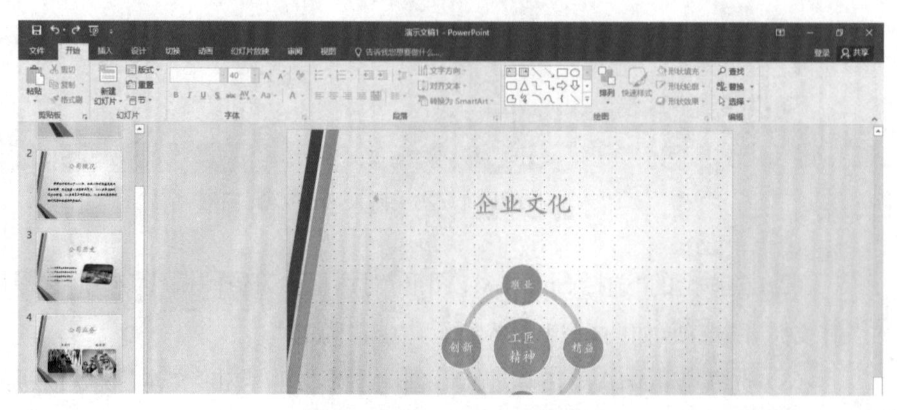

图 3-1-28　SmartArt 图形

（5）选择“SmartArt工具/设计/SmartArt样式”组，点击“其他”下拉框下的“中等位置”样式，给SmartArt图形应用样式，如图3-1-29所示。

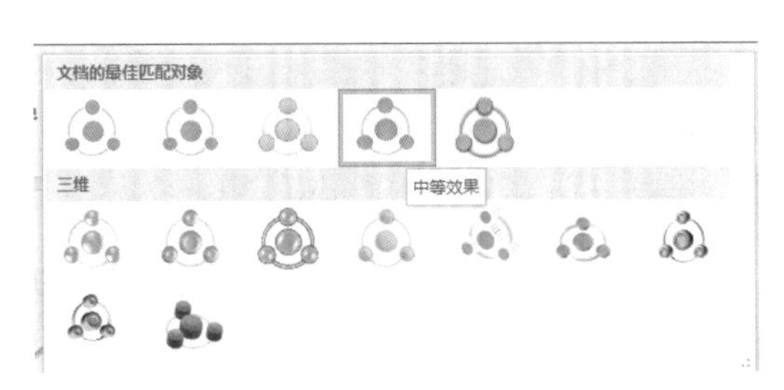

图3-1-29　SmartArt图形样式

Step3：幻灯片放映

（1）单击“幻灯片放映”按钮播放演示文稿，如图3-1-30所示，并保存演示文稿。

图3-1-30　幻灯片放映

（2）针对不同场合或者不同的客户，用户可能需要设置演示文稿的放映顺序或者放映内容，这时可以通过自定义放映功能实现。选择“幻灯片放映/开始放映幻灯片”组，点击“自定义幻灯片放映”下拉框下的“自定义放映”选项，弹出“自定义放映”对话框，单击“新建”按钮，弹出“定义自定放映”对话框，如图3-1-31所示。

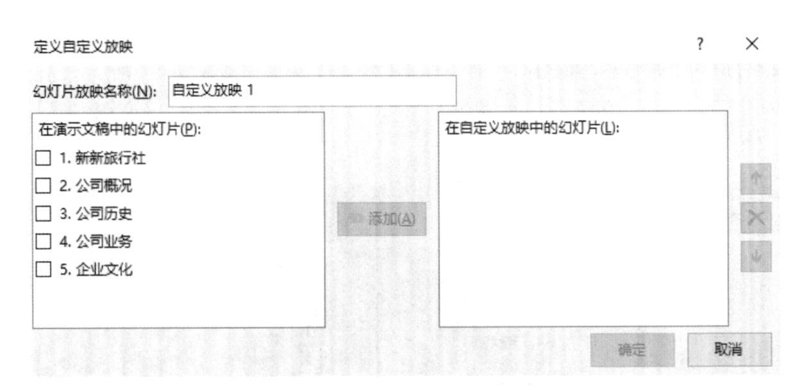

图3-1-31　定义自定义放映

（3）在“幻灯片放映名称”中输入“对象1”，在列表中选中需要放映的幻灯片，单击添加，即可添加到右侧的“在自定义放映中的幻灯片”列表框中，可以通过右侧的“↑”和“↓”来调整幻灯片的顺序，确认无误后单击“确定”，返回到“自定义放映”对话框，单击“放映”可以即刻进入放映状态，也可关闭，选择“幻灯片放映/开始放映幻灯片”组，点击“自定义幻灯片放映”下拉框下的“对象 1”选项进入放映。

知识链接

1. 幻灯片主题

使用幻灯片主题可以快速批量设置幻灯片的统一风格，PowerPoint 2016 在 PowerPoint 2013 原来的基础上新增加了 10 多种主题，为用户提供了更加丰富的幻灯片主题的选择。

当然，用户除了可以使用已有的主题外，还可以根据需要创建新的主题，通过对颜色、字体、效果和背景样式主题四大组成部分的修改来自由搭配，如图 3－1－32 所示。

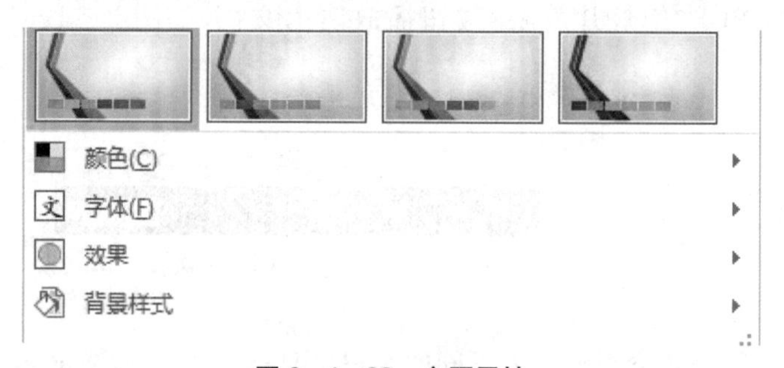

图 3－1－32　主题属性

2. 幻灯片大小

PowerPoint 2016 中有两种自带的幻灯片大小，标准(4:3)和宽屏(16:9)，而(16:9)是 PowerPoint 2016 默认的幻灯片大小。当这两种大小都不能满足需要时，可以自定义幻灯片的大小，如图 3－1－33 所示。

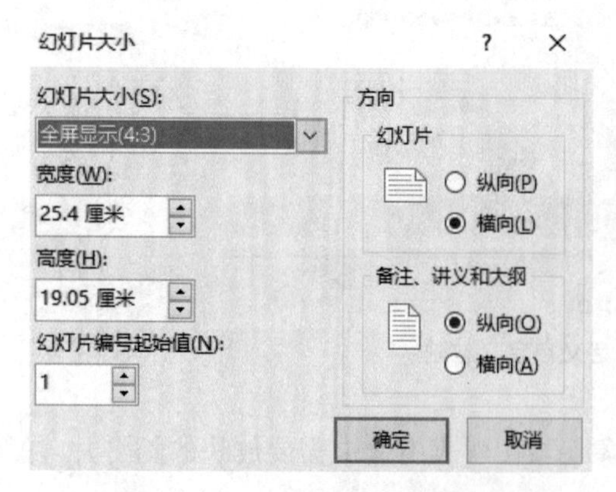

图 3－1－33　幻灯片大小对话框

图 3－1－34　人物图片排版

3. 图片素材排版注意事项

(1) 人物图片的排版。

在使用人物图片时,人物的视线要偏向文字的方向,这样观众的关注点就会很自然顺着人物的视线方向移动,注意到文字内容,如图 3-1-34 所示。

(2) 多张图片的排版。

在幻灯片中放置多张图片时,不仅要使图片对齐,也要让图片内部地平线也对齐,这样才会更协调,如图 3-1-35 所示。

图 3-1-35 多图排版

(3) 图片排列要符合自然规律。

有些图片必须遵循上天下地的自然规律,否则严重影响视觉体验,比如,云在上,海在下;鸟在上,鱼在下等,如图 3-1-36 所示。

图 3-1-36 符合自然规律的排版

4. 文件版本兼容

目前PPT常用的版本有PowerPoint 2003、PowerPoint 2007、PowerPoint 2010、PowerPoint 2013、PowerPoint 2016。通常高版本的PPT可以打开低版本的PPT文件，但是反之就会出现不同的问题，无法打开文件。如若碰到此类问题，可以将文件“另存为”更低的版本，弹出兼容性检查器通知，如图3－1－37所示，单击“继续”将成功保存为更低版本的文件。

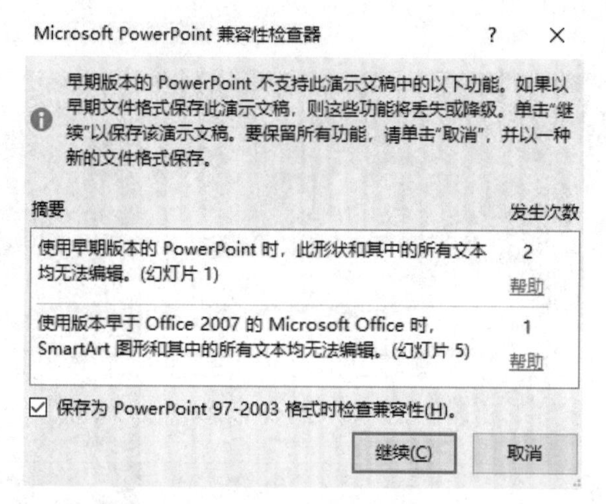

图3－1－37　兼容性检查器

如若播放软件无法与Office软件兼容，这种情况只能将PPT导出成视频，运用视频播放器播放，选择“文件/导出”选项，点击“创建视频”选项，可以设置导出文件大小、录制计时和旁白、设置放映每页幻灯片的秒数，最后点击“创建视频”，如图3－1－38所示。

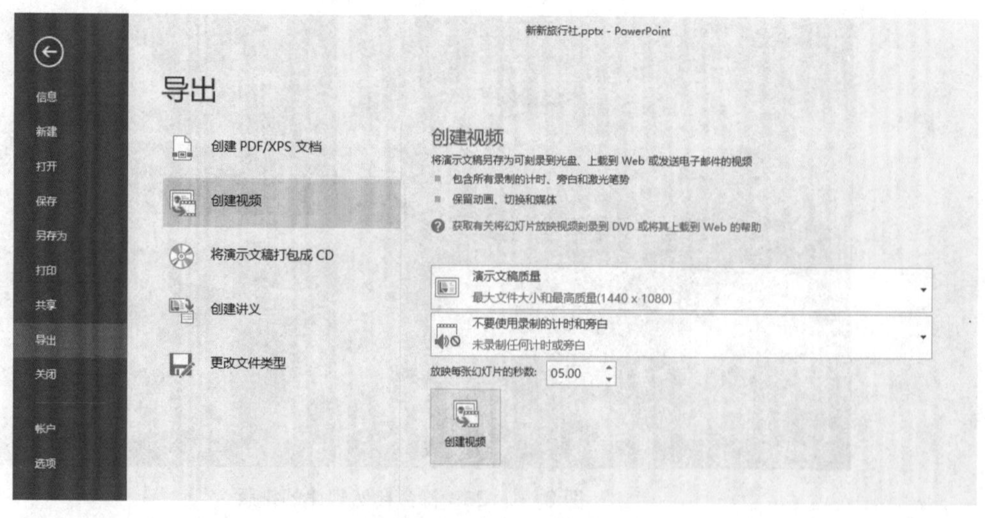

图3－1－38　导出

思考与练习

(1) 为演示文档自定义一个主题,并保存。

(2) 请将演示文稿中的公司历史页面中的文字部分转换为 SmartArt 图形。

任务二
美丽中国之旅的演示文稿制作

学习目标

- 学会幻灯片母版设置
- 能够添加播放声音
- 能够添加视频
- 熟练掌握添加动画及其属性设置
- 能够添加切换效果

任务描述

暑假即将来临，新新旅行社即将推出一系列旅游产品。小李是旅行社策划部门的一名员工，需要针对我国拥有的丰富的世界遗产等旅游资源，设计制作出绘声绘色的演示文稿，可供广大学生客户浏览选择。

任务分析

首先我们了解到这个PPT的对象是旅游的客户，可以确定演示文稿的内容框架是介绍中国各个世界遗产旅游风景区，然后我们可以运用幻灯片母版设置，插入音频、视频并配合幻灯片切换和幻灯片动画快速制作出生动的演示文稿。

活动一
幻灯片母版的运用

活动分析

我们通常会对一系列的PPT页面有相同的要求，在制作时并不需要在每一页幻灯片页面中重复输入文字或者设置效果，只需要通过幻灯片母版来为幻灯片设置相同的风格和效果，在此我们可以给用幻灯片母版来实现背景效果，页眉页脚等设置的统一。

Step1：运用幻灯片母版

（1）启动 PowerPoint 2016，在打开的启动界面右侧选择“空白演示文稿”，如图 3－2－1 所示。

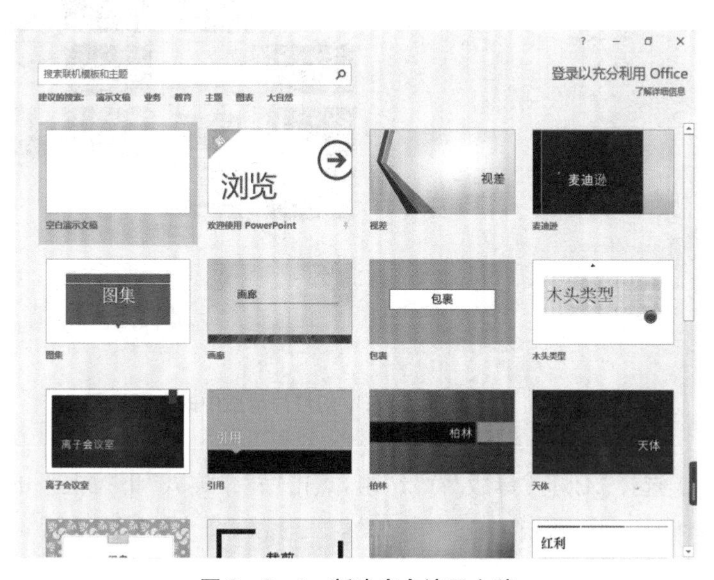

图 3－2－1　新建空白演示文稿

（2）选择“视图/母版视图”组，点击“幻灯片母版”按钮，如图 3－2－2 所示。

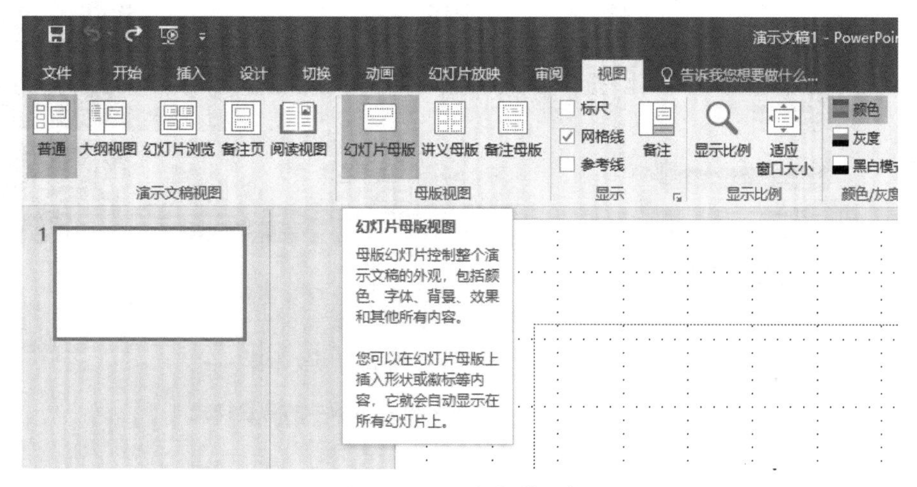

图 3－2－2　幻灯片母版

(3) 进入幻灯片母版视图，选择幻灯片母版中的第 1 个版式视图，选择“幻灯片母版/编辑主题”组，点击“主题”下拉框下的“主要事件”选项，如图 3-2-3 所示。

图 3-2-3　幻灯片母版中的主题设置

(4) 选择“幻灯片母版/背景”组，点击“背景样式”下拉框下的“设置背景格式”命令，如图 3-2-4 所示。

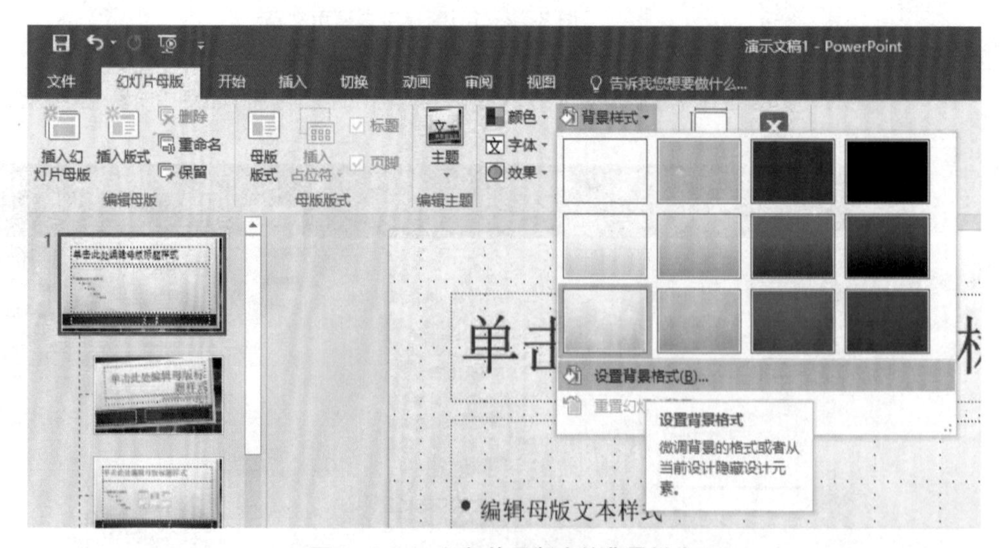

图 3-2-4　幻灯片母版中的背景样式

(5) 弹出“设置背景格式”对话框，选择“渐变填充”，修改渐变光圈(渐变颜色自定)，如图 3－2－5 所示。

图 3－2－5　设置背景格式

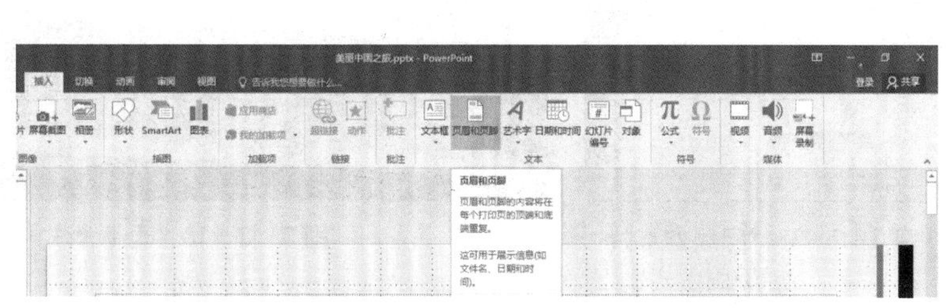

图 3－2－6　设置页眉和页脚

(6) 选择“插入/文本”组，点击“页眉和页脚”按钮，如图 3－2－6 所示。

(7) 在“页眉和页脚”对话框中，勾选“日期和时间”选项，勾选“页脚”选项，并在下方输入页脚内容“策划部”，如图 3－2－7 所示。

图 3－2－7　页眉和页脚对话框

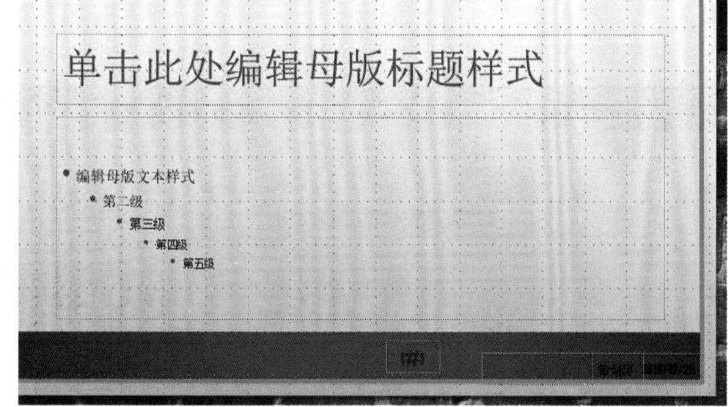

图 3－2－8　调整页眉和页脚位置

(8) 单击“全部应用”后返回母版编辑页面，把页脚和日期移到合适的位置，并修改字号为 16，即可为幻灯片母版中所有的版式添加页眉和页脚，如图 3－2－8 所示。

(9) 选中“标题幻灯片”母版版式，如图 3－2－9 所示。

(10) 修改“标题幻灯片”母版版式中的标题字体为华文琥珀、80 点，副标题为华文行楷、28 点，如图 3－2－10 所示。

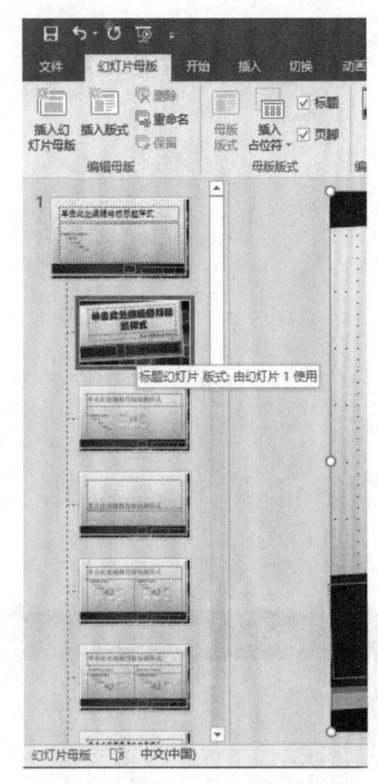

图 3-2-9 “标题幻灯片”母版版式

图 3-2-10 母版版式中设置字体格式

(11) 修改“标题幻灯片”母版版式中标题的对齐方式,水平方向居中,垂直方向中部对齐,如图 3-2-11 所示。

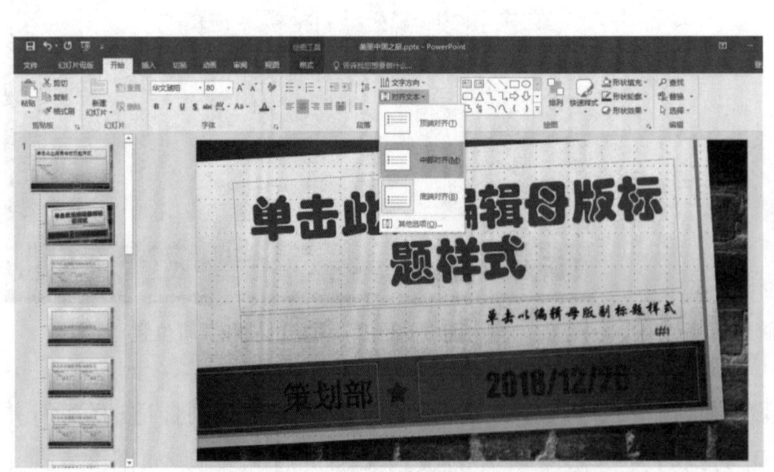

图 3-2-11 母版版式中设置对齐方式

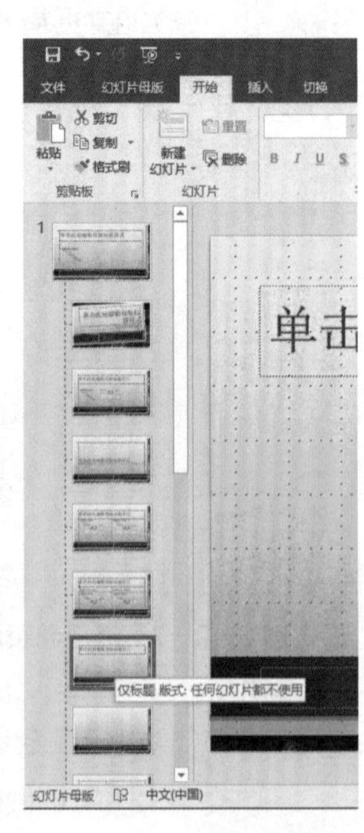

图 3-2-12 “仅标题”幻灯片母版版式

(12) 选中“仅标题”幻灯片母版版式,如图 3-2-12 所示。

(13) 修改“仅标题”幻灯片母版版式的标题字体为华文行楷、54 点。

Step2:编辑幻灯片内容

（1）选择“幻灯片母版/关闭”组，点击“关闭母版视图”按钮，返回到幻灯片普通视图。

（2）给第1张幻灯片添加标题“美丽中国之旅”和副标题“新新旅行社”，如图3-2-13所示。

图3-2-13 标题幻灯片

（3）新建第2张幻灯片“仅标题”，给第二张幻灯片添加标题“故宫博物馆”；选择“插入/文本”组，点击“文本框”按钮，在页面上拖拉合适大小的文本框，输入文本介绍，并编辑文本段落格式；插入三张故宫图片。

（4）修改图片大小，统一高度为6厘米；修改图片对齐方式，“垂直居中”，“横向分布”；添加图片样式，如图3-2-14所示。

图3-2-14 幻灯片2

(5) 新建第3、4、5张幻灯片"仅标题",给三张幻灯片添加标题;输入文本介绍,并编辑文本段落格式;插入图片,添加图片样式,如图3-2-15、3-2-16、3-2-17所示。

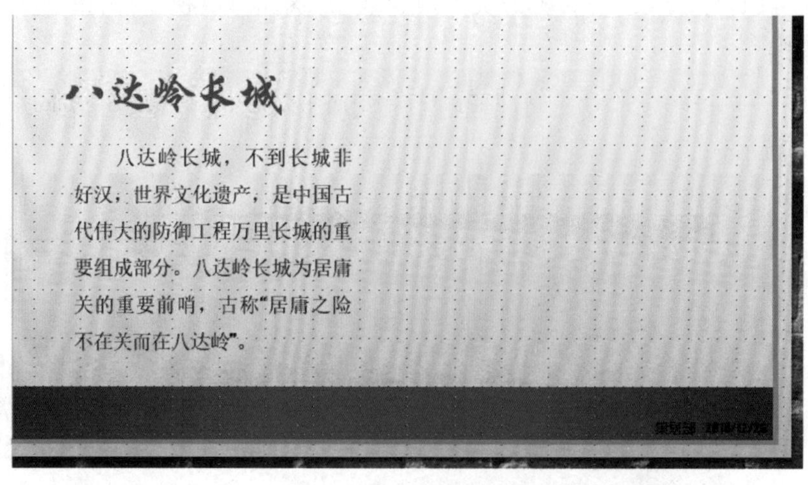

图3-2-15　幻灯片3

图3-2-16　幻灯片4

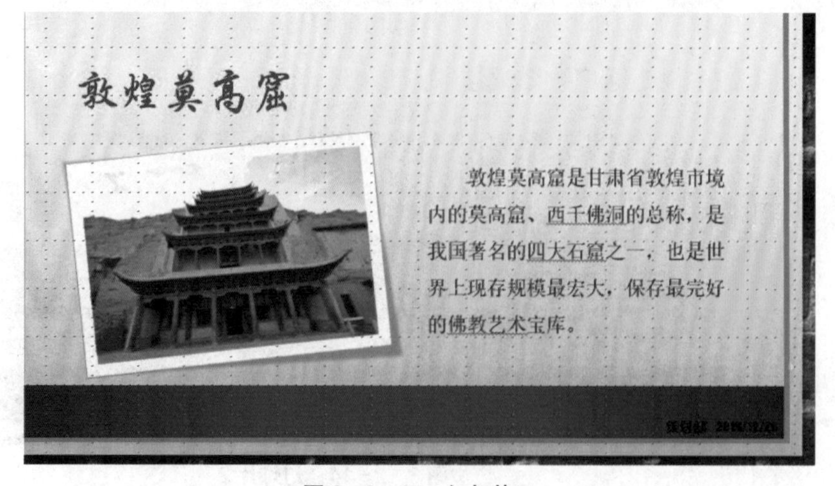

图3-2-17　幻灯片5

活动二
插入音频、视频

活动分析

PowerPoint 2016 的音视频功能不仅支持了更多的格式，还新增了很多显示样式和处理编辑功能，我们通过在幻灯片中插入音频和视频可以让幻灯片变得绘声绘色，更加有趣味性。

但是涉及插入音视频，最后又需要复制到另外的电脑上播放，那么会有很大概率碰到音视频无法正常播放的情况。我们可以新建文件夹——在文件夹内新建 PPT，下载音视频——插入音视频到 PPT——复制。当然我们也可以在制作完毕后用打包功能来将所有素材打包到同一文件夹。

方法与步骤

Step1：插入音频作为背景音乐

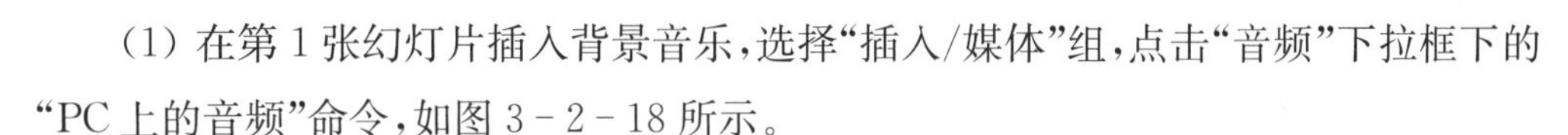

（1）在第 1 张幻灯片插入背景音乐，选择“插入/媒体”组，点击“音频”下拉框下的“PC 上的音频”命令，如图 3－2－18 所示。

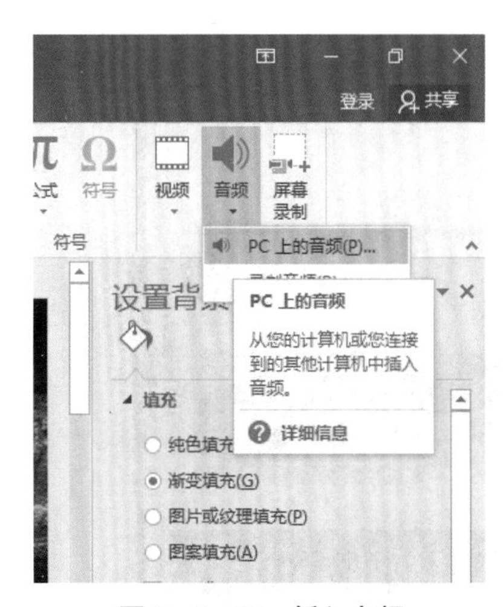

图 3－2－18　插入音频

图 3－2－19　音频图标

（2）打开“插入音频”对话框，选择音乐文件路径，即可将音频文件插入到幻灯片中，并显示音频文件的图标，如图 3－2－19 所示。

图 3-2-20　剪裁音频

（3）在音频工具“播放”的选项中，单击“编辑”组中的剪裁音频，弹出剪裁音频的对话框，如图 3-2-20 所示。我们可以通过拖动绿色滑块改变音频开始时间，通过拖动红色滑块改变音频结束时间。

（4）给音乐添加淡入淡出效果，淡入 2 s、淡出 5 s，使音乐听起来更加自然，如图 3-2-21 所示。

图 3-2-21　淡入淡出

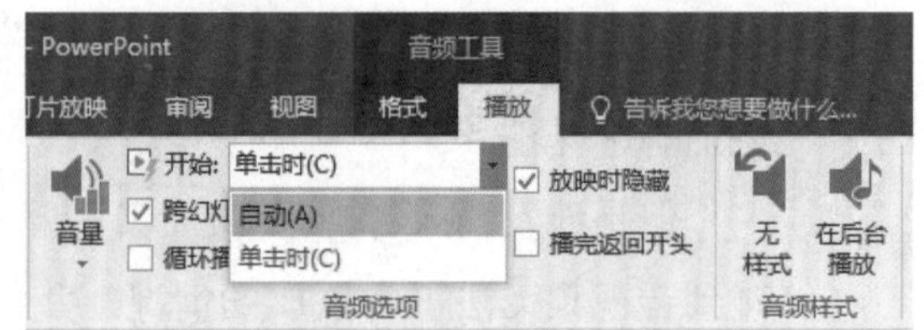

图 3-2-22　音频属性

（5）设置音频属性，选择“播放/音频选项”组，点击“开始”下拉框下的“自动”选项；勾选“放映时隐藏”、“跨幻灯片播放”复选框，如图 3-2-22 所示。

Step2：插入视频

（1）在第 3 张幻灯片中插入视频，选择“插入/媒体”组，点击“视频”下拉框下的“PC 上的视频”按钮，选择视频文件路径，即可将视频文件导入到幻灯片中，调整视频的大小和位置，如图 3-2-23 所示。

图 3-2-23　视频文件

（2）选择“视频工具/播放/视频选项”组，点击“音量”下拉框下的“静音”选项，如

图 3-2-24 所示，这样就不会与背景音乐的声音混合在一起。

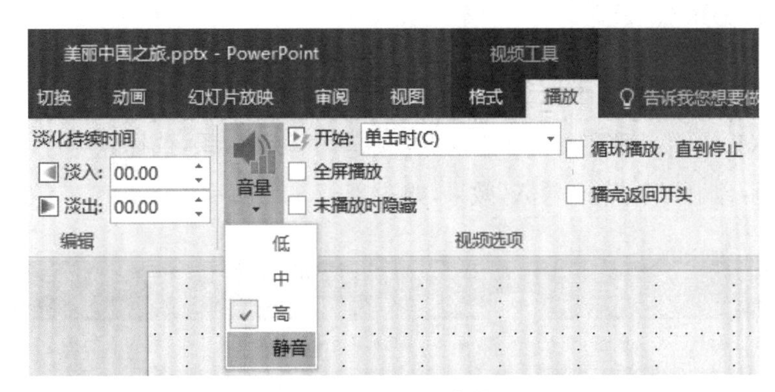

图 3-2-24　音量

(3) 设置视频属性，选择“播放/视频选项”组，点击“开始”下拉框下的“自动”选项。

(4) 设置视频样式，选择“格式/视频样式”组，点击“其他”下拉框下的“简单的棱台矩形”样式，如图 3-2-25 所示。

图 3-2-25　视频样式

活动三
幻灯片切换和动画

活动分析

为了让幻灯片在播放过程中过渡得更加自然、流畅、生动，我们要给它加上幻灯片动画和幻灯片切换效果。需要注意的是，在给某个对象添加多个动画时，有些同学直接在“动画”选项卡工具栏中直接选择动画效果，这样会替换掉该对象之前的动画效果。我们应该在“高级动画”选项卡中“添加动画”下拉框下选择动画效果，即可在原动画的基础上叠加。

Step1:幻灯片动画

(1) 给第1张幻灯片中各对象添加单个动画效果,选择除声音以外所有对象,选择"动画/动画"组,点击"浮入"效果,如图3-2-26所示。

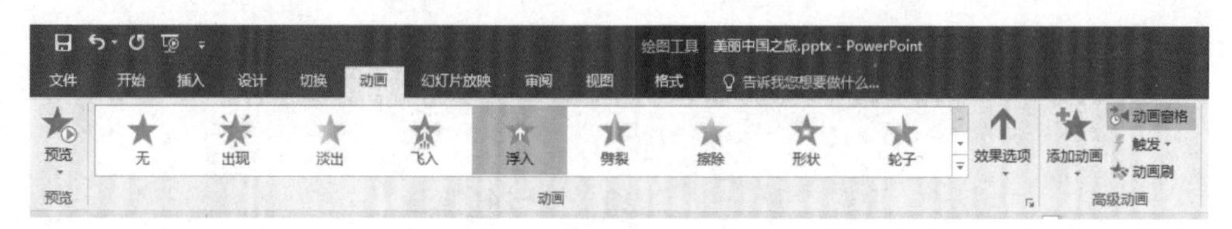

图3-2-26 动画效果选择

(2) 选中标题,选择"动画/计时"组,点击"开始"下拉框下的"与上一动画同时"选项,持续时间改为1s,延迟改为0.5s,如图3-2-27所示。

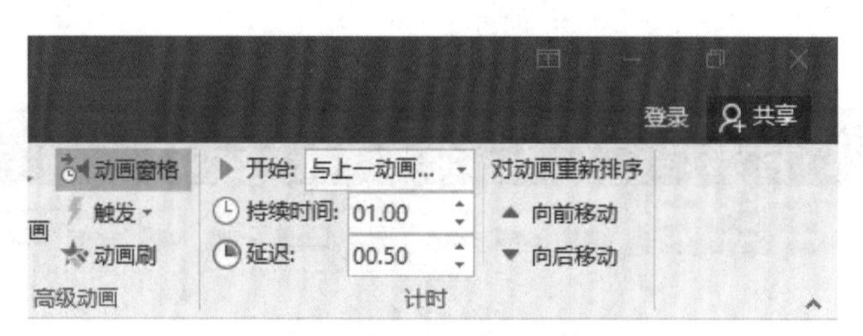

图3-2-27 修改动画时间属性

(3) 按照(2)的步骤分别给副标题、页脚和日期设置合适的动画时间,选择"动画/高级动画"组,打开"动画窗格",我们可以看到各动画的播放次序、动画持续时间和动画延迟时间分布,如图3-2-28所示。

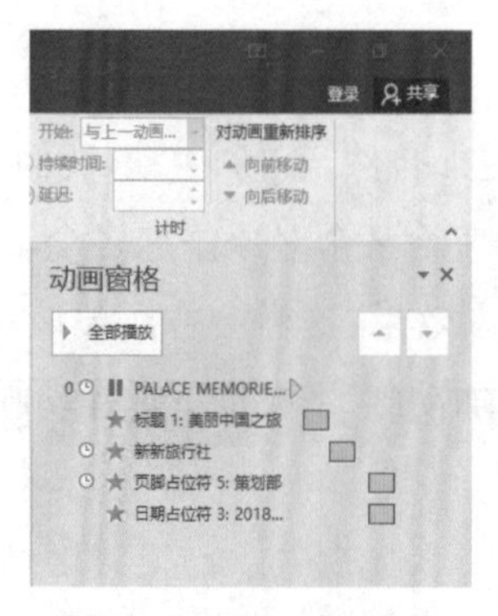

图3-2-28 动画窗格

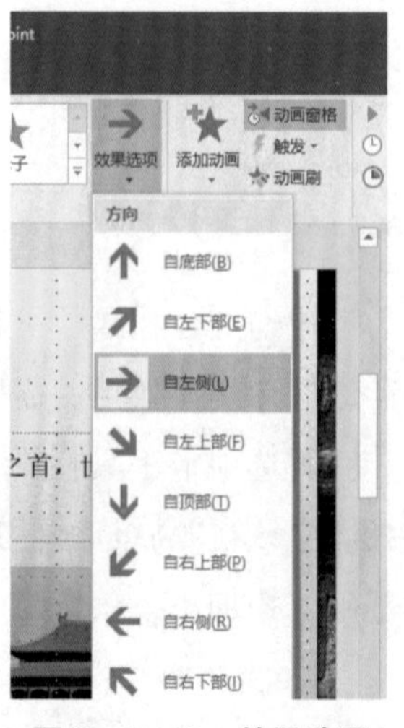

图3-2-29 效果选项

(4) 给第 2 张幻灯片中各对象添加单个动画效果，选择文字对象，选择“动画/动画”组，点击“飞入”效果，并点击“效果选项”下拉框下的“自左侧”效果，如图 3－2－29 所示。

(5) 给三张图片添加“浮入”效果，并按照(2)的步骤设置合适的动画时间，动画窗格中可以看到时间的设置，如图 3－2－30 所示。

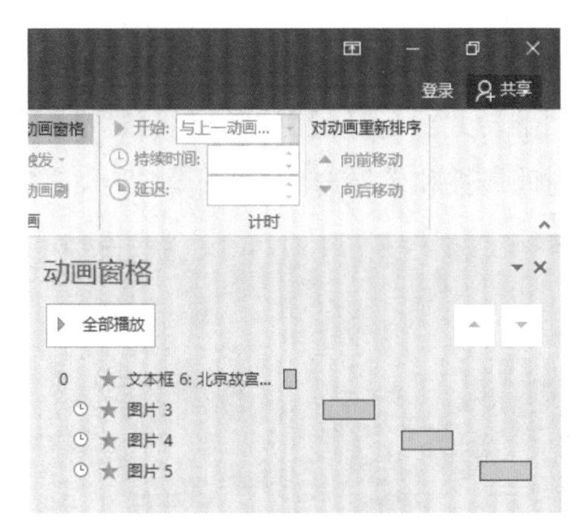

图 3－2－30　动画窗格

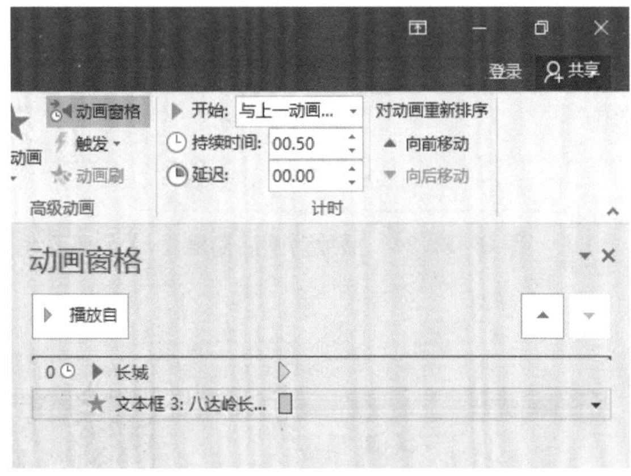

图 3－2－31　调整播放顺序

(6) 给第 3 张幻灯片中各对象添加单个动画效果，用“动画刷”复制幻灯片 2 文本的动画给幻灯片 3 的文本；在“动画窗格”调整动画的播放顺序，选择“文本框”选项，按住鼠标左键向上拖动，将其拖到第一动画效果之前，待出现红色直线连接符时，释放鼠标即可，如图 3－2－31 所示。

(7) 在视频上方插入文本框，输入文字“不到长城非好汉”，设置合适的字体和字号，先为其添加“淡出”动画效果，并设置合适的时间属性，如图 3－2－32 所示。

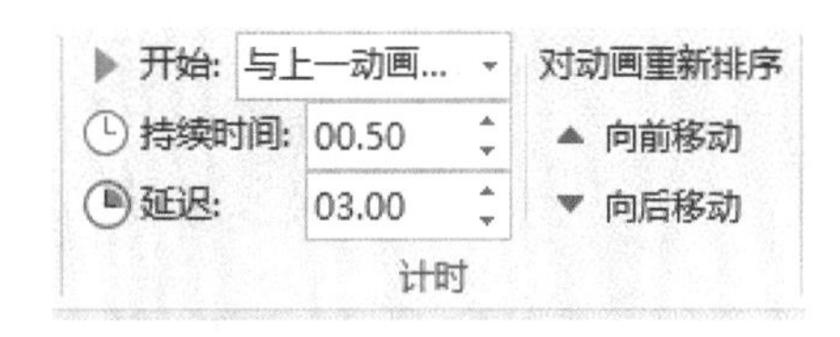

图 3－2－32　时间属性

(8) 给上述对象添加第二个动画，选择“动画/高级动画”组中，点击“添加动画”下拉框下的“动作路径”中的“直线”动画效果。

(9) 改变直线路径方向，用鼠标拖曳红色控制点，如图 3－2－33 所示。

图 3－2－33　改变路径方向

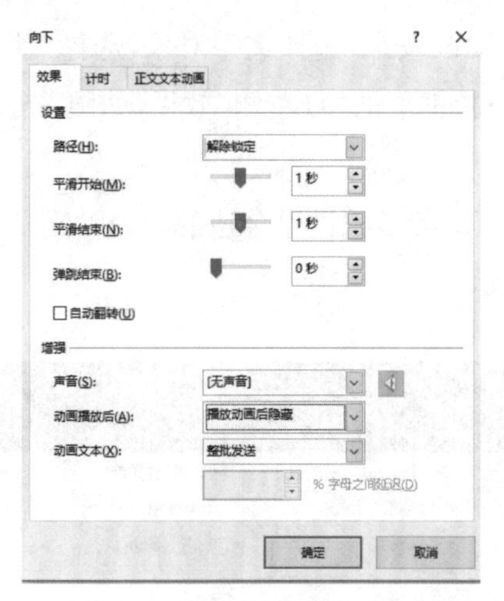

图 3-2-34　播放动画后隐藏

（10）点击“动画”组中右下角的“显示其他效果选项”按钮，打开“向下”对话框，在“效果”标签中的“动画播放后”选择“播放动画后隐藏”，如图 3-2-34 所示，并设置合适的时间属性。

（11）按照同样的方法给后面两张幻灯片的文本和图片添加动画效果，其中给第 4 张幻灯片中图片添加“轮子”动画效果，给第 5 张幻灯片中图片添加“翻转式由远及近”、“随机线条”动画效果，设置时间属性和效果选项，如图 3-2-35、3-2-36 所示。

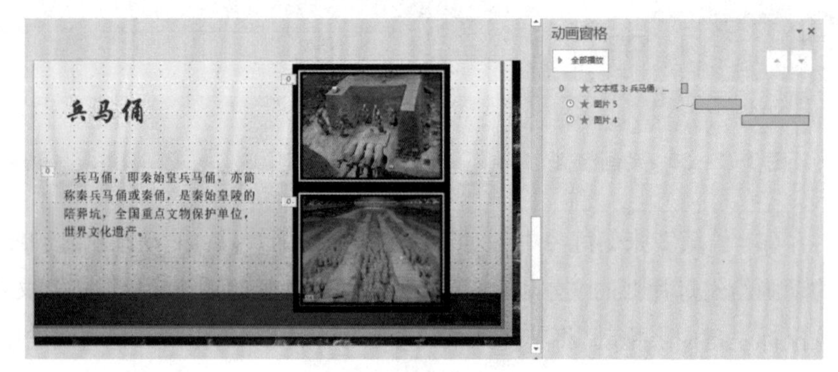

图 3-2-35　幻灯片 4

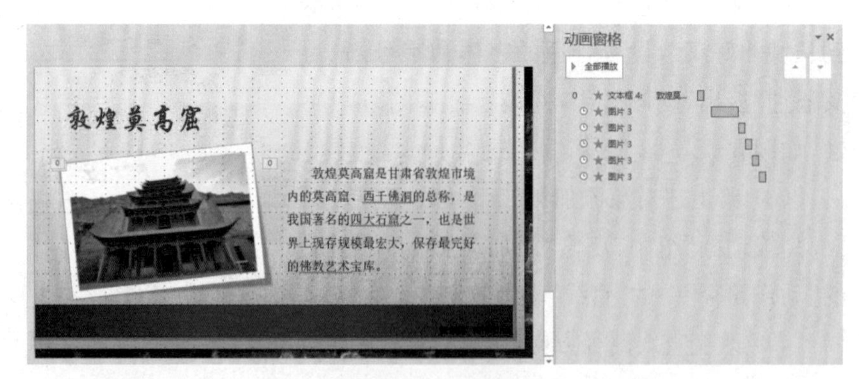

图 3-2-36　幻灯片 5

Step2：幻灯片切换

（1）选择第 1 张幻灯片，选择“切换/切换到此幻灯片”组，点击“切出”效果，如图 3-2-37 所示。

（2）使用相同的方法为其他幻灯片添加需要的切换方式，幻灯片 2 为“窗帘”、幻灯片 3 为“威望”、幻灯片 4 为“风”（向右）、幻灯片 5 为“风”（向左）。

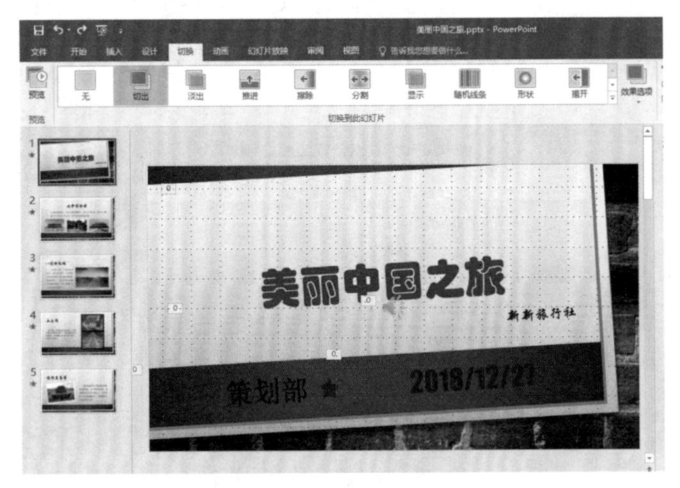

图 3－2－37　幻灯片切换

（3）勾选所有幻灯片“切换/计时”组中的“设置自动换片时间”复选框，幻灯片可以自动换页，同时幻灯片 5 的“设置自动换片时间”改为 7.5s，如图 3－2－38 所示。

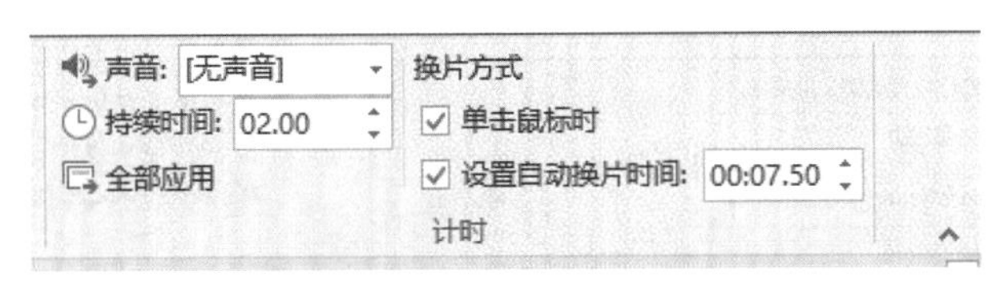

图 3－2－38　设置自动换片时间

Step3：打包和导出

（1）为了保证更换计算机时音视频能正常播放，最好进行文件打包。选择“文件”选项卡，点击“导出”选项，然后再选择“将演示文稿打包成 CD”选项，最后点击“打包成 CD”，如图 3－2－39 所示。

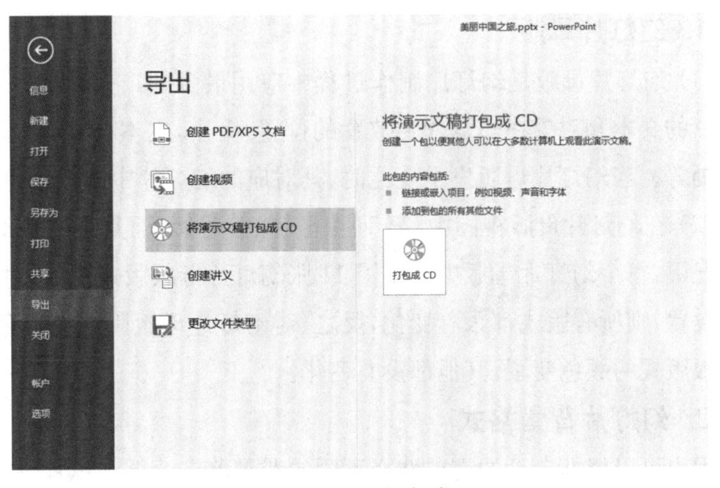

图 3－2－39　打包成 CD

（2）在“打包成CD”对话框中，修改CD名字为“美丽中国之旅”，点击“复制到文件夹”按钮，如图3－2－40所示。

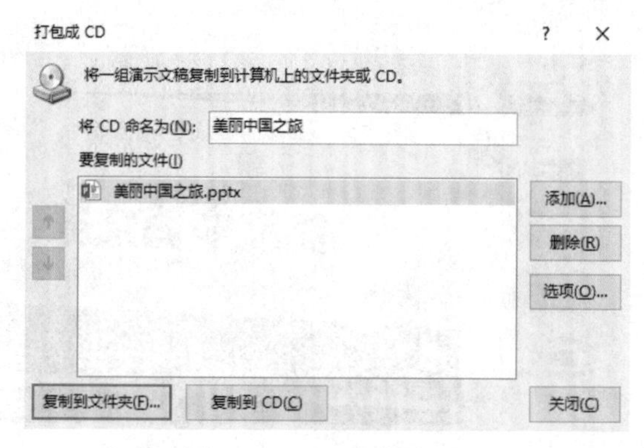

图3－2－40　打包成CD

（3）在打开的“复制到文件夹”对话框中，填写文件夹名称和位置，如图3－2－41所示，单击“确定”按钮。

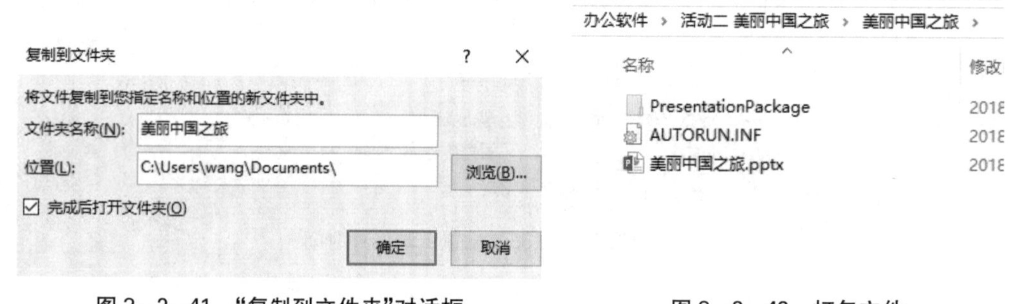

图3－2－41　“复制到文件夹”对话框

图3－2－42　打包文件

（4）完成打包的PPT文件，如图3－2－42所示。

知识链接

1. 幻灯片母版

（1）幻灯片母版是幻灯片制作过程中应用最多的，它相当于一种模板，能够存储幻灯片的文本和对象在幻灯片上放置的位置、大小，文本样式，背景，颜色，主题、效果和动画等。当幻灯片母版发生变化时，其对应的幻灯片中的效果也将发生变化。

（2）在幻灯片母版视图中，第1张是幻灯片母版，而其余的是幻灯片母版版式，默认情况下，每个幻灯片母版中包含了11张幻灯片母版版式。如，对幻灯片母版的颜色进行设置，则所有版式都跟着变化，反之，对幻灯片母版版式的颜色进行设置，则只有此母版版式的颜色变了，其他都没有变化。

2. 幻灯片背景格式

用户可以根据自己的需求选择不同的背景填充效果，使幻灯片版面更加美观。

（1）纯色填充，如图 3 - 2 - 43 所示。

（2）渐变填充，见活动一背景样式的设置。

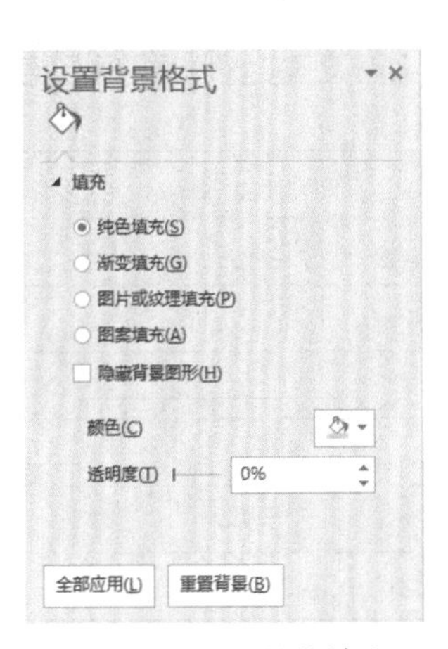

图 3 - 2 - 43　纯色填充

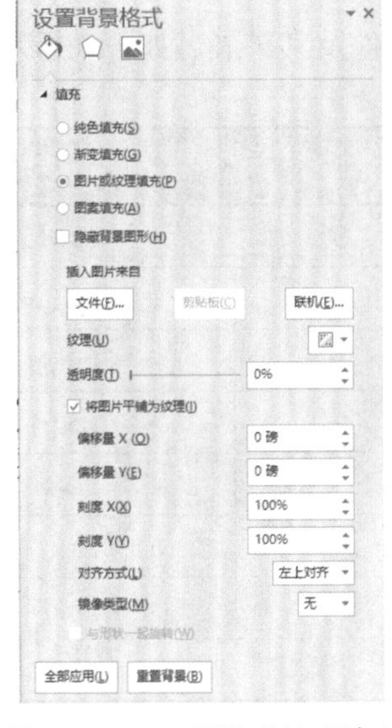

图 3 - 2 - 44　图片或纹理填充

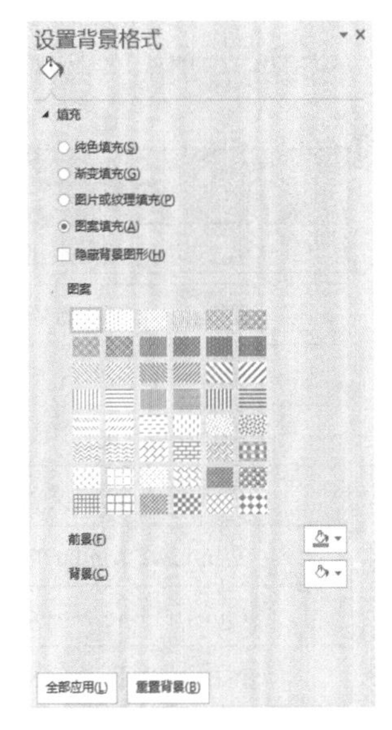

图 3 - 2 - 45　图案填充

（3）图片或纹理填充，如图 3 - 2 - 44 所示。

（4）图案填充，如图 3 - 2 - 45 所示。

3. 音频格式

PowerPoint 2016 支持的音频格式比较多，用户在用时有针对性的挑选合适的音频文件即可，各类音频文件及其扩展名如下表所示。

音频文件	扩展名
AIFF 音频文件	*. aiff
AU 音频文件	*. au
MIDI 文件	*. mid
MP3 音频文件	*. mp3
Windows 音频文件	*. wav
Windows Media 音频文件	*. wma
Quick Time 音频文件	*. mp4、*. m4a、*. m4b、*. aac、*. 3g2、*. 3gp

我们还可以给 PPT 添加录制音频，选择“插入/媒体”组，点击“音频”下拉框下的“录制音频”按钮，如图 3 - 2 - 46 所示，在“名称”中输入音频名称，单击“录制”按钮，即可开始录制，录制完成后单击“完成”按钮

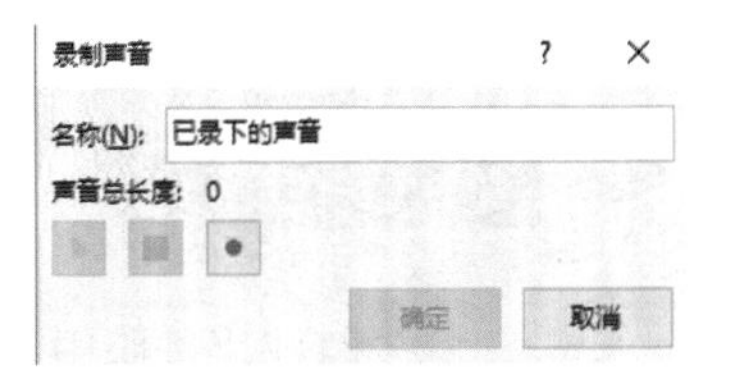

图 3 - 2 - 46　录制声音

即可,“确认”后即可插入录制的音频。

4. 视频格式

PowerPoint 2016 支持的视频格式也比较多,用户也只有充分了解才能在准备素材时事半功倍,各类视频文件及其扩展名如下表所示。

视频文件	扩展名
Adobe Flash Media	*.swf
Windows MediaVideo 文件	*.wmv
电影文件	*.mpg、*.mpeg
MP4 视频文件	*.mp4、*.m4v
Windows 视频文件	*.avi
Windows Media 文件	*.asf
Quick Time Movie 文件	*.mov
MPEG-2 TS Video	*.m2ts、*.m2t、*.ts、*.mts、*.tts

如果幻灯片中的媒体文件过大,用户可以通过压缩演示文稿中媒体文件来减少演示文稿的大小以节省磁盘空间,选择“文件”选项卡,点击“信息”选项,在右侧点击“压缩媒体”下拉框下的合适选项即可,如图 3-2-47 所示。

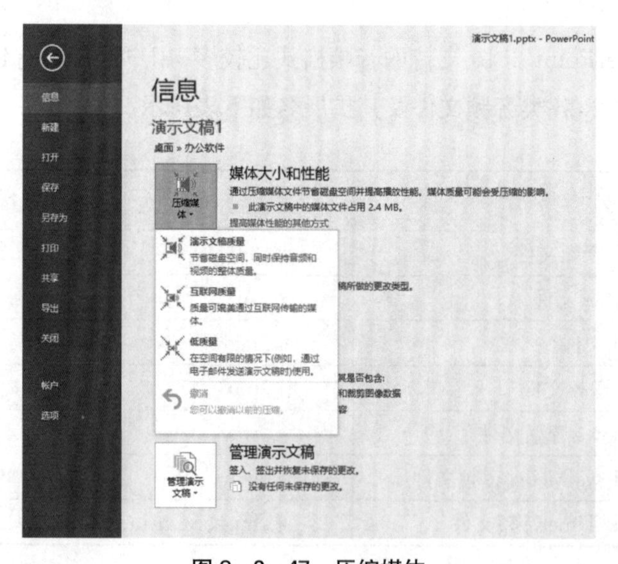

图 3-2-47 压缩媒体

思考与练习

在幻灯片母版中为本演示文稿添加公司 LOGO,封面除外。

任务三
呼伦贝尔线路发展分析的演示文稿制作

学习目标

- 能够插入表格
- 能够插入图表
- 学会插入超链接

任务描述

小李是新新旅行社业务部门的一名员工，现需要制作一个演示文稿，对过去一年内呼伦贝尔旅游的数据进行统计分析，要求简洁明了，清晰直观，可以用来指导以后旅游线路计划的制定。

任务分析

首先，根据内容，我们可以确定这个 PPT 是一个数据统计分析类型的演示文稿，我们一般可以通过图形、表格和图表等来直观地表示，比文字描述要更加简洁，方便；同时我们可以增加一个目录，可以和内容页之间有交互链接。

活动一
运用新建母版版式建立演示文稿

活动分析

我们通过幻灯片母版可以快速高效地为幻灯片设置相同的风格和效果，但在实际案例中，在某些页面有特殊要求时，比如要求在同样的“标题和内容”版式添加不同的字体效果等要求，很多同学会觉得不能在母版或母版版式中实现这些个性化的特殊要求。

实际上除了幻灯片母版中提供的母版版式以外，我们还可以对幻灯片母版以及母版版式进行设计，然后应用到相应的幻灯片中，这样可以使幻灯片样式更加符合实际要求，添加全局风格和效果的同时兼顾到特殊页面。

Step1：新建母版版式

(1) 启动 PowerPoint 2016，在打开的启动界面右侧选择“空白演示文稿”，选择“视图/母版视图”组，点击“幻灯片母版”按钮，进入幻灯片母版视图。

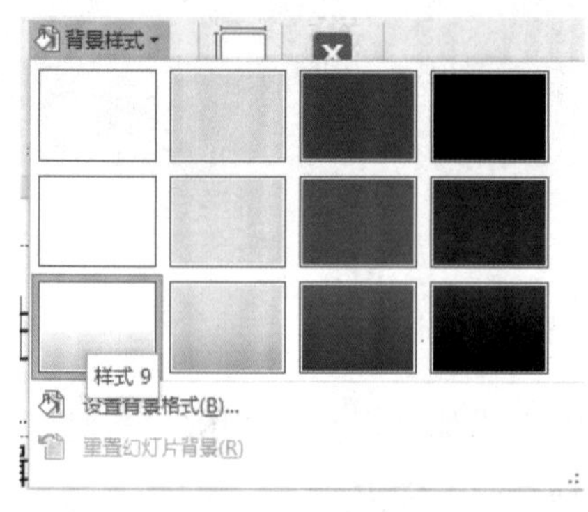

图 3-3-1　背景样式

(2) 选择幻灯片母版中的母版版式，选择“幻灯片母版/背景”组，点击“背景样式”下拉框下的“样式 9”背景样式，如图 3-3-1 所示。

(3) 选择“幻灯片母版/编辑母版”组，点击“插入版式”按钮，选中新插入的“自定义版式”，如图 3-3-2 所示。点击“重命名”按钮，在弹出的对话框的“版式名称”中输入“自定义标题页版式”，如图 3-3-3 所示，单击“重命名”按钮。

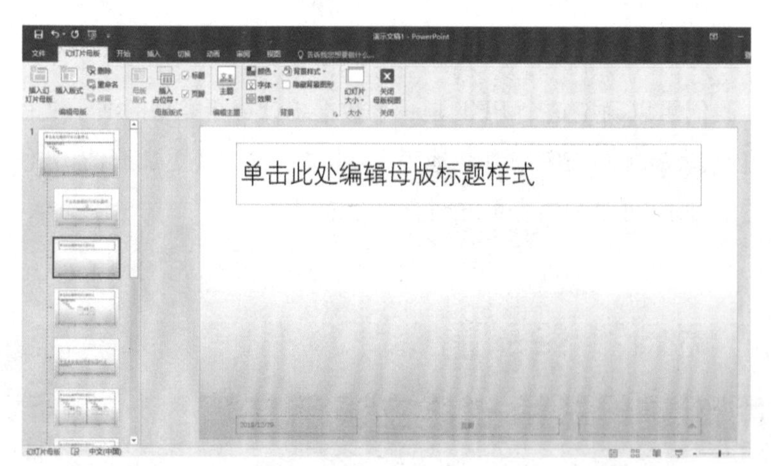

图 3-3-2　自定义版式

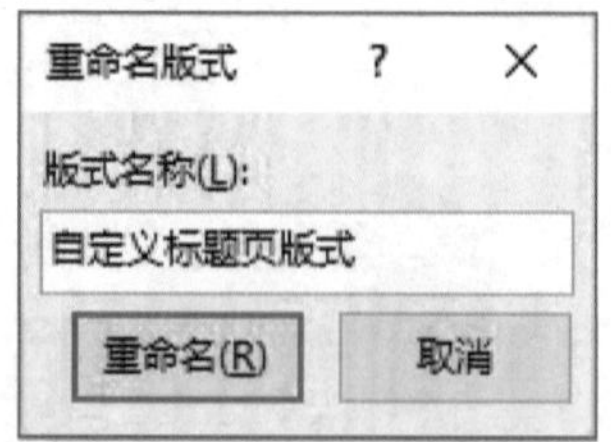

图 3-3-3　重命名版式

(4) 选择“插入/插图”组，点击“形状”下拉框下的“矩形”形状，然后在幻灯片底部拖拉出矩形形状，修改合适的填充色和高度，右键单击形状，在弹出的快捷菜单中选择“置于底层”，同时把标题文本框拖曳到蓝色背景形状上方，更改标题部分字体、字号、颜色和对齐方式，如图 3-3-4 所示。

图 3-3-4　制作背景形状

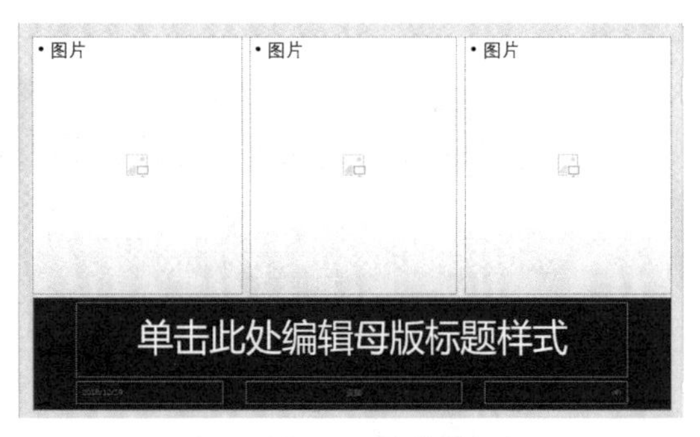

图 3-3-5　制作背景形状

(5) 选择"幻灯片母版/母版版式"组，点击"插入占位符"下拉框下的"图片"选项，在自定义母版版式中拖拉出三个图片占位符，对齐方式让其"对齐所选对象/横向分布"，并"对齐幻灯片/顶端对齐"，如图 3-3-5 所示。

(6) 重复(3)—(5)步骤制作"自定义目录版式"，更改标题部分背景形状和字体、颜色，如图 3-3-6 所示。

图 3-3-6　自定义目录版式

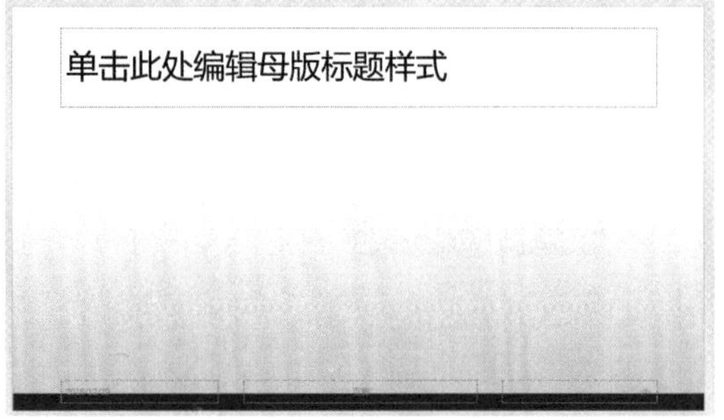

图 3-3-7　自定义内容版式

(7) 重复(3)—(5)步骤制作"自定义内容版式"，更改标题字体和颜色，如图 3-3-7 所示，最后关闭母版视图。

Step2：编辑幻灯片内容

(1) 选择"开始/幻灯片"组，点击"版式"下拉框下的"自定义标题页版式"选项，在第 1 张幻灯片的图片占位符中插入图片，标题占位符中输入标题"呼伦贝尔线路发展分析"，如图 3-3-8 所示。

图 3-3-8　幻灯片 1

(2) 点击"新建幻灯片"下拉

框下的“自定义目录版式”选项，利用 SmartArt 图形制作目录，如图 3-3-9 所示。

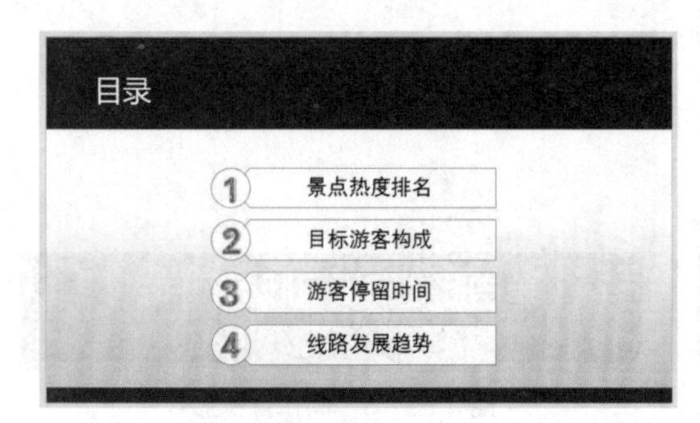

图 3-3-9　幻灯片 2

图 3-3-10　幻灯片 3

（3）新建“自定义内容版式”，利用 SmartArt 图形制作幻灯片内容，如图 3-3-10 所示。

活动二 插入表格和图表

活动分析

在制作带数据内容的演示文稿时，要想使数据更加规范、更有说服力，我们需要使用表格和图表来直观展示数据。

但事实上很多同学在制作 PPT 时更喜欢用图，即使用到表格也是很简单地从 Word 或 Excel 中复制过来，也不做美化修饰。我们如果简单美化一下，比如运用表格对齐、调整底色、改变字体、改变线型等手段，表格会变得一目了然且重点突出，表格质量自然会大不一样。

方法与步骤

Step1：插入表格

（1）新建幻灯片 4 为“自定义内容版本”，输入标题，选择“插入/表格”组，在“表格”下拉框下直接拖动鼠标指针选择 6×4（6 列 4 行）的表格，如图 3-3-11 所示。

（2）表格内输入相应的文本，调整表格的第一列列宽为最合适列宽，选择“布局/单元格大小”组，修改高度为 1.3 厘米，如图 3-3-12 所示。

（3）在表格下方加文本说明，调整合适的字体和段落格式，如图 3-3-13 所示。

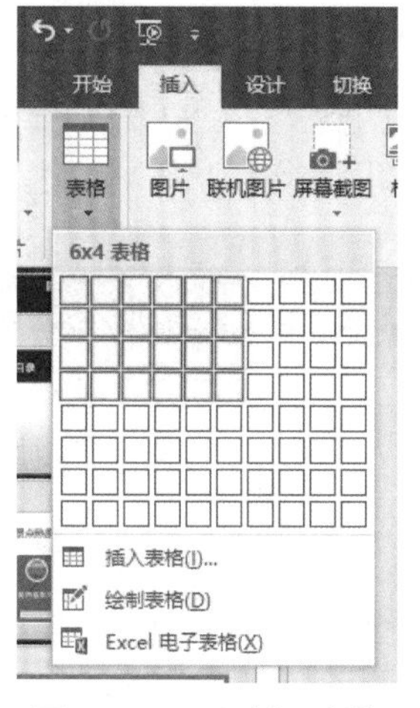

图 3-3-11　插入表格

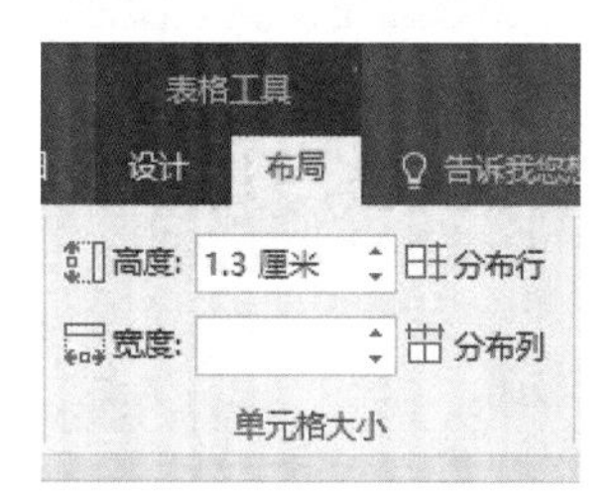

图 3-3-12　表格行高

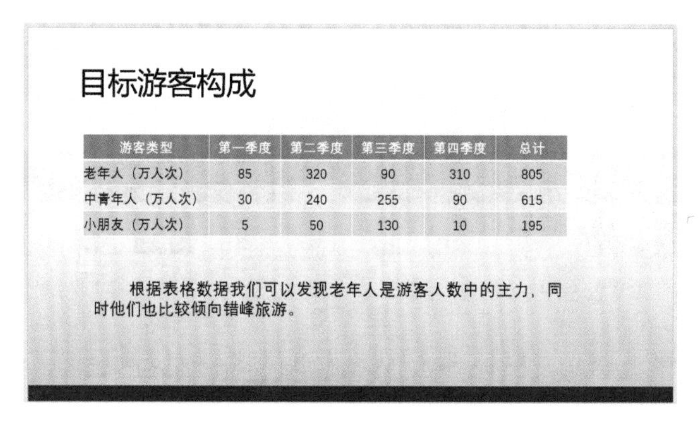

游客类型	第一季度	第二季度	第三季度	第四季度	总计
老年人（万人次）	85	320	90	310	805
中青年人（万人次）	30	240	255	90	615
小朋友（万人次）	5	50	130	10	195

图 3-3-13　幻灯片 4

Step2:插入图表

(1) 新建幻灯片 5 为“自定义内容版本”，输入标题。选择“插入/插图”组，点击“图表”按钮，弹出“插入图表”对话框，如图 3-3-14 所示。

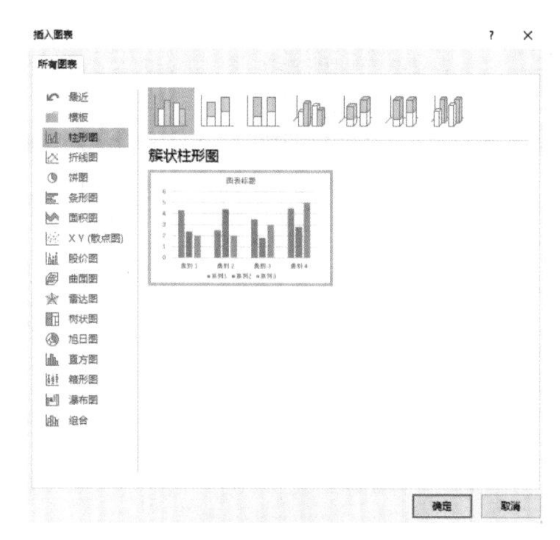

图 3-3-14　插入图表

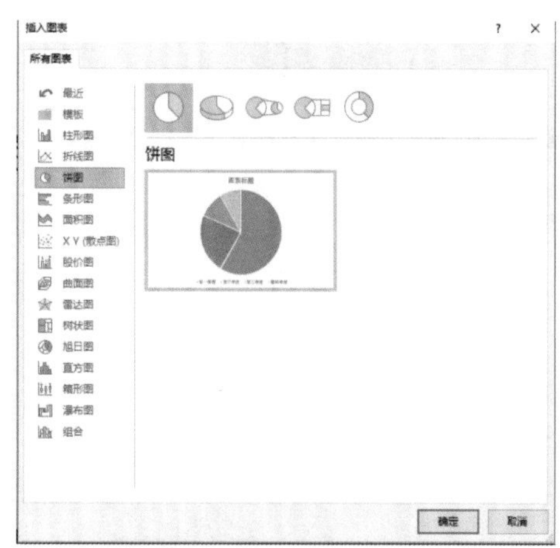

图 3-3-15　选择图表类型

（2）在“插入图表”对话框选择“饼图”，单击“确定”，如图 3－3－15 所示。

（3）打开“Microsoft PowerPoint 中的图表”对话框，在单元格内输入相应的图表数据，输完后单击右上角的“关闭”按钮，如图 3－3－16 所示。

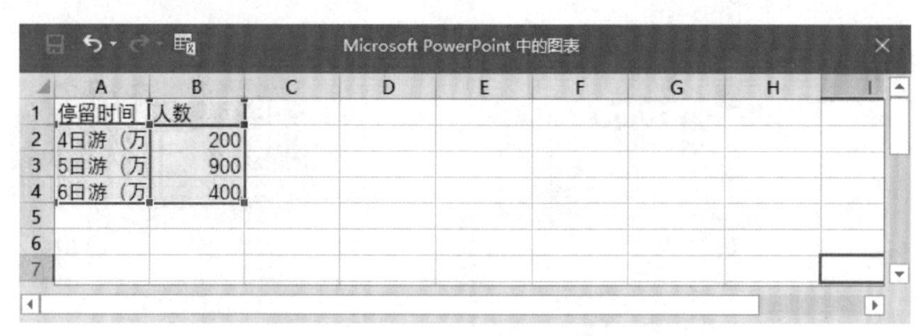
Microsoft PowerPoint 中的图表

	A	B	C	D	E	F	G	H	I
1	停留时间	人数							
2	4日游（万	200							
3	5日游（万	900							
4	6日游（万	400							
5									
6									
7									

图 3－3－16　输入数据

（4）返回幻灯片编辑状态后，选择“设计/图表样式”组，点击“其他”下拉框下的“样式 5”图表样式，如图 3－3－17 所示。

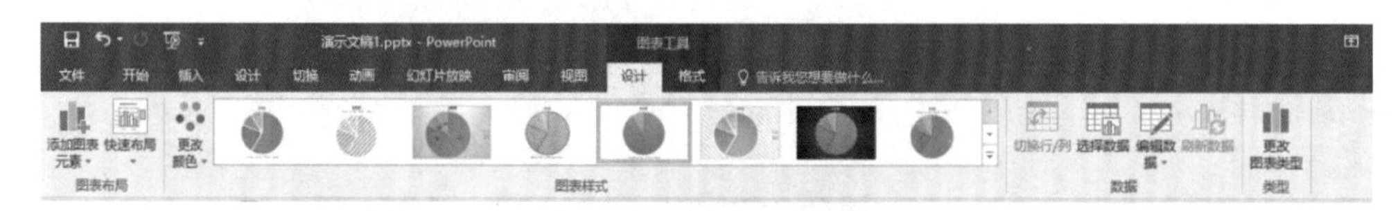

图 3－3－17　图表样式

（5）最后添加图表的标题，如图 3－3－18 所示。

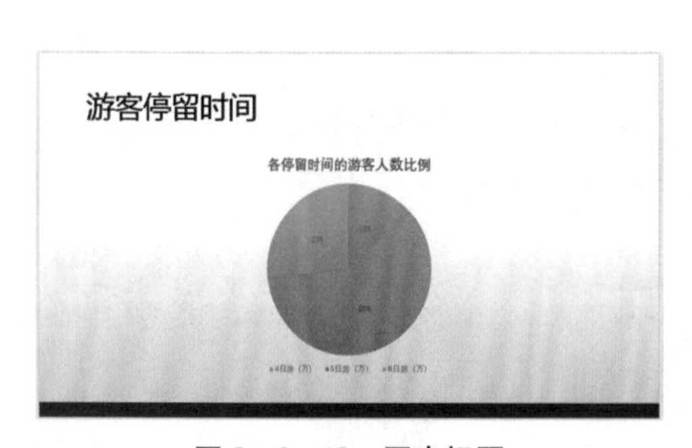

图 3－3－18　图表标题

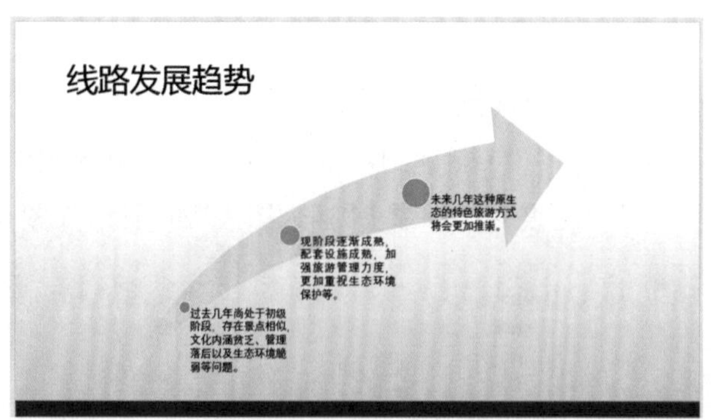

图 3－3－19　幻灯片 6

（6）制作幻灯片 6，运用 SmartArt 图形的“向上箭头”制作幻灯片内容，如图 3－3－19 所示。

活动三
插入超链接

活动分析

我们需要从目录跳转到各个内容页面，也就是说从一张幻灯片跳转到另一张指定的幻灯片，演示文稿通过超链接来实现各个页面之间的交互功能，也可以通过按钮来实现超链接。

在 PPT 制作过程中，很多同学在给文本添加超链接后认为就可以了，而实际上单击超链接后，该已访问过的超链接颜色就会改变，默认的超链接颜色通常和幻灯片主题色不搭配，这时我们需要对超链接颜色进行修改。

Step1：插入超链接

（1）在幻灯片 2 中，先选择文本“景点热度排名”，再选择“插入/链接”组，点击“超链接”按钮，弹出“插入超链接”对话框，如图 3－3－20 所示。

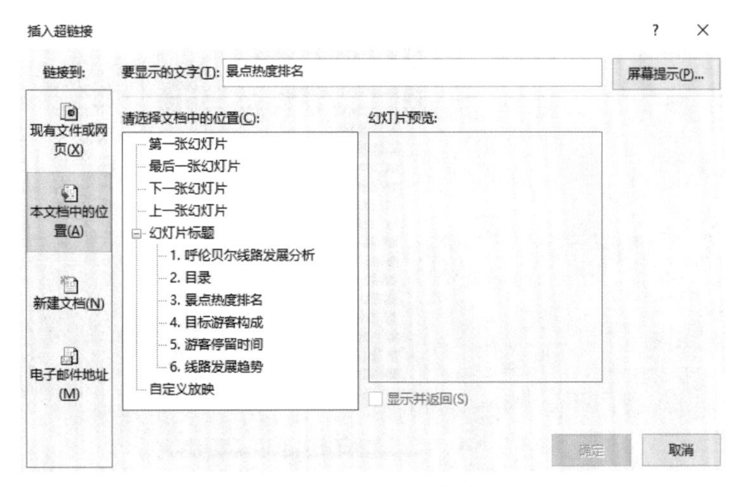

图 3－3－20　插入超链接

（2）在“插入超链接”对话框中，先选择“本文档中的位置”，再选择“3. 景点热度排名”。

（3）给另外三个目录加上相应的超链接页面。

Step2:编辑超链接

(1) 返回幻灯片编辑区,发现超链接文本颜色发生了变化,而且还添加了下划线,如图 3-3-21 所示。

图 3-3-21 加链接的文本

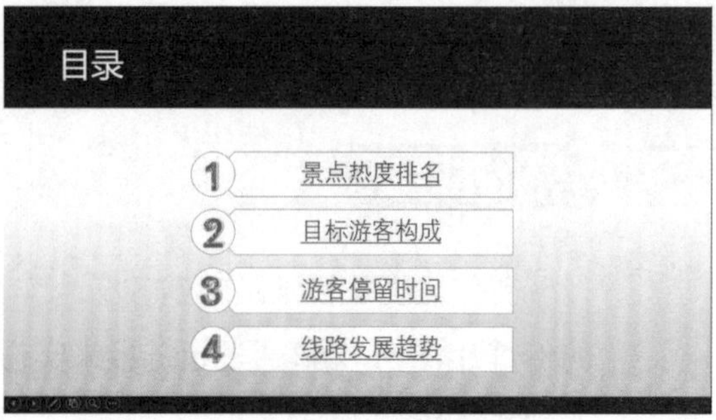

图 3-3-22 已访问过的超链接

(2) 当我们单击超链接后,该已访问过的超链接颜色就会改变,如图 3-3-22 所示。

(3) 选择“设计/变体”组,点击“其他”下拉框下的“颜色/自定义颜色”命令,如图 3-3-23 所示。打开“新建主题颜色”对话框,修改“已访问过超链接”的颜色,点击“保存”。

图 3-3-23 “新建主题颜色”对话框

Step3:返回超链接

(1) 进入“幻灯片母版”编辑视图,选择“自定义内容版式”,选择“插入/插图”组,点击“形状”下拉框下的“动作按钮:开始”,如图 3-3-24 所示。

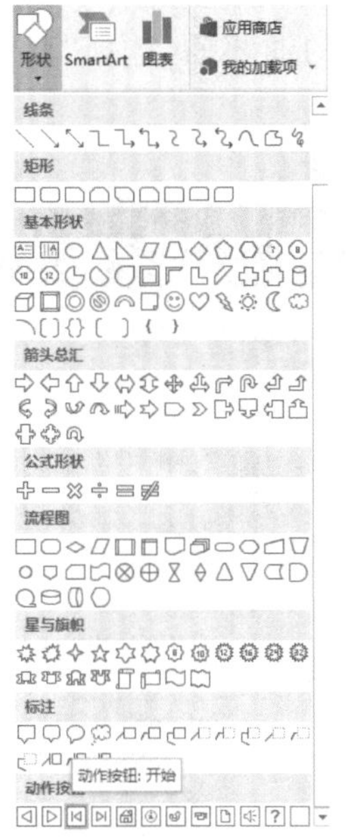

图 3-3-24　动作按钮

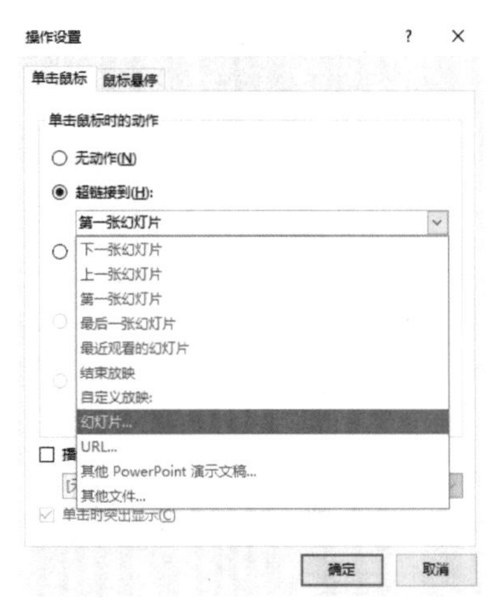

图 3-3-25　操作设置

（2）用鼠标在幻灯片右下角拉出矩形框，弹出“操作设置”对话框，在“超链接到”下拉列表中选择“幻灯片”选项，如图 3-3-25 所示。

（3）弹出“超链接到幻灯片”对话框，选择“2. 目录”，单击“确定”返回幻灯片编辑视图，如图 3-3-26 所示。

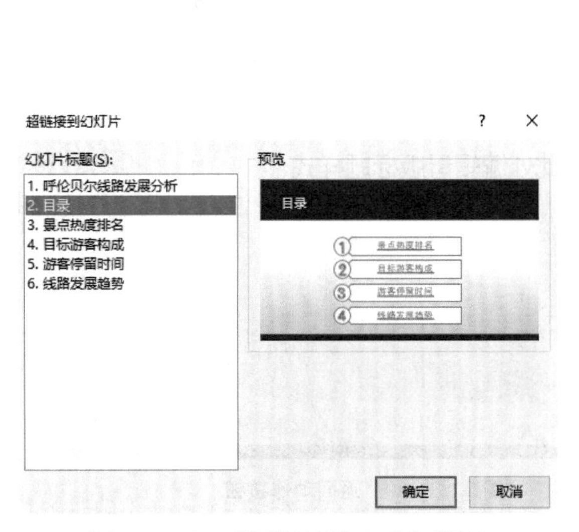

图 3-3-26　“超链接到幻灯片”对话框

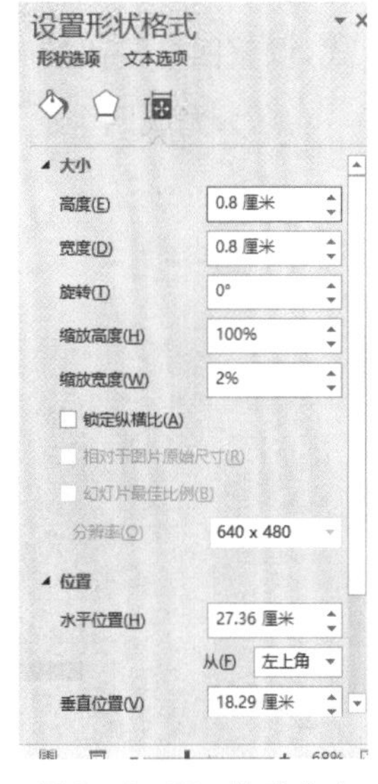

图 3-3-27　修改大小

（4）在动作按钮上单击鼠标右键，选择“大小和位置”命令，在右侧“设置形状格式”对话框中修改高度和宽度都为 0.8 厘米，如图 3-3-27 所示。

(5) 在动作按钮上单击鼠标右键，选择“设置形状格式”，在右侧“设置形状格式”对话框中选择“纯色填充”，单击“颜色”后面的油漆桶，选择“蓝色，个性色 5，深色 25%”，如图 3-3-28 所示。

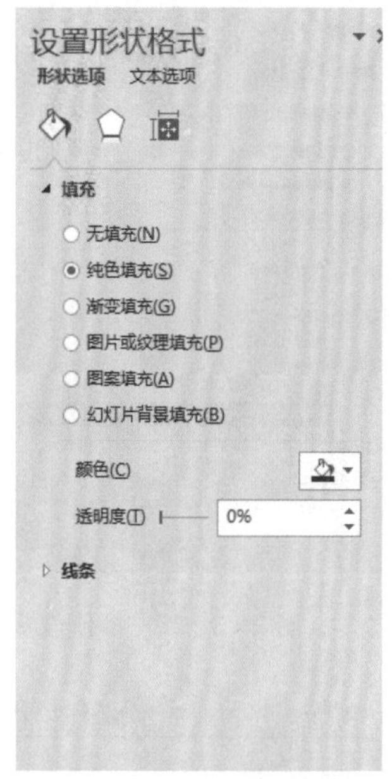

图 3-3-28　修改颜色

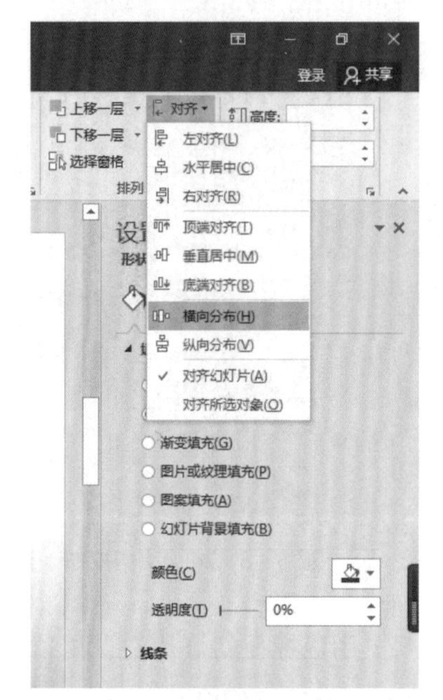

图 3-3-29　横向分布

(6) 同上方法，分别制作动作按钮“结束”、“前进或下一项”、“后退或者前一项”。全选四个动作按钮，选择“格式/排列”组，点击“对齐”下拉框下的“横向分布”对齐方式，调整四个按钮横向均匀分布，如图 3-3-29 所示。

(7) 完成四个返回动作按钮，如图 3-3-30 所示。

图 3-3-30　返回动作按钮

(8) 如果希望幻灯片按规定时间进行自动播放，可通过排练计时来记录每张幻灯片放映的时间，选择“幻灯片放映/设置”组，点击“排练计时”按钮，如图 3-3-31 所示。

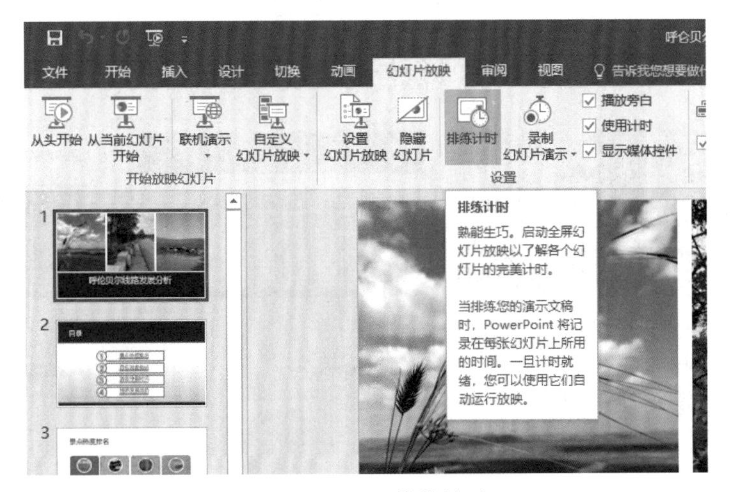

图 3-3-31　排练计时

(9) 进入幻灯片放映状态，并打开“录制”窗格记录第 1 张幻灯片的播放时间，如图 3-3-32 所示。

图 3-3-32　录制中

(10) 第一张录制完后，单击鼠标左键，进入第 2 张幻灯片进行录制，以此类推，直至录制完最后一张幻灯片，会跳出提示对话框，显示录制的总时间，单击“是”按钮进行保存，如图 3-3-33 所示。

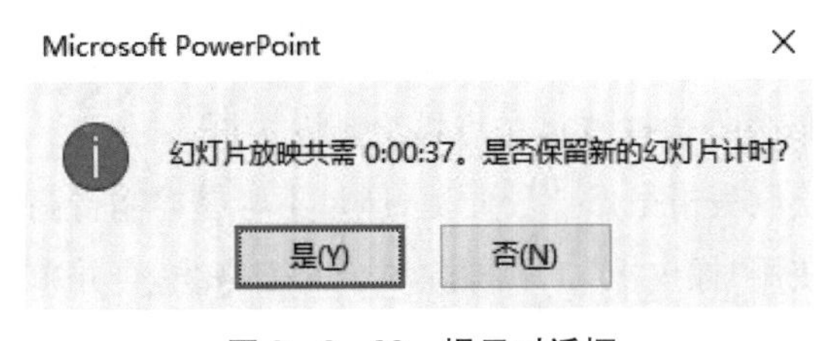

图 3-3-33　提示对话框

(11) 选择“幻灯片浏览”模式，在每张幻灯片下方将显示录制的时间，如图 3-3-34 所示。

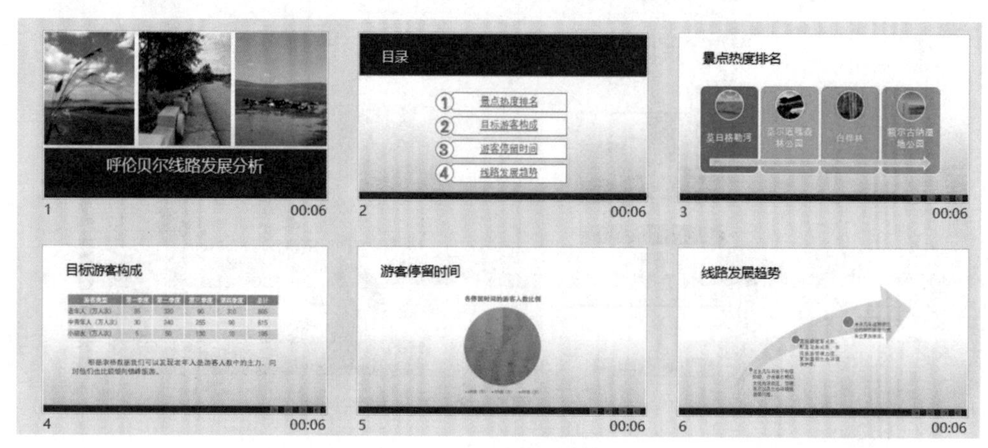

图 3-3-34 录制时间

(12) 保存演示文稿文件名为“呼伦贝尔.pptx”。

知识链接

(1) 表格可以使复杂的数据简单化，规范化，一般可以通过选择“插入/表格”组，直接在“表格”下拉框下的“表格面板”中拖曳鼠标而绘制；也可以点击“表格”下拉框下的“绘制表格”自行绘制表格，此时鼠标变成形状，按住鼠标左键拖动鼠标，即可绘制表格的外边框。此时会出现“表格工具”工具栏，选择“设计/绘制边框”，点击“绘制表格”按钮，鼠标又变成形状，在表格内部绘制边框即可，如图 3-3-35 所示。绘制完毕后单击表格外部空白处即可退出绘制表格状态。

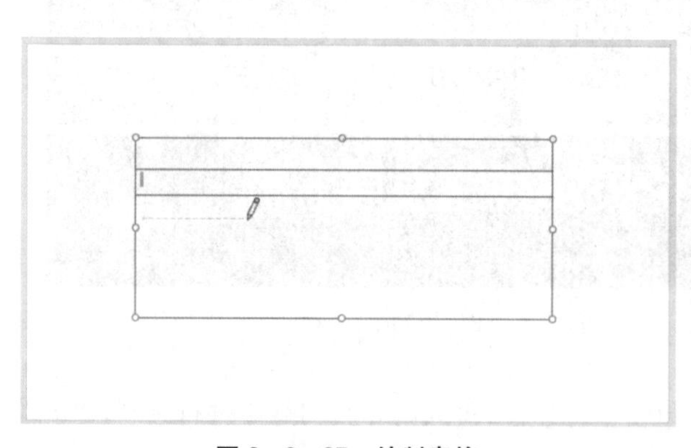

图 3-3-35 绘制表格

注意事项：

① 在绘制表格时，如果鼠标过于靠近外框线，会出现绘制出另一个表格外边框的现象，此时应该离外边框线远一点再绘制内边框。

② 自行绘制表格虽然比较便捷，但是不容易控制行高和列宽。

③ 可以使用“橡皮擦”工具擦除多余的表格线，合并单元格。

(2) 如果想在同一个幻灯片中应用多个主题和模板，我们可以通过自定义幻灯片母版来操作，除了可插入新的幻灯片母版外，我们还可以自定义新的幻灯片母版版式，比如封面页、目录页、过渡页、内容页等。

(3) 幻灯片超链接可以将文字或者图形等对象链接到文件、网页或邮件中。

① 幻灯片在文档内部跳转，这是幻灯片中最常见的链接方式，通过幻灯片彼此的链接，实现放映时随意跳转，活动三就是以链接到本文档中的位置为例介绍的。

② 如果用户想超链接到其他文件中，则可以选择该选项，在右侧的“查找范围”下拉列表中选择文件路径，并在列表框中选中需要链接到的文件，以便在放映过程中可以直接查看与演示文稿内容相关的其他资料。

③ 如果用户想超链接新建文档，则可选择该项，在右侧“新建文档名称”文本框中输入新建文档的名称，然后单击“更改”按钮设置新建文档的文件路径，并修改文件类型，如图 3-3-36 所示。

图 3-3-36　超链接到新建文档

④ 当放映过程中需要通过网站查询某些信息时，可以为幻灯片相应的对象添加指向网站的链接，在右侧“地址”文本框中输入网站地址，就直接打开网站，如图 3-3-37 所示。

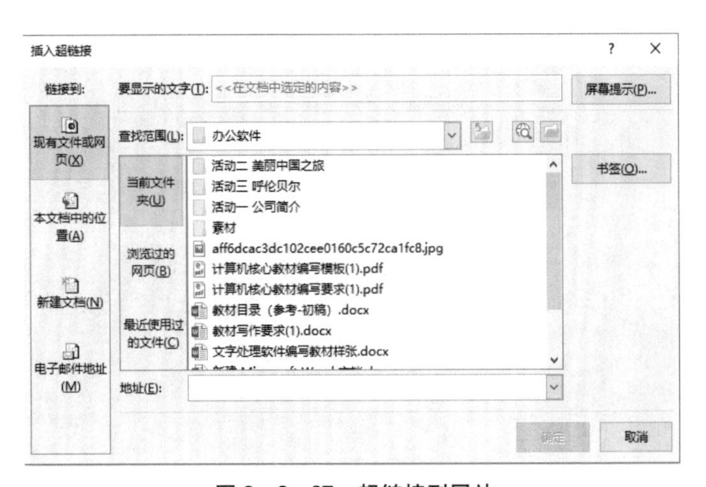

图 3-3-37　超链接到网站

⑤ 当演示文稿被发布或者复制给他人时，如果需要保持互动联系，可以在幻灯片中添加一个链接到作者邮箱的超级链接，在右侧“电子邮件地址”文本框中输入“mailto:邮件地址”，如图 3-3-38 所示。

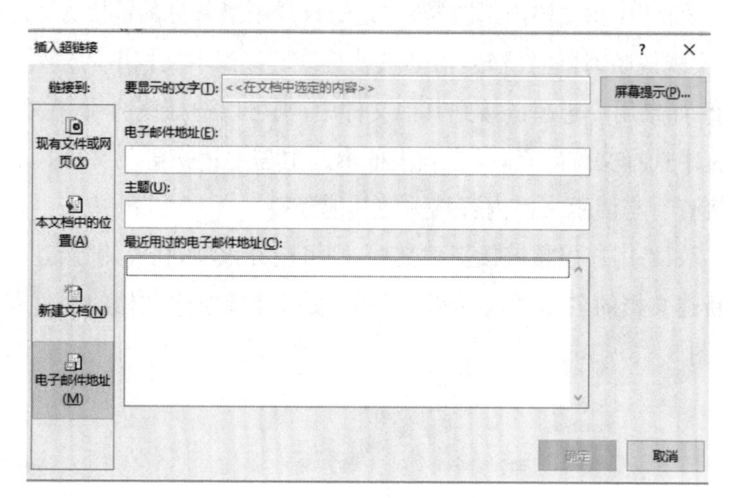

图 3-3-38　超链接到电子邮件

思考与练习

在幻灯片切换中设置每张幻灯片的排练计时时间。

项目四

Office 综合应用

通过本项目的学习，您将掌握 Word 电子文档、Excel 电子表格、PPT 演示文稿的编辑和再处理，以及三个软件之间互动和协作，达到 Office 的中级水平。

任务一
旅行社新路线介绍及产品展示

学习目标

- 掌握 Word 文档格式设置
- 掌握 Word 转换为 PPT
- 掌握 PPT 动画、美化

任务描述

新新旅行社最近开发了新的旅游线路——日本旅游，业务员小李正在为开辟新的旅游线路而进行策划和宣传，旅行社要求小李根据已有原始的文档制作出图文并茂的 Word 文档和演示文稿，请大家随着小李一起来完成旅行社的安排任务。

任务分析

(1) 对已有的 Word 原始文档进行格式处理，充分利用格式刷功能，设置各章节标题样式(标题 1、标题 2)，为整篇文档制作文档目录，提升文档的层次感和阅读感。

(2) 利用 Word 文档的标题样式设置效果，可以将 Word 文档轻松地转换成 PPT 演示文稿，并且在 PPT 中进行主题设计和版式的设置，辅以超级链接、动画效果、SmartArt 图形等的美化效果。

活动一
为各级标题设置样式

活动分析

活动方案是一份旅游文档，包含特定的方案内容模块，所以方案文档应该使用 A4

纸大小，并为每个内容模块标题设置 Word 预设的标题格式。

Step1：将文档标题设置成艺术字，并居中对齐

（1）打开素材文件“日本旅游景点推荐—日本著名景点. docx”。

（2）自左边文本选定区，选中文档标题“日本旅游景点推荐_日本著名景点”，选择“开始/样式”组，点击“标题 1”样式。

（3）选择“插入/文本”组，点击“艺术字”下拉框下的任一艺术字样式。

（4）选中艺术字（或点击艺术字边框），选择“开始/字体”组，点击“减小字号”按钮 A˅ 若干次，使其显示在一行中。

（5）选择“格式/排列”组，点击“环绕文字”下拉框下的“嵌入型”环绕方式。

（6）自左边文本选定区选中艺术字，选择“开始/段落”组。

（7）点击“居中”按钮，如图 4-1-1 所示。

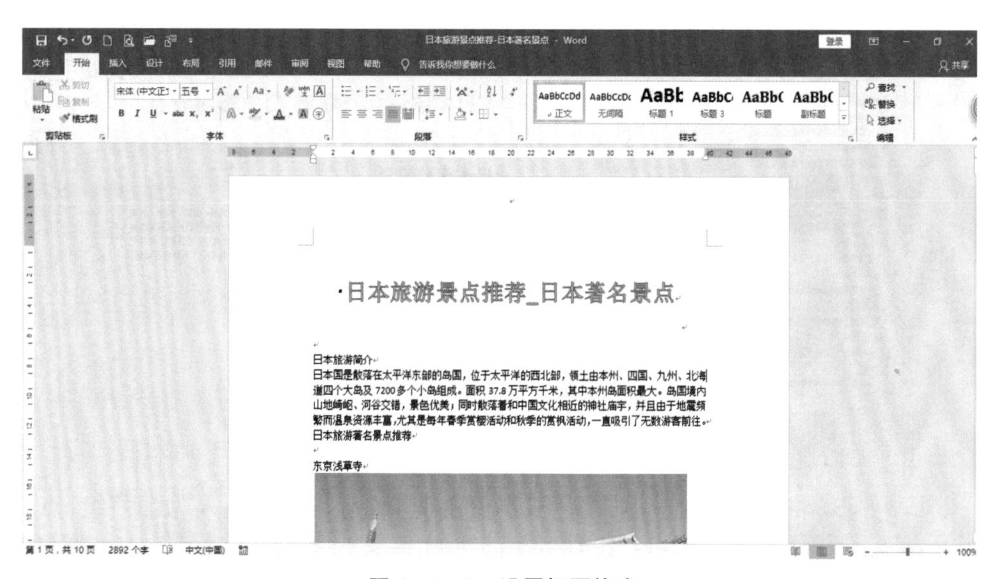

图 4-1-1　设置标题格式

Step2：将文档中的各小标题设置为“标题 1”格式，启用文档导航窗格，并为每个小标题分页

（1）自左边文本选定区，选中小标题“日本旅游简介”，选择“开始/样式”组，点击“其他”下拉框下的“标题 1”样式，如图 4-1-2 所示。

（2）选择“开始/剪贴板”组，双击“格式刷”按钮。

（3）依次对剩下的 18 个小标题：“东京浅草寺”、“东京天空树”、“东京迪士尼乐园”、“富士山”、“大阪城公园”、“道顿崛美食街”、“大阪环球影城”、“大阪海游馆”、“京

图 4-1-2　设置“标题 1”样式

都金阁寺”、“清水寺”、“伏见稻荷大社”、“奈良公园”、“北海道富田农场”、“登别地狱谷”、“函馆山”、“小樽运河”、“冲绳美之海水族馆”和“冲绳首里城公园”，设置标题 1 样式。

(4) 选择“视图/显示”组，勾选“导航窗格”选项，打开导航窗格，如图 4-1-3 所示。

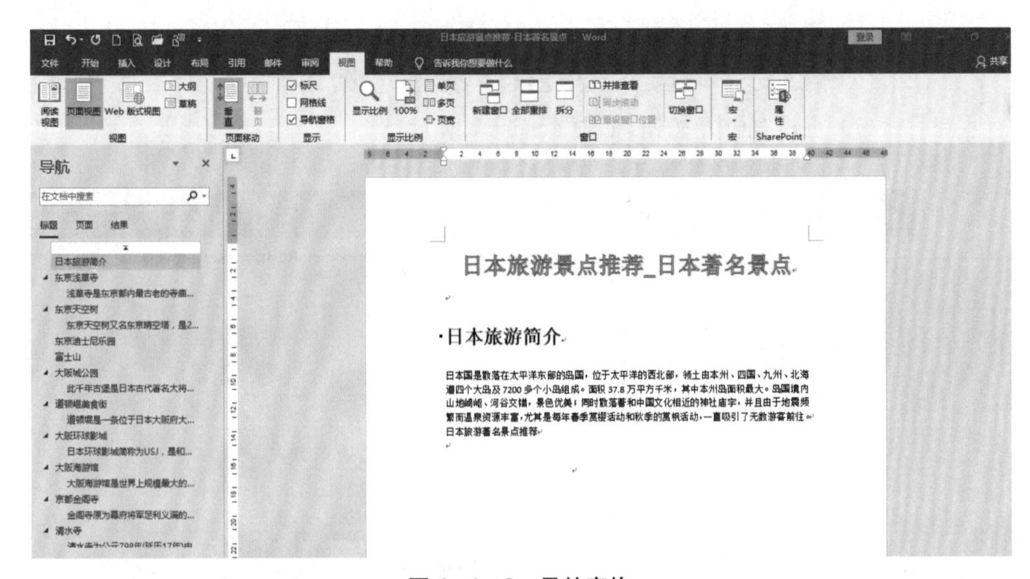

图 4-1-3　导航窗格

(5) 将插入点置于小标题“日本旅游简介”前，选择“插入/页面”组，点击“分页”按钮。

(6) 重复步骤(5)，依次对其他 18 个小标题进行分页，整篇文档共 19 页。

Step3:将文档中的各小标题后的内容设置为“标题 2”格式

(1) 选中小标题后的内容，选择“开始”选项卡。

(2) 由于“样式”组里没显示“标题 2”样式，因此需要让“标题 2”显示。点击“样式”组右下角的按钮 ↘（“样式”对话框按钮），调出“样式”显示列表，点击底部第 3 个按钮:“管理样式”按钮，如图 4-1-4 所示。

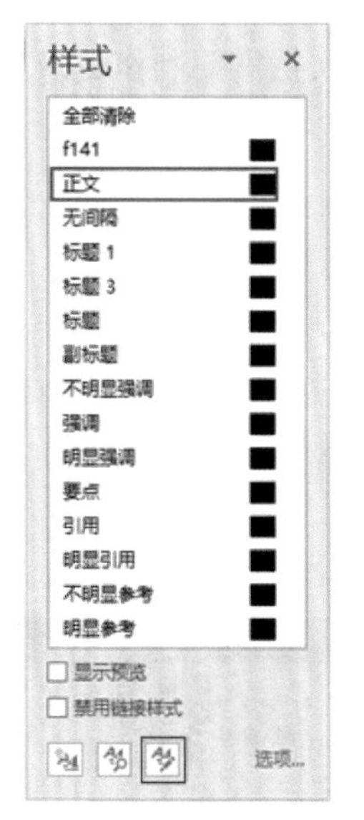

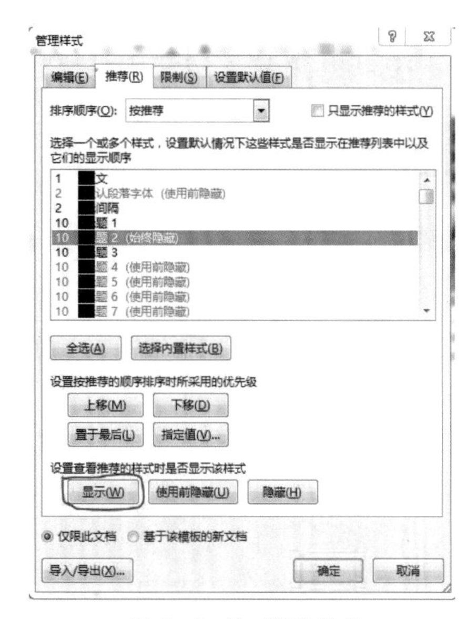

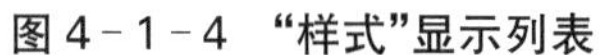

图 4-1-4 “样式”显示列表　　　　图 4-1-5 管理样式

(3) 在弹出的“管理样式”对话框中，点击“推荐”选项卡，选中“标题 2(始终隐藏)”，点击“显示”按钮，如图 4-1-5 所示。按“确定”按钮，退出显示样式设置，在“样式”组出现“标题 2”。

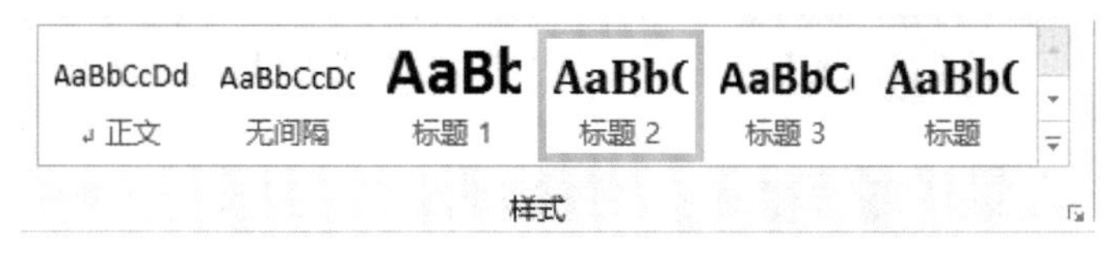

图 4-1-6 设置“标题 2”样式

(4) 点击“其他”下拉框下的“标题 2”样式，如图 4-1-6 所示。

(5) 重复步骤(4)，依次为其他小标题后的内容设置“标题 2”样式。

Step4:删除多余无用的行

选中“日本旅游著名景点推荐”、“大阪”行，按“Delete”键删除之。

活动二
为文档制作目录

活动分析

活动方案最终是要展示给客户看的，也是通过 Word 文档将其转换为 PPT 演示文稿，快速地生成演示文稿的途径，所以活动方案文档需要制作目录。

方法与步骤

Step1：为文档添加目录

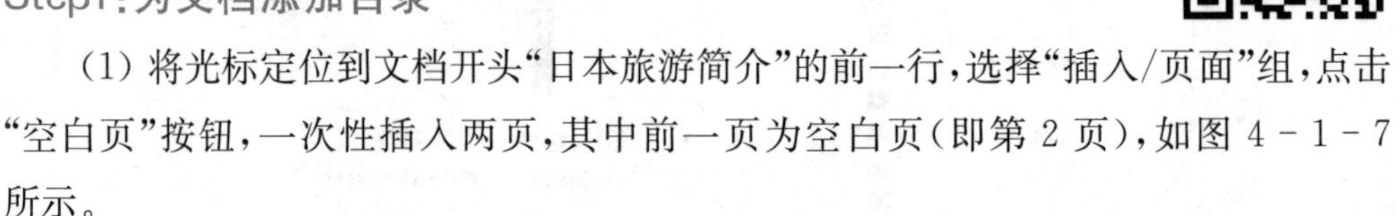

（1）将光标定位到文档开头“日本旅游简介”的前一行，选择“插入/页面”组，点击“空白页”按钮，一次性插入两页，其中前一页为空白页（即第2页），如图4－1－7所示。

图4－1－7　插入空白页

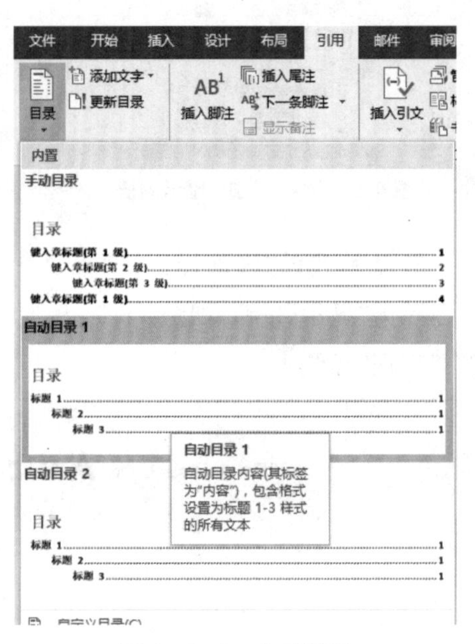

图4－1－8　自动目录

（2）将光标定位到空白页（第2页）的最左上角，选择“引用/目录”组，点击“目录”下拉框下的“自动目录1”或“自动目录2”选项，如图4－1－8所示。

（3）自左边文本选定区，选中目录中的“日本旅游景点推荐_日本著名景点”行，按Delete键删除该行。

Step2：为目录设置字体、段落格式

（1）自左边文本选定区，选中“目录”行，选择“开始/字体”组，设置字体为黑体。

（2）选择“开始/段落”组，点击“居中”按钮。

（3）自左边文本选定区，选中目录中所有“标题1”样式的行，选择“开始/字体”组，设置字体为加粗、小四号，如图4－1－9所示。

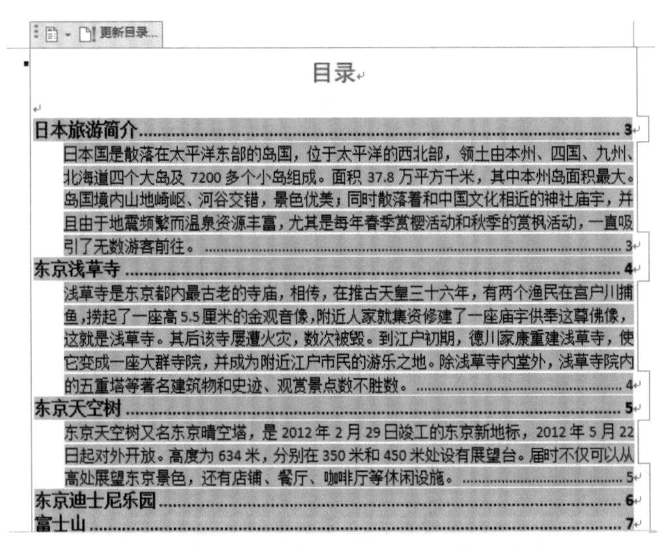

图 4-1-9　设置目录字体效果图

Step3:原文档保存

(1) 点击标题栏左侧的“自定义快速访问工具栏”的“保存” 按钮，保存原文档，如图 4-1-10 所示。

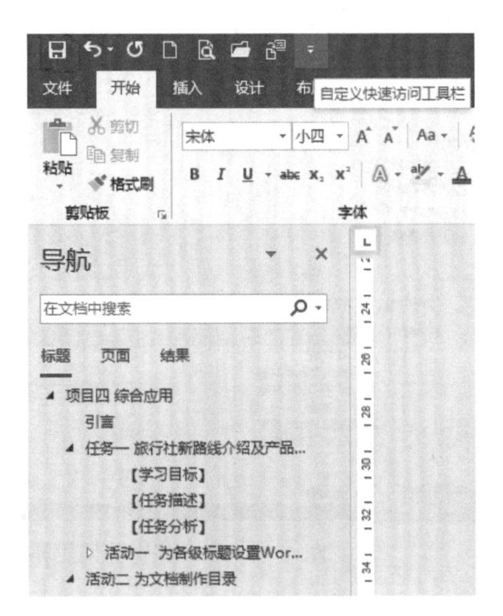

图 4-1-10　保存文档

(2) 关闭 Word 文档。

活动三
Word 文档转换为 PPT 演示文稿

活动分析

通过 Word 文档将其转换为 PPT 演示文稿，可以快速地生成演示文稿。

方法与步骤

Step1：提取 Word 文档中的图片，用于演示文稿图片使用

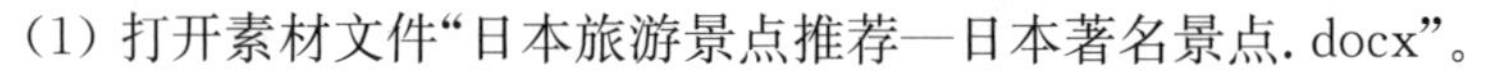

（1）打开素材文件“日本旅游景点推荐—日本著名景点.docx”。

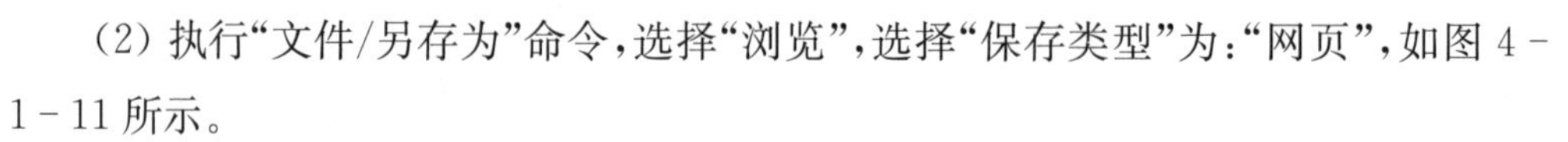

（2）执行“文件/另存为”命令，选择“浏览”，选择“保存类型”为：“网页”，如图 4-1-11 所示。

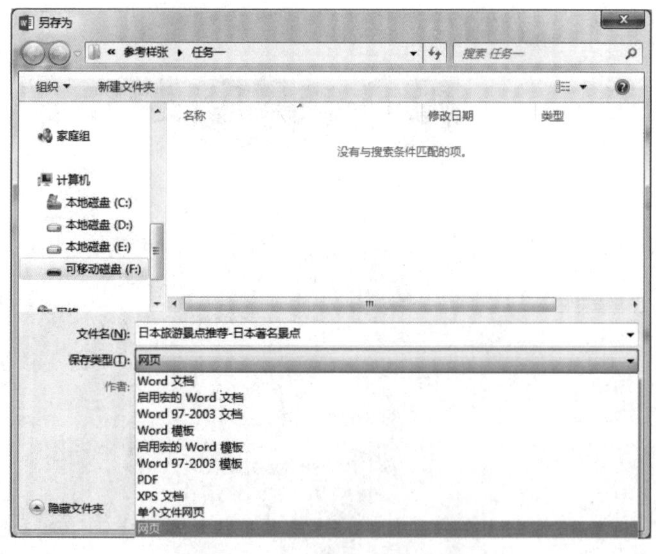

图 4-1-11　保存为网页格式

（3）点击“保存”按钮，网页文件生成。

（4）打开素材文档所在文件夹，将看到出现 1 个同名网页文件和 1 个同名文件夹，双击该同名文件夹将看到若干个图片文件，如图 4-1-12 所示。

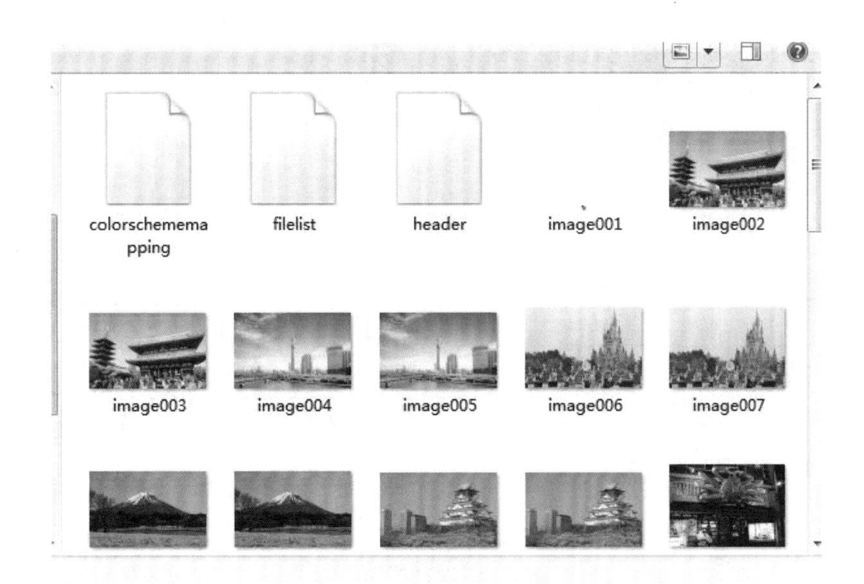

图 4-1-12　网页图片文件夹

Step2:新建 PPT 演示文稿

（1）运行 PowerPoint 软件,新建空白演示文稿,如图 4-1-13 所示。

（2）双击空白演示文稿,进入“演示文稿 1”普通视图界面。

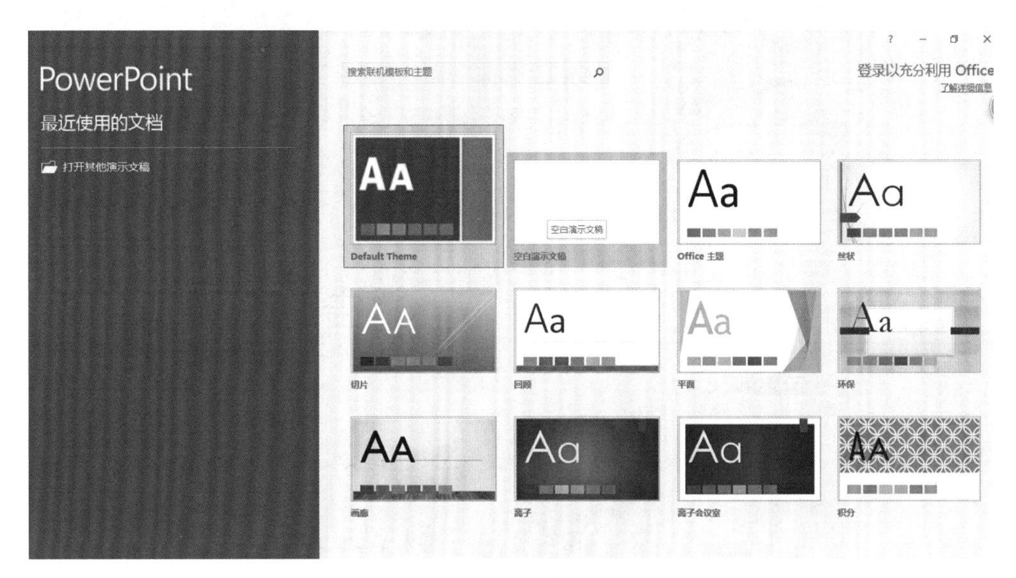

图 4-1-13　新建演示文稿

Step3:导入 Word 文档

（1）选择“开始/幻灯片”组,点击“新建幻灯片”下拉框下的“幻灯片(从大纲)”命令,如图 4-1-14 所示。

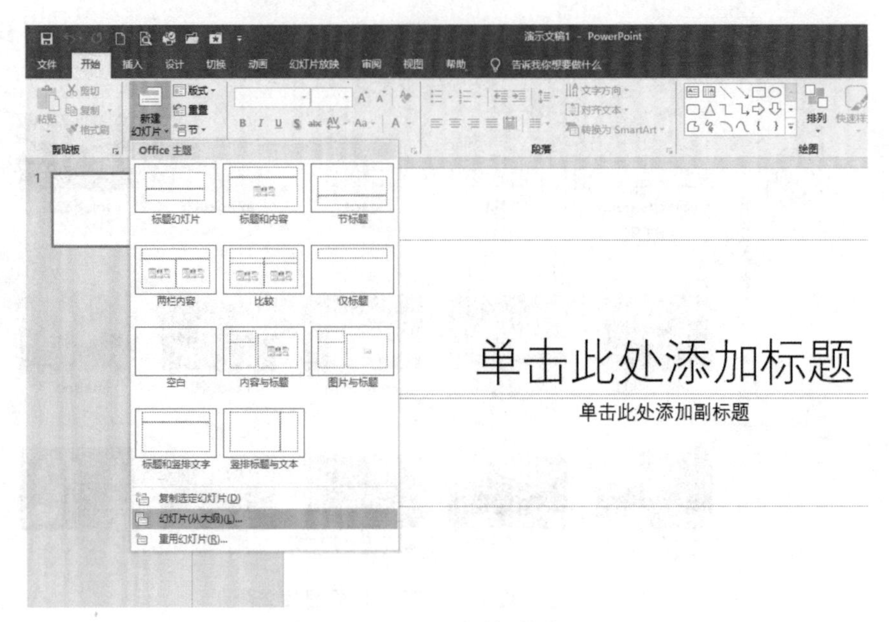

图 4－1－14　幻灯片(从大纲)

(2) 在弹出对话框中，选择“日本旅游景点推荐—日本著名景点. docx”，导入Word文档，导入效果如图 4－1－15 所示。

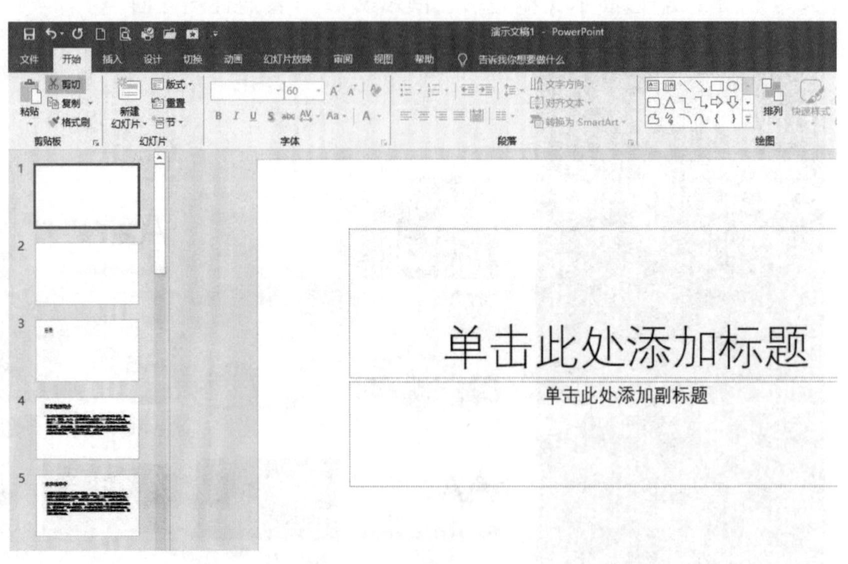

图 4－1－15　导入 Word 文档

活动四
PPT 整理和美化

活动分析

PPT 演示文稿最终是要展示给用户观看的，因此更好更快地美化演示文稿，使其成为界面友好、观感极佳的展示作品。

方法与步骤

Step1：设置主题和版式

（1）保留第一张空白幻灯片，在左边框中使用 Delete 键，删除第二张多余空白幻灯片。

（2）选择“设计/主题”组，点击“其他”下拉框下的“环保”主题，如图 4－1－16 所示。

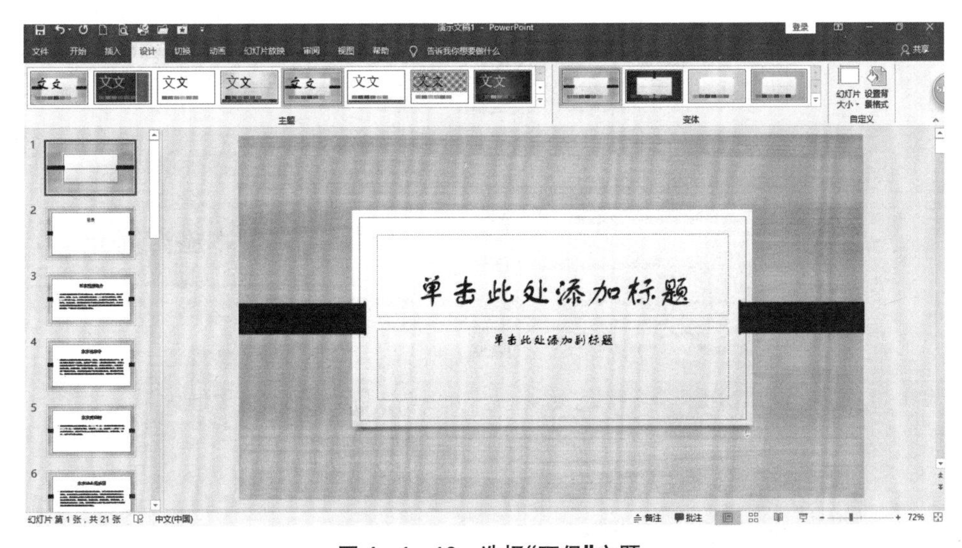

图 4－1－16　选择“环保”主题

（3）在左边框中选中第 3 张幻灯片，选择“开始/幻灯片”组，点击“版式”下拉框下的“标题和文本”版式。

（4）在左边框中选中第 4 张幻灯片，按住 Shift 键不放，选中第 21 张幻灯片，同时选中第 4—21 张幻灯片，选择“开始/幻灯片”组，点击“版式”下拉框下的“两栏内容”版式，如图 4－1－17 所示。

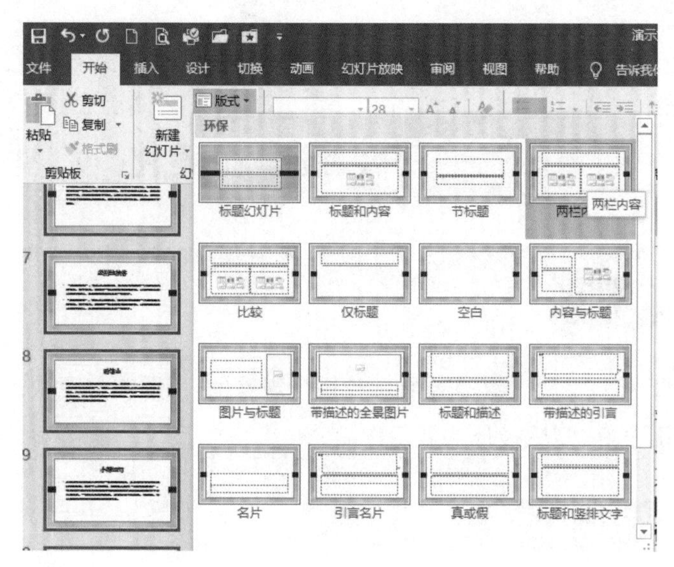

图 4－1－17　选择“两栏内容”版式

Step2:统一标题、正文字体

（1）选择“视图/演示文稿视图”组，点击“大纲视图”按钮，使左边框切换到大纲视图模式，如图 4－1－18 所示。

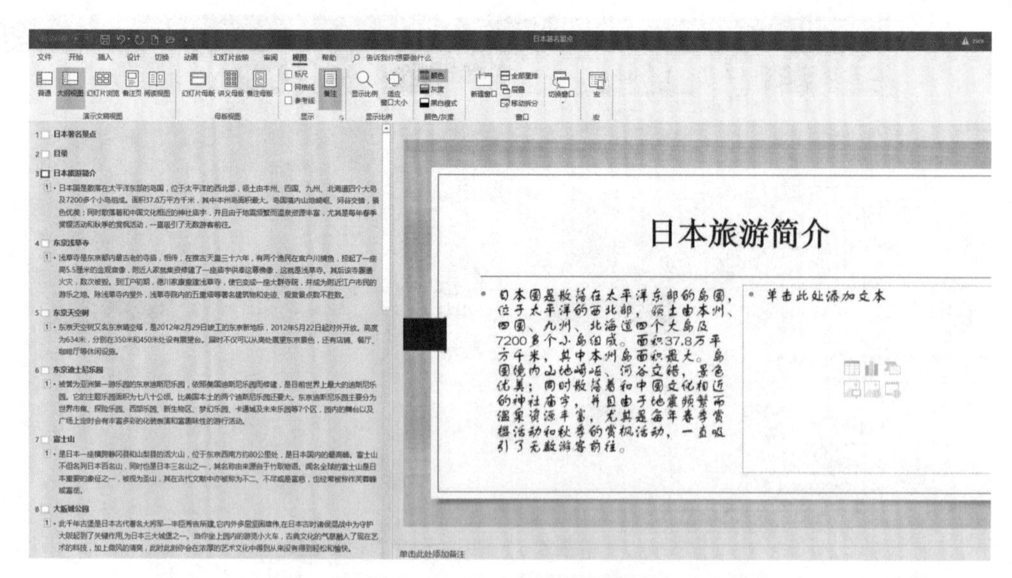

图 4－1－18　大纲视图界面

（2）用键盘 Ctrl＋A 组合键选中从第 3 张开始所有文字，选择“开始/字体”组，点击“清除所有格式”按纽。

（3）选择“视图/母版视图”组，点击“母版幻灯片”按钮，进入“母版视图”界面。

（4）选中“Office 主题”幻灯片母版标题框，选择“开始/字体”组，修改字体为：方正舒体。

(5) 选中"Office 主题"幻灯片母版内容框，选择"开始/字体"组，修改字体为：华文细黑，不加粗。

(6) 选择"视图/演示文稿视图"组，点击"普通"按钮，切换到"普通"视图模式。

(7) 在左边框中选中第 1 张幻灯片，然后选标题框，输入：日本著名景点介绍。

Step3：从 Word 中提取一级目录，在 PPT 中转化为 SmartArt 图形，用于演示文稿目录

(1) 打开"日本旅游景点推荐—日本著名景点.docx"。

(2) 选中第 2 页开始的目录，选择"引用/目录"组，点开"目录"下拉框下的"自定义目录"命令，在弹出的"目录"对话框中，取消"显示页码"勾选，"显示级别"设为：1，如图 4－1－19 所示。

图 4－1－19　自定义目录

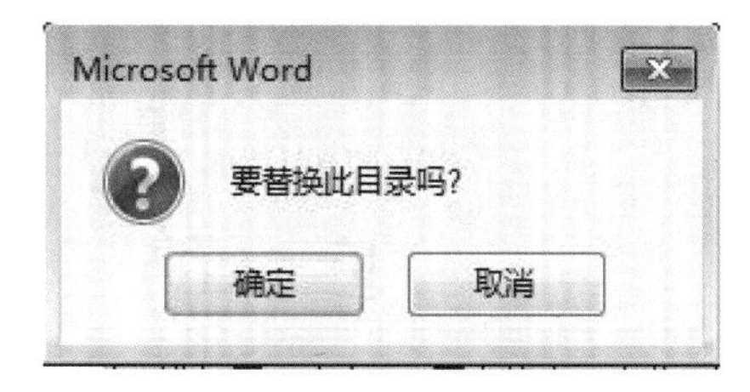

图 4－1－20　替换目录

(3) 点击图 4－1－20 中的"确定"按钮，出现如图 4－1－21 所示的一级目录内容。

图 4－1－21　一级目录内容

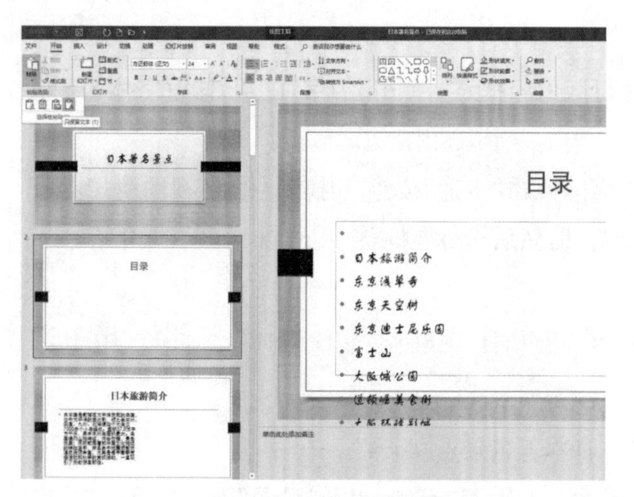

图 4-1-22　只保留文本粘贴

(4) 选中一级目录内容,选择“开始/剪贴板”组,点击“复制”按钮。

(5) 切换到演示文稿界面,从左边框选中第 2 张幻灯片,点击文本内容框,“开始/剪贴板”组,点击“粘贴”下拉框下的“只保留文本”按钮,如图 4-1-22 所示。

(6) 删除多余的空行,以及“日本旅游简介”行。

(7) 用鼠标拖曳方法将第 2 张目录幻灯片与第 3 张“日本旅游简介”幻灯片交换位置。

(8) 选中目录文本内容,选择“开始/段落”组,点击“转换为 SmartArt”下拉框下的“其他 SmartArt 图形”命令,如图 4-1-23 所示。

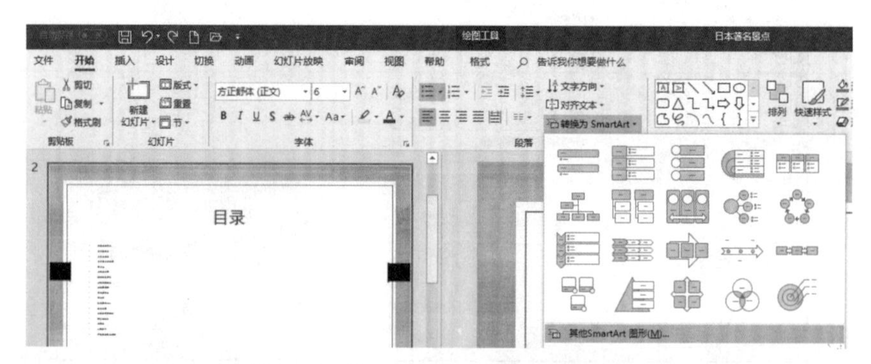

图 4-1-23　SmartArt 图形转换按钮

(9) 在弹出的“选择 SmartArt 图形”对话框中,选择“列表”中的“表层次结构”列表,如图 4-1-24 所示。

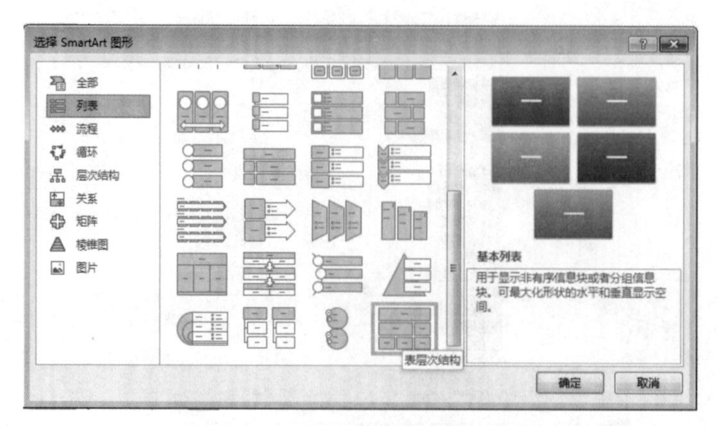

图 4-1-24　设置表层次结构列表

（10）按“确定”按钮后，“目录”幻灯片出现“表层次结构”列表，如图 4－1－25 所示。

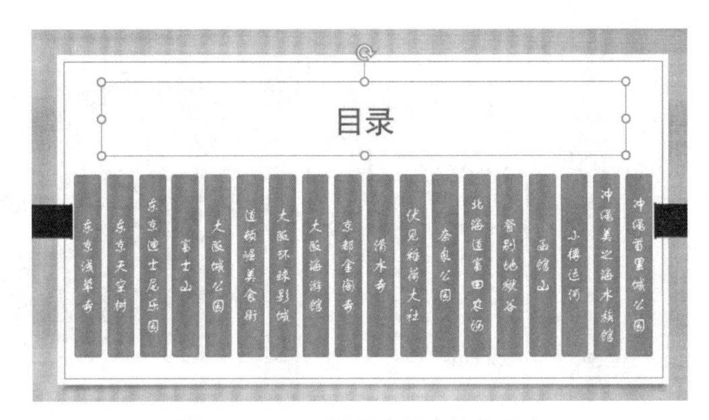

图 4－1－25　显示表层次结构列表

（11）切换到 Word 文档界面，不保存退出 Word 文档。

Step4：为各景点添加风景图片

（1）回到演示文稿界面，在左边框中选中第 4 张幻灯片，点击“两栏内容”版式的右边框中的“图片”按钮，如图 4－1－26 所示。

图 4－1－26　插入图片图标

（2）选择与风景对应的图片，选择“图片工具/格式/图片样式”组，点击“其他”下拉框下的“柔化边缘矩形”图片样式，如图 4－1－27 所示。

（3）重复步骤（1）和步骤（2），将其余图片插入到各自风景的幻灯片中，并对幻灯片图片进行适当美化。

图 4－1－27 “柔化边缘矩形”样式

Step5:为目录幻灯片设置超级链接

（1）从左边框选中第 2 张幻灯片，选中 SmartArt 图形的第 1 列“东京浅草寺”框，选择“插入/链接”组，点击“链接”按钮，在弹出“插入超链接”对话框中，选择“本文档中的位置”:4. 东京浅草寺，点击“确定”按钮，如图 4－1－28 所示。

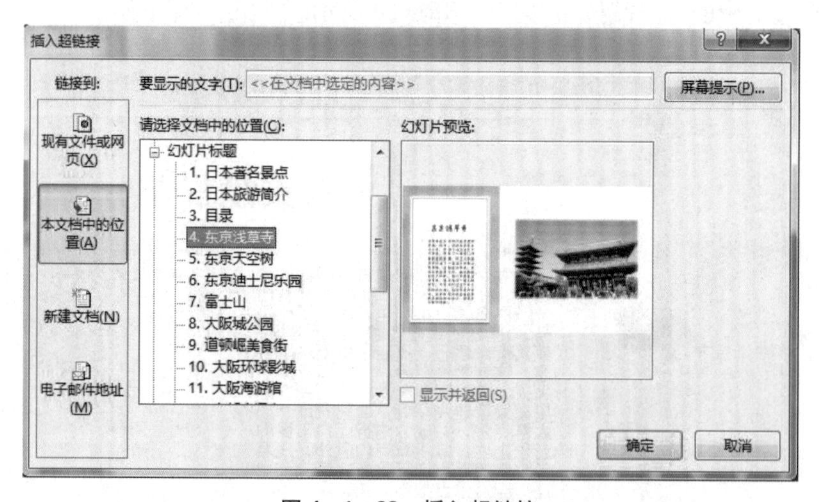

图 4－1－28 插入超链接

（2）重复步骤（1），依次对 SmartArt 图形的其他风景名称进行超链接，分别链接到相应风景的幻灯片上。

（3）为其他风景幻灯片制作返回按钮至第 3 张目录幻灯片，选择“视图/母版视图”组，点击“幻灯片母版”按钮，如图 4－1－29 所示。

（4）进入幻灯片母版视图，选择左边框的“两栏内容”版式，选择“插入/插图”组，点击“形状”下拉框下的动作按钮 ，如图 4－1－30 所示。

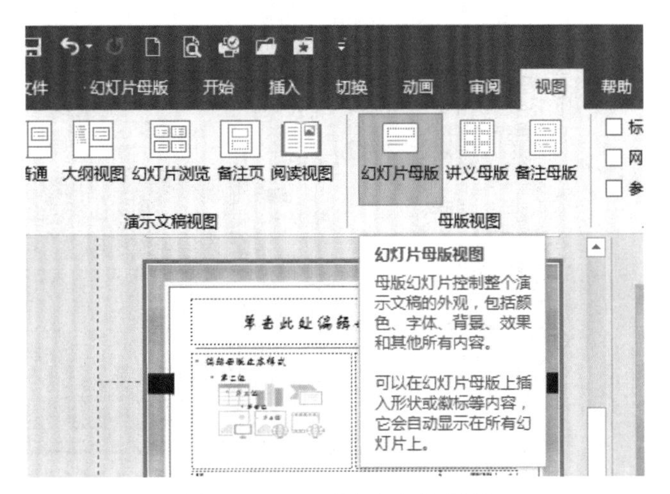

图 4-1-29　进入幻灯片母版

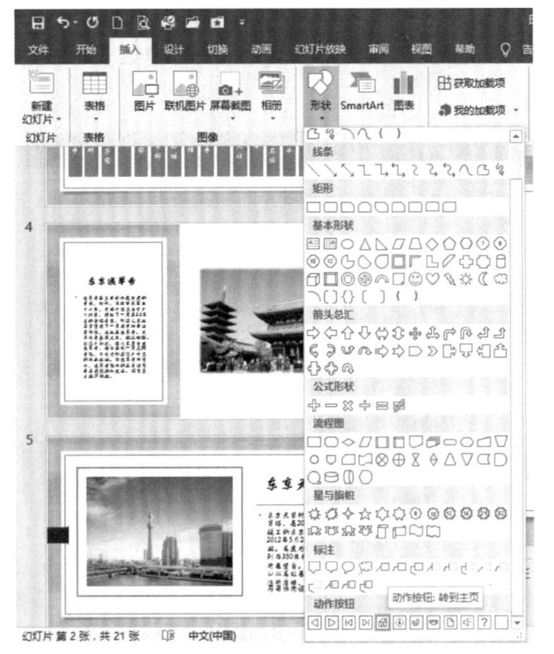

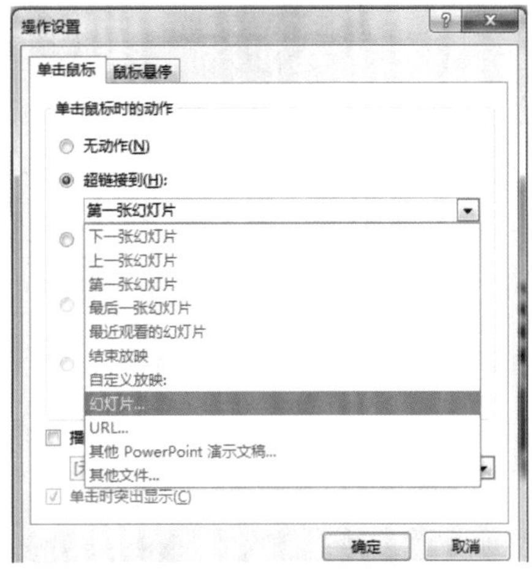

图 4-1-30　插入动作按钮　　　　图 4-1-31　选择“幻灯片…”

(5) 在幻灯片右下角或左下角用鼠标拉出大小合适的矩形，在弹出“操作设置”对话框中，选择“超链接到”下的“幻灯片…”选项，如图 4-1-31 所示。

(6) 在弹出的“超链接到幻灯片”对话框中，选择“3. 目录”幻灯片标题，如图 4-1-32 所示。

(7) 连续点击 2 次“确定”按钮，选择“幻灯片母版/关闭”组，点击“关闭母版视图”按钮，返回到普通视图。

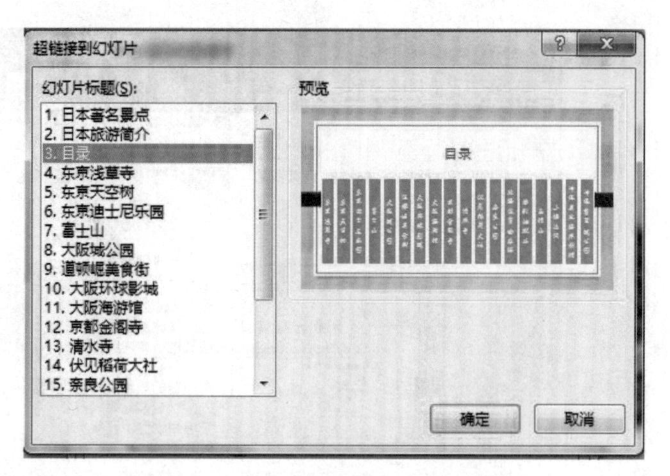

图 4-1-32　超链接到目录幻灯片

Step6:为幻灯片设置切换方式

(1) 选择“切换/切换到此幻灯片”组,点击“其他”下拉框下的“帘式”切换,如图 4-1-33 所示。

图 4-1-33　设置“帘式”切换

(2) 选择“切换/计时”组,点击“应用到全部”按钮。

Step7:在母版中为风景幻灯片对象设置动画效果

(1) 选择“视图/母版视图”组,点击“幻灯片母版”按钮,进入幻灯片母版视图。

(2) 选择左边框的“两栏内容”版式,选中标题框,选择“动画/动画”组,点击“其他”下拉框下的“浮入”动画,如图 4-1-34 所示。

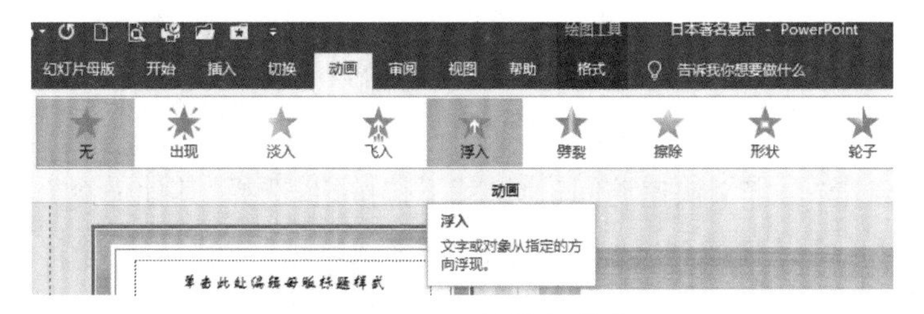

图 4－1－34　设置“浮入”动画

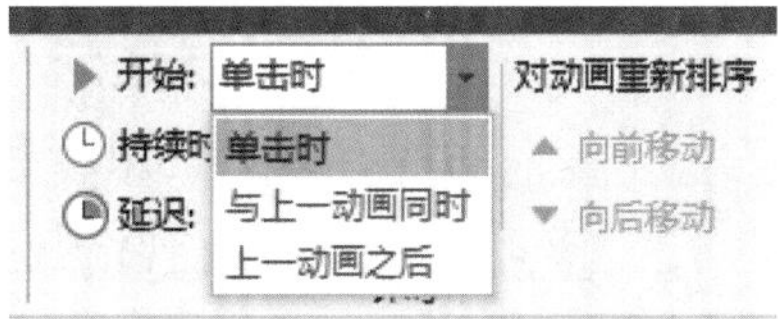

图 4－1－35　设置自动播放

(3) 选择“动画/计时”组，点击“开始”下拉框下的“上一动画之后”选项，如图 4－1－35 所示。

(4) 同理设置左边内容框，自左侧“飞入”动画。

(5) 同理设置右边内容框，自右侧“飞入”动画。

(6) 选择“幻灯片母版/关闭”组，点击“关闭母版视图”按钮，返回到普通视图。

Step8：保存演示文稿

(1) 点击标题栏左侧“自定义快速访问工具栏”的“保存”按钮，保存文件名为“日本著名景点. pptx”。

(2) 关闭演示文稿。

知识链接

两种快速将 Word 文档转换为 PPT 的方法

1. PPT 大纲视图法

首先，复制整篇 Word 文档，打开 PPT，切换到“视图”选项卡，在“演示文稿视图”组中，选择“大纲视图”。将光标定位在第一张幻灯片的位置，粘贴文档内容。

然后，根据我们的文本段落情况，将光标定位在需要划分为下一张幻灯片的位置，直接回车即可创建新的幻灯片。

最后，我们通过“大纲”工具栏，可以对大纲进行升级、降级、上移、下移等进一步的位置调整。接下来我们就可以根据内容，对字体、字号、字形、颜色等文本

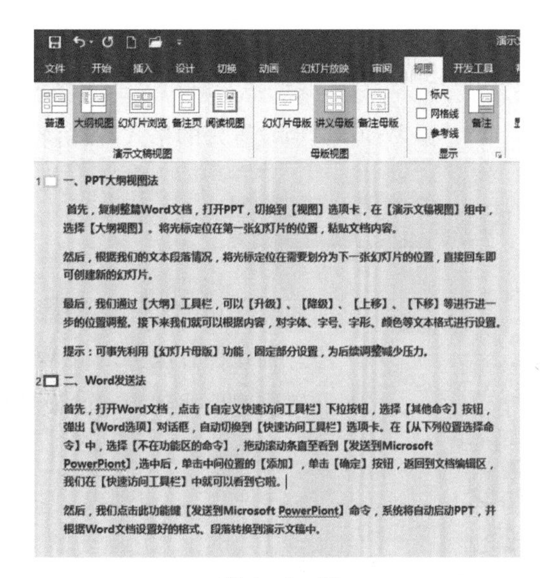

图 4－1－36

格式进行设置。

提示:可事先利用“幻灯片母版”功能,固定部分设置,为后续调整减少压力。

2. Word 发送法

首先,打开 Word 文档,点击“自定义快速访问工具栏”下拉按钮,选择“其他命令”按钮,弹出“Word 选项”对话框,自动切换到“快速访问工具栏”选项卡。在“从下列位置选择命令”中,选择“不在功能区的命令”,拖动滚动条直至看到“发送到 Microsoft PowerPoint”,选中后,单击中间位置的“添加”,单击“确定”按钮,返回到文档编辑区,我们就可以在“快速访问工具栏”中看到它啦。

图 4-1-37

然后,我们点击“发送到 Microsoft PowerPoint”命令,系统将自动启动 PPT,并根据 Word 文档设置好的格式、段落转换到演示文稿中。

思考与练习

(1) 如何使 Word 文档中的隐藏样式显示出来?

(2) 还有哪几种方法可以将 Word 文档转换为 PPT 演示文稿?

(3) 如何快速地找到指定的设计主题?

任务二
出境游报名表及出团通知书的制作

学习目标

- Excel 文本信息提取
- Excel 时间日期函数的使用
- Word 通知书的制作

任务描述

近几年来，出境游一直保持居高不下的增长态势。2017 年中国出境旅游人数达到 1.31 亿人次，出境旅游花费 1152.9 亿美元，同比增长 6.9%与 5.0%；2018 年上半年，中国公民出境旅游人数为 7131 万人次，比上年同期增长 15.0%。截至 2018 年 3 月，我国正式开展组团业务的出境旅游目的地国家(地区)达到 129 个。2017 年我国具有出境旅游业务资质的旅行社增加到 4442 家，同比增长 14.6%。

最近新新旅行社游轮日本五日游组团报名正在进行中，要求每位参团成员填写相应的《出入境旅游报名表》，业务员小吴提炼出相关信息上报旅行社，指定旅游档期及出游相关准备工作，等一切准备就绪之后发函给每位参团成员。

任务分析

(1) 业务员小吴根据每位参团成员填写的报名表制作 Excel 表格。

(2) 使用函数提取参团成员的身份信息，判别客户信息是否正确。

(3) 业务员小吴通过 Word 制作出团通知书模板，并用 Excel 报名表作为数据源，为每位参团成员制作出团通知书，并打印成书面出团通知书，发函到每个参团成员手中。

活动一
根据每位参团成员填写的报名表制作 Excel 表格

活动分析

活动方案是一份客户信息名单表格，业务员小吴利用客户已填写的信息，录入 Excel 表格中。

方法与步骤

Step1：新建表头（列标题），设置必要的数字格式

（1）新建 Excel 工作簿，并保存为“素材数据. xlsx”。

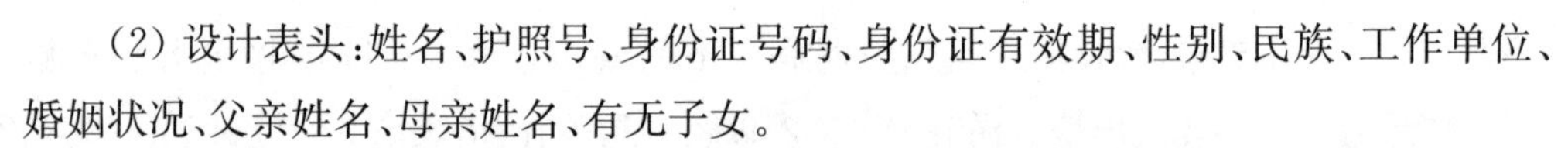

（2）设计表头：姓名、护照号、身份证号码、身份证有效期、性别、民族、工作单位、婚姻状况、父亲姓名、母亲姓名、有无子女。

（3）选中 C 列（身份证号码列），选择“开始/数字”组，将“常规”选项改成“文本”选项，使得身份证号码最后 3 位不为零（科学计数法），如图 4－2－1 所示。

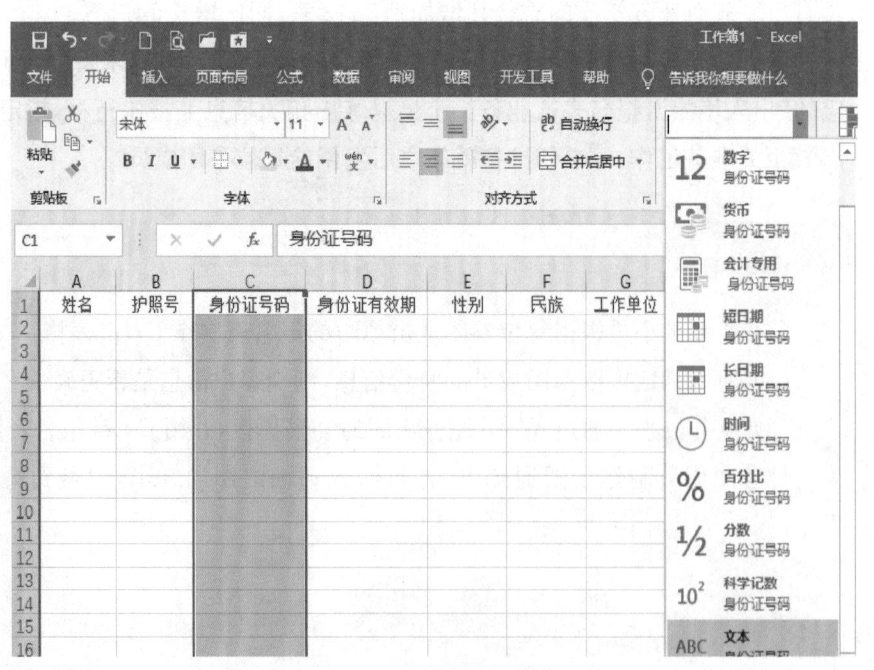

图 4－2－1　设置文本格式

Step2:设置必要的数据有效性

(1) 选中 E2:E35 区域(性别列),选择“数据/数据工具”组,点击“数据验证”下拉框下的“数据验证”命令,在“数据验证”对话框的“设置”选项卡中,“允许”里选“序列”,“来源”里输入:男,女(注意逗号使用英文字符),如图 4-2-2 所示。

图 4-2-2　性别数据有效性

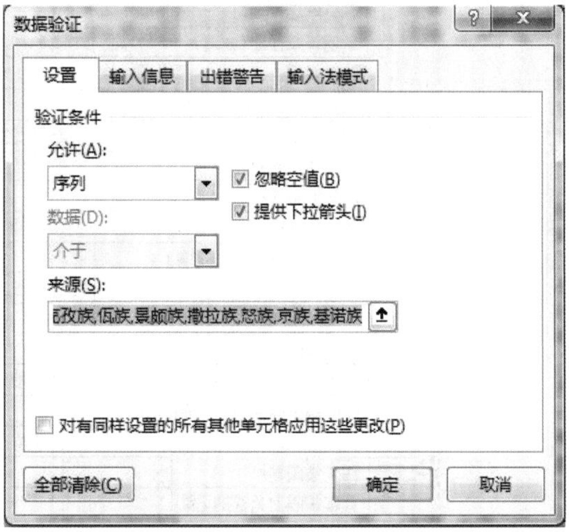

图 4-2-3　民族数据有效性

(2) 同理选中 F2:F35 区域(民族列),选择“数据/数据工具”组,点击“数据验证”下拉框下的“数据验证”命令,在“数据验证”对话框的“设置”选项卡中,“允许”里选“序列”,“来源”里输入:汉族,回族,满族,壮族,藏族,毛南族,乌孜别克族,塔塔尔族,布依族,土家族,白族,蒙古族,畲族,哈尼族,高山族,土族,仡佬族,俄罗斯族,独龙族,朝鲜族,哈萨克族,拉祜族,达斡尔族,锡伯族,鄂伦春族,鄂温克族,傣族,水族,仫佬族,阿昌族,德昂族,赫哲族,维吾尔族,侗族,黎族,东乡族,羌族,普米族,保安族,门巴族,苗族,瑶族,傈僳族,纳西族,布朗族,塔吉克族,裕固族,珞巴族,彝族,柯尔克孜族,佤族,景颇族,撒拉族,怒族,京族,基诺族等 56 个民族(注意逗号使用英文字符),如图 4-2-3 所示。

(3) 选中 H2:H35 区域(婚姻状况列),选择“数据/数据工具”组,点击“数据验证”下拉框下的“数据验证”命令,在“数据验证”对话框的“设置”选项卡中,“允许”里选“序列”,“来源”里输入:未婚,已婚(注意逗号使用英文字符)。

Step3:业务员将每位参团成员填写的报名表制作为参团成员信息汇总表

(1) 打开第一位参团成员的“出入境旅游报名表.docx”文件,如图 4-2-4 所示,将其中信息分门别类地放置到“素材数据.xlsx”中,对于性别、民族和婚姻状况用下拉框选项选择。

出入境旅游报名表

报名日期：2018 年 12 月 1 日　　报团类别：散客团　　出团日期：2019 年 1 月 1 日

为了协助您更顺利地获得您所申请的签证。请您务必认真阅读并填写以下表格，确保所填写内容真实、完整。

姓名	韩飞	婚姻状况	未婚	出生地	上海
出生日期	1994 年 12 月 26 日	身份证号码	321088199412262955	身份证有效期	20 年
护照号码	G02298401	签发日期有效期	10 年	签发地点	上海
家庭电话	021********	手机	138********	传真/E-mail	021*******
家庭详细住址（邮编）	*****路*****弄****号****室				

家庭成员

父亲姓名	韩振兴		母亲姓名	吉金柳	
配偶姓名		配偶出生日期		配偶出生地	
子女姓名		子女出生日期		子女出生地	

工作单位/学校

单位或学校名称		上海中鼎工贸有限责任公司			
单位或学校地址（邮编）					
工作职务		单位负责人姓名		单位负责人职务	
单位直线电话（必须有人接听）		月薪		单位负责人手机	
单位传真		何时开始此项工作			

出入境记录

最近五年您所去过的主要发达国家	时间	国家	时间	国家	时间	国家
此本护照上拒签的记录						

图 4-2-4　出入境旅游报名表

（2）重复步骤 1，将其他参团成员信息录制到“素材数据. xlsx”中，如图 4-2-5 所示。

姓名	护照号	身份证号码	身份证有效期	性别	民族	工作单位	婚姻状况	父亲姓名	母亲姓名	有否子女
姜怡	G02291◇1	310227199505064224	20年	女	汉族	上海众新传媒公司	已婚	姜双斌	陈晓莉	否
韩飞	G02298401	321088199412262955	20年	男	汉族	上海中鼎工贸有限责任公司	未婚	韩振兴	吉金柳	否
赵婷婷	G02305495	310230199409185366	20年	女	汉族	上海中程科技公司	已婚	赵辉	茅庆杰	否
王雨婷	G01121521	310112199504214622	20年	女	汉族	上海英码网络科技公司	未婚	王玄波	苗佳欢	否
张慧艳	G14224301	411425199312213628	20年	女	汉族	上海艺优工贸有限责任公司	已婚	张友	盛菲	否
唐天风	G01064081	310225199410090611	20年	男	汉族	上海艺优工贸有限责任公司	未婚	唐佳胜	陶佳雯	否
王铁	G01121561	320923199410026932	20年	男	汉族	上海艺优工贸有限责任公司	已婚	王思成	夏佳艳	否
吴超	G02279421	310227199509012413	20年	男	汉族	上海艺优工贸有限责任公司	已婚	吴永辉	徐双双	否
顾玮伦	G02290181	310225199409125215	20年	男	汉族	上海艺美特工贸有限责任公司	已婚	顾聪	童佳雯	否
丁莎	G02278441	31011219950712522X	20年	女	汉族	上海迅驰网络科技公司	未婚	丁艳超	郑玲丽	否
赵慧群	G01071341	310225199505195424	20年	女	汉族	上海鑫达辉科技公司	已婚	赵阳	朱美娜	否
潘俊	G02281101	310225199501115239	20年	男	汉族	上海万蓝利工贸有限责任公司	未婚	潘玮	高安	否
孙志明	G02308517	341226199502097119	20年	男	汉族	上海万邦优佳工贸有限责任公司	已婚	孙杨	黄婷	否
顾依俊	G01128211	31010619941017081X	20年	男	汉族	上海盛海世纪工贸有限责任公司	未婚	顾华丰	蒋诗卉	否
王佳豪	G01178381	310225199412220619	20年	男	汉族	上海睿意天翔工贸有限责任公司	未婚	王怡	李飞凤	否
陈圣龙	G02288041	35012519950519241X	20年	男	汉族	上海千里马工贸有限责任公司	未婚	陈佳华	刘欢	否
唐涛	G02306353	511011199503248018	20年	男	汉族	上海磐实工贸有限责任公司	已婚	唐佳伟	陆佳伟	否
陈卓琳	G02308213	350722199411201622	20年	女	汉族	上海美欧设计公司	已婚	陈勇	沈林嘉	否
张玲	G02268261	310230199504055180	20年	女	汉族	上海乐佳传媒公司	未婚	张沪皖	施磊	否
陈翔	G02254401	330682199408092012	20年	男	汉族	上海蓝色创意工贸有限责任公司	未婚	陈圣	汤洁	否
唐晨晖	G02301105	31022519950612461X	20年	男	汉族	上海蓝靛工贸有限责任公司	已婚	唐辉	陶璐怡	否
蔡云飞	G02300535	310230199502264157	20年	男	汉族	上海九州工贸有限责任公司	未婚	蔡晓东	邬宣顺	否
黄陈红	G01158321	310225199505274421	20年	女	汉族	上海嘉上传媒公司	未婚	黄严顺	许若男	否
顾佳欢	G01121331	310230199412115158	20年	男	汉族	上海环创工贸有限责任公司	已婚	顾志俊	曾晓莹	否
范佳君	G02303475	310115199507316818	20年	男	汉族	上海帝华工贸有限责任公司	已婚	范晨钦	张敏	否
姚玉龙	G07218181	310227199505174618	20年	男	汉族	上海橙逸工贸有限责任公司	未婚	姚佳杨	张怡雯	否
张瑞	G02274461	341226199402114014	20年	男	汉族	上海博鸣世纪工贸有限责任公司	已婚	张凯	赵晶晶	否

图 4-2-5　34 位参团成员信息汇总表

活动二
利用函数为每位参团成员提取称呼和出生日期

活动分析

活动方案是一份客户信息名单表格，利用录入的客户信息，提取对客户和旅行社有用的信息和数据，变得尤为重要，使用 Excel 的相关函数和数字格式来处理和解决此类问题。

方法与步骤

Step1：在“身份证号码”列后插入 2 个空列

（1）同时选中 D、E 列，选择“开始/单元格”组，点击“插入”的“插入工作表列”命令，在“身份证号码”列后插入 2 个空列，如图 4－2－6 所示。

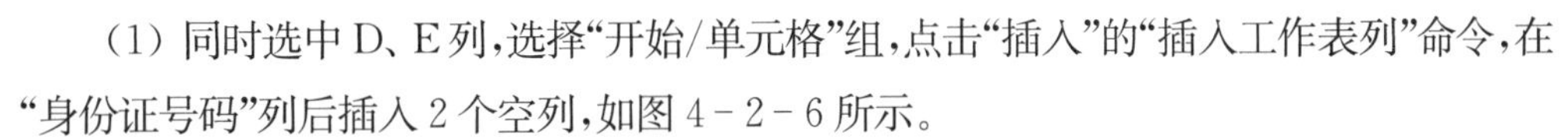

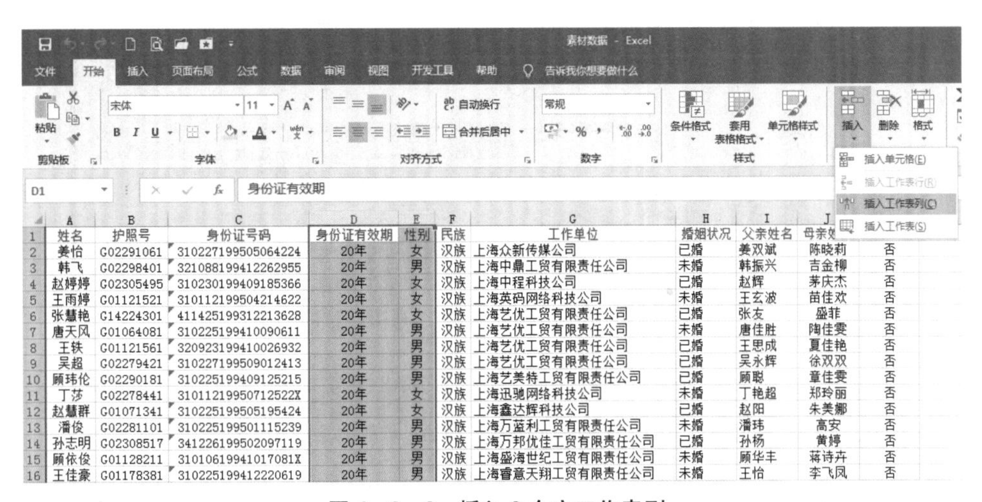

	A	B	C	D	E	F	G	H	I	J	
1	姓名	护照号	身份证号码	身份证有效期	性别	民族	工作单位	婚姻状况	父亲姓名	母亲姓	
2	姜怡	G02291061	310227199505064224	20年	女	汉族	上海众新传媒公司	已婚	姜双斌	陈晓莉	否
3	韩飞	G02298401	321088199412262955	20年	男	汉族	上海中鼎工贸有限责任公司	未婚	韩振兴	吉金柳	否
4	赵婷婷	G02305495	310230199409185366	20年	女	汉族	上海中程科技公司	已婚	赵辉	茅庆杰	否
5	王雨婷	G01121521	310112199504214622	20年	女	汉族	上海英码网络科技公司	未婚	王玄波	苗佳欢	否
6	张慧艳	G14224301	411425199312213628	20年	女	汉族	上海艺优工贸有限责任公司	已婚	张友	盛菲	否
7	唐天风	G01064081	310225199410090611	20年	男	汉族	上海艺优工贸有限责任公司	未婚	唐佳胜	陶佳雯	否
8	王铁	G01121561	320923199410026932	20年	男	汉族	上海艺优工贸有限责任公司	已婚	王思成	夏佳艳	否
9	吴超	G02279421	310227199509012413	20年	男	汉族	上海艺优工贸有限责任公司	已婚	吴永辉	徐双双	否
10	顾玮伦	G02290181	310225199409125215	20年	男	汉族	上海艺美特工贸有限责任公司	已婚	顾聪	章佳雯	否
11	丁莎	G02278441	31011219950712522X	20年	女	汉族	上海迅驰网络科技公司	未婚	丁艳超	郑玲丽	否
12	赵慧群	G01071341	310225199505195424	20年	女	汉族	上海鑫达辉科技公司	已婚	赵阳	朱美娜	否
13	潘俊	G02281101	310225199501115239	20年	男	汉族	上海万蓝利工贸有限责任公司	未婚	潘玮	高安	否
14	孙志明	G02308517	341226199502097119	20年	男	汉族	上海万邦优佳工贸有限责任公司	已婚	孙杨	黄婷	否
15	顾依俊	G01128211	31010619941017081X	20年	男	汉族	上海盛海世纪工贸有限责任公司	未婚	顾华丰	蒋诗卉	否
16	王佳豪	G01178381	310225199412220619	20年	男	汉族	上海睿意天翔工贸有限责任公司	未婚	王怡	李飞凤	否

图 4－2－6　插入 2 个空工作表列

（2）分别在第一行的空单元格 D1、E1 内输入：称呼、出生日期。

（3）同时选中 D、E 列，选择“开始/数字”组，将“文本”选项改成“常规”选项。

Step2：根据性别、婚姻状况提取称呼信息(IF 函数嵌套)

（1）选择单元格 D2，点击编辑栏左侧的 f_x 按钮，弹出“插入函数”对话框，在“选择函数”列表中选择“IF”函数，如图 4－2－7 所示。

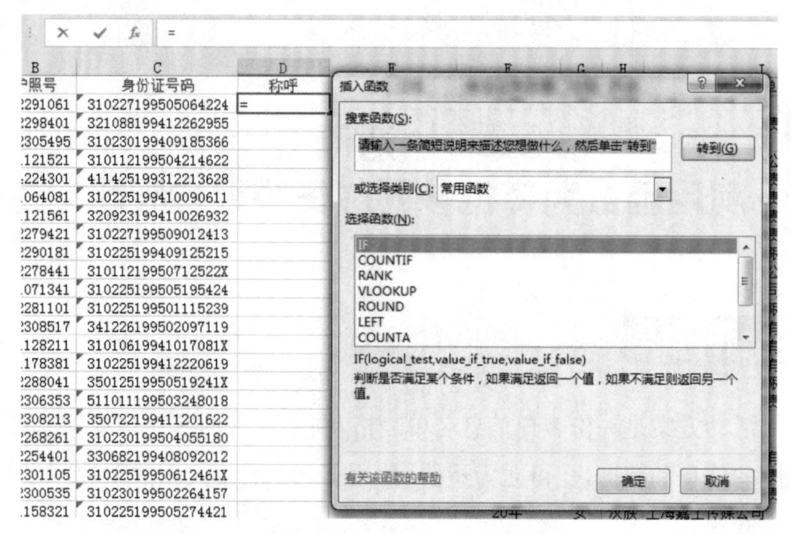

图 4-2-7　选择 IF 函数

（2）单击“确定”按钮，在“函数参数”对话框的前 2 个文本框中分别输入：G2＝"男"、"先生"，光标停留在第 3 个文本框中，选择编辑栏最左边的名称框中的“IF”函数，如图 4-2-8 所示。

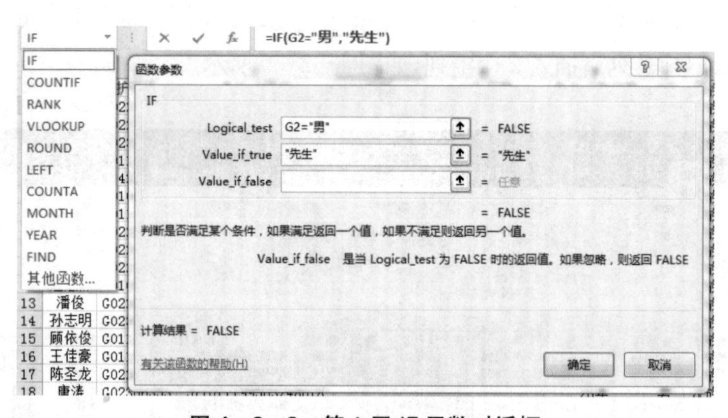

图 4-2-8　第 1 层 IF 函数对话框

（3）在弹出第 2 层“函数参数”对话框的 3 个文本框中分别输入：J2＝"已婚"、"女士"、"小姐"，如图 4-2-9 所示，单击“确定”按钮，称呼计算完成。

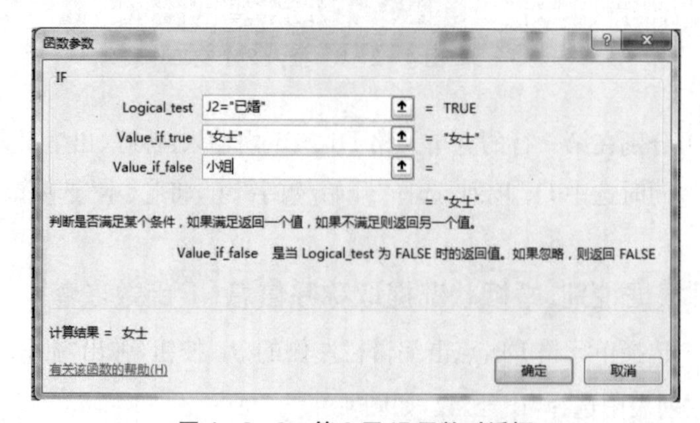

图 4-2-9　第 2 层 IF 函数对话框

（4）利用填充方式，用鼠标拖曳复制“称呼”公式至最后一个参团成员。

Step3：根据身份证号码提取出生日期信息（DATE 函数与 MID 函数组合）

（1）点击单元格 E2，选择“公式/函数库”组，点击“日期和时间”下拉框下的“DATE”函数，如图 4－2－10 所示。

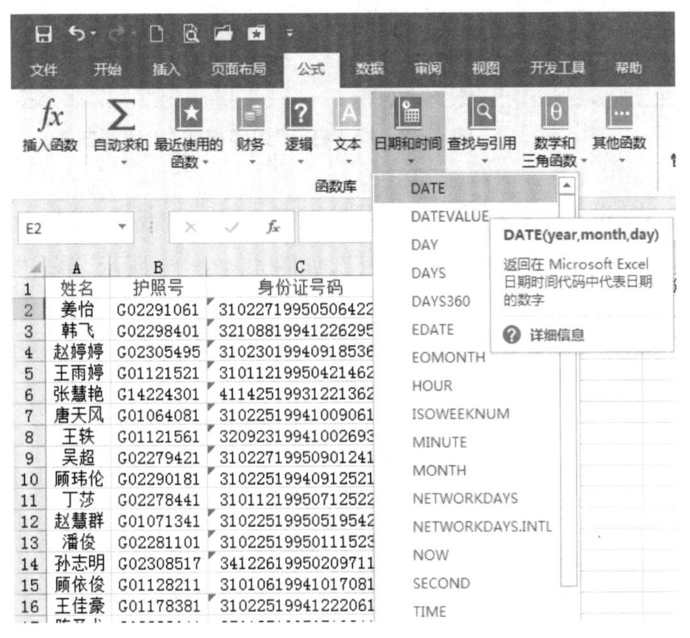

图 4－2－10　选择 DATE 函数

（2）在“函数参数”对话框的年（Year）、月（Month）、日（Day）3 个文本框中输入：MID(C2,7,4)、MID(C2,11,2)、MID(C2,13,2)，如图 4－2－11 所示，单击“确定”按钮，出生日期计算完成。

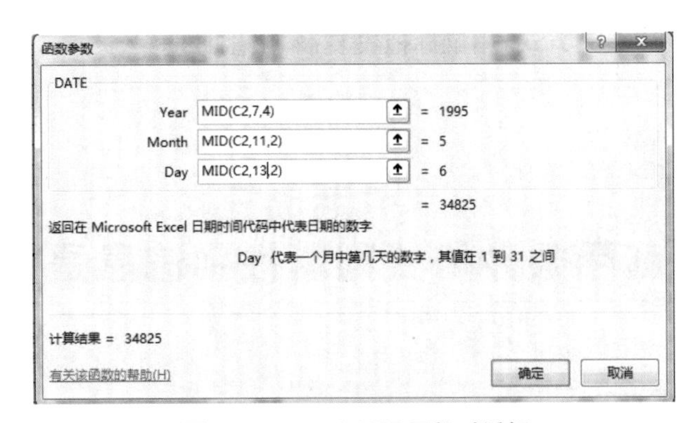

图 4－2－11　DATE 函数对话框

（3）选中 E2 单元格，选择“开始/数字”组，点击该组右下角的“数字格式”对话框按钮，如图 4－2－12 所示。

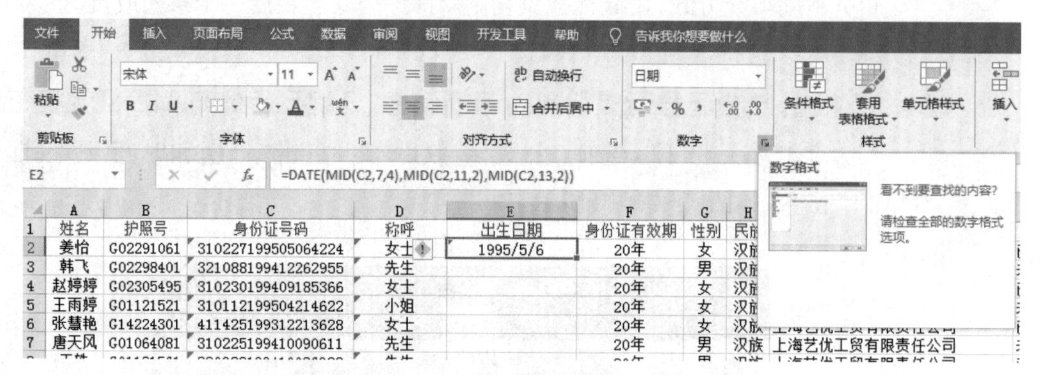

图 4-2-12　打开“数字格式”对话框方法

(4) 在“设置单元格格式”对话框的“数字”选项卡中,选择“日期”分类的“2012 年 3 月 14 日”或“ * 2012 年 3 月 14 日”,如图 4-2-13 所示,单击“确定”按钮。

图 4-2-13　日期格式变更

(5) 利用填充方式,用鼠标拖曳复制“出生日期”公式至最后一个参团成员。

活动三
利用条件格式判断性别信息是否正确

活动分析

客户信息正确与否,直接关系到客户能否成行,帮助客户核实信息,是旅行社应尽的义务和责任,其中性别信息正确也是至关重要的。

方法与步骤

Step1:为性别设置条件格式

(1) 选中 G2:G35 区域(性别列),选择“开始/样式”组,点击“条件格式”下拉框下的“新建规则”命令,如图 4-2-14 所示。

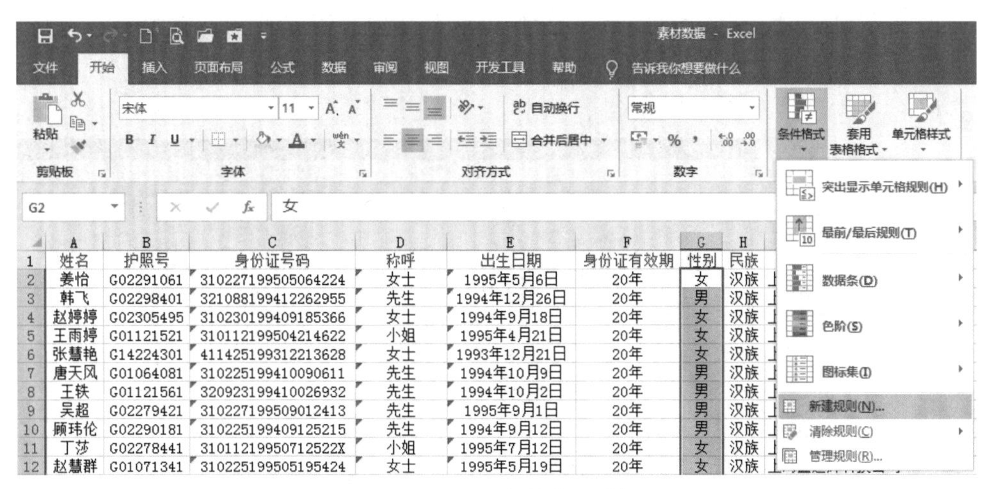

图 4-2-14　条件格式选择

(2) 在“编辑格式规则”对话框中,在“选择规则类型”里选择“使用公式确定要设置格式的单元格”,在“为符合此公式的值设置格式”下的文本框中输入条件公式:=NOT(IF(MOD(MID(C2,17,1),2)=0,"女","男"))=G2,如图 4-2-15 所示。

注意:用 MID 函数从身份证号码的第 17 位处提取性别编号,再用 MOD 函数通过求余数的方法取得余数 0 或 1,接下来用 IF 函数转换为男或女,然后用 NOT 函数(反之函数)判断。

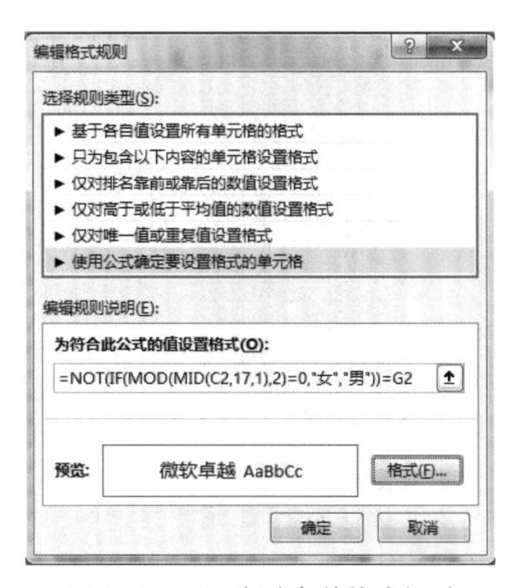

图 4-2-15　新建条件格式规则

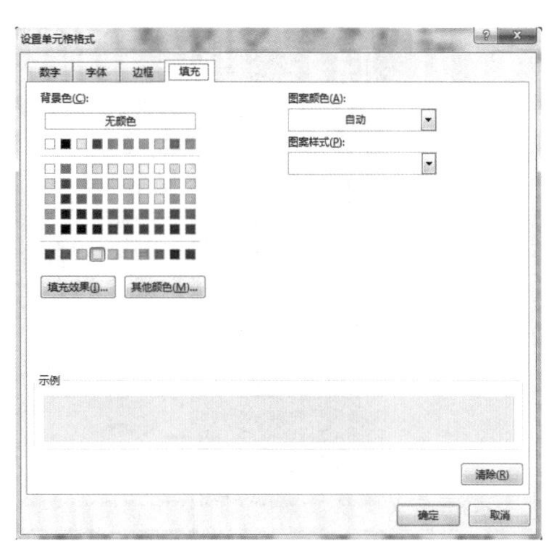

图 4-2-16　设置黄色底纹

（3）点击“格式”按钮，在弹出“设置单元格格式”对话框中，选择“填充”选项卡中“背景色”为：黄色（标准色），如图 4－2－16 所示，单击“确定”按钮。

（4）回到“新建格式规则”对话框，再次单击“确定”按钮，从显示未变色结果可判断出客户信息准确无误，可以使用。

Step2：设置表格格式

（1）点击表格内的任意一个单元格，使用组合键 Ctrl＋A，选中整个表格，选择“开始/单元格”组，点击“格式”下拉框下的“自动调整列宽”命令，如图 4－2－17 所示。

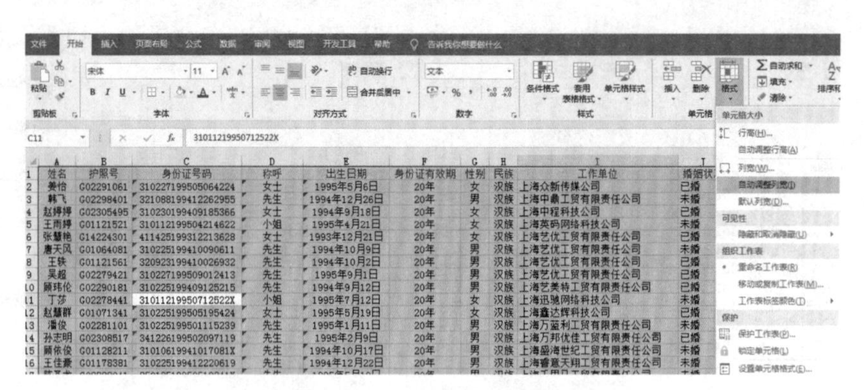

图 4－2－17　设置最合适的列宽

（2）选择“开始/字体”组，点击“边框”下拉框下的“所有框线”命令，如图 4－2－18 所示。

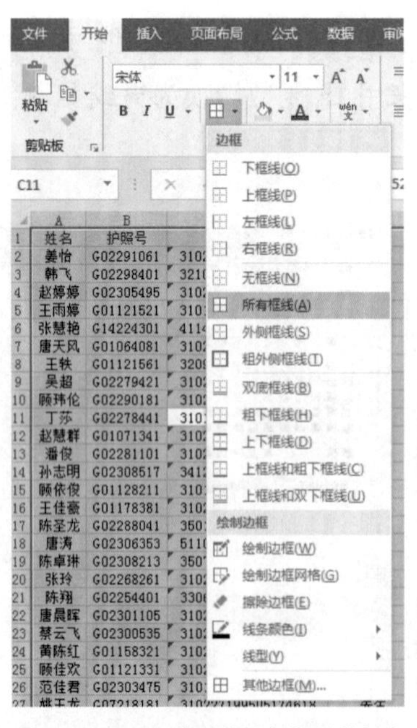

图 4－2－18　找到“所有框线”命令

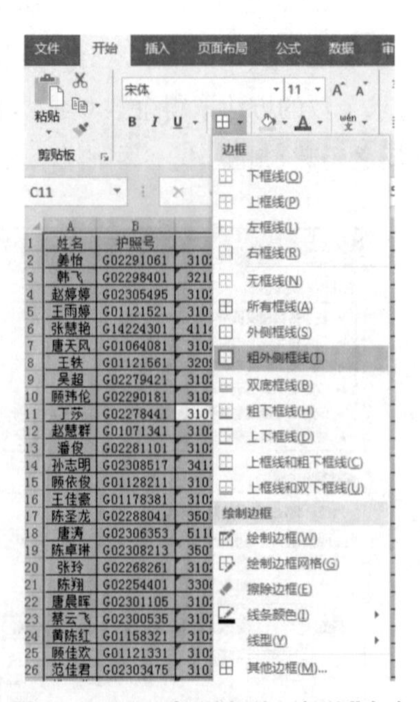

图 4－2－19　找到“粗外侧框线”命令

(3) 继续在“边框” 下拉框下的“粗外侧框线”命令，如图 4-2-19 所示，设置表格外粗内细的框线效果。

(4) 选择“开始/对齐方式”组，分别点击“居中”按钮、“垂直居中”按钮，如图 4-2-20 所示。

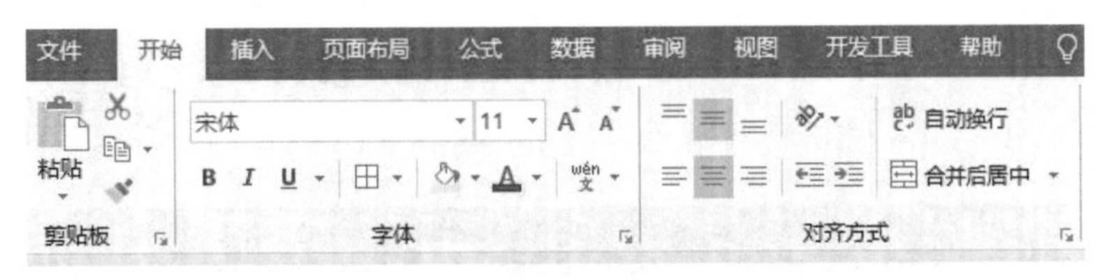

图 4-2-20　设置表格内容水平、垂直居中

(5) 点击标题栏左侧“自定义快速访问工具栏”的“保存” 按钮，保存原文档。

(6) 关闭该文档。

活动四
制作出团通知书信函

活动分析

日本游轮旅游团出行在即，旅行社要提前 10 天发函通知给每位参团成员，让他们尽早做好相应准备。业务员小吴使用客户的“素材数据. xlsx”中的客户信息，在“日本游轮出行通知书. docx”基础上制作出行通知书信函模板，采用 Word 的邮件合并功能会很方便地快速制作信函。

方法与步骤

Step1:插入标题艺术字

(1) 打开“日本游轮出行通知书. docx”文件，自左边文本选定区选中标题：出行通知书，选择“插入/文本”组，点击“艺术字”下拉框下的“填充：红色，主题色 2，边框：红色，主题色 2”艺术字样式，如图 4-2-21 所示。

(2) 选择“绘图工具/格式/排列”组，点击“环绕文字”下拉框下的“上下型环绕”命令，如图 4-2-22 所示。

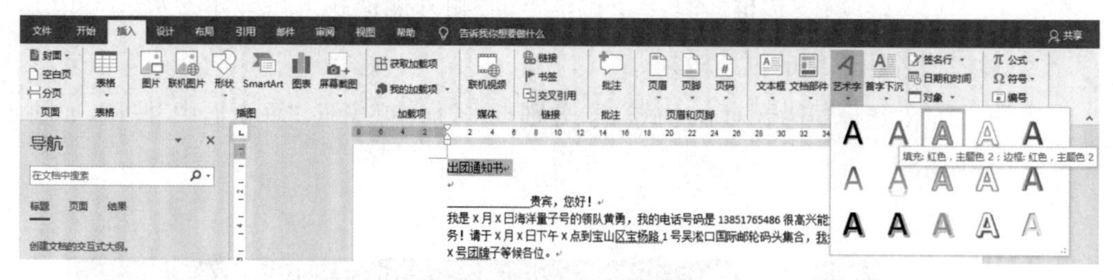

图 4－2－21　插入艺术字

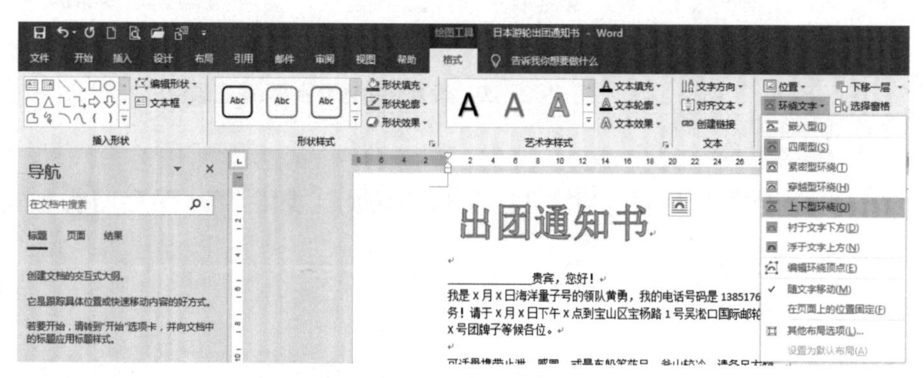

图 4－2－22　艺术字的上下型环绕

（3）点击“对齐”下拉框下的“水平居中(C)”命令，如图 4－2－23 所示。

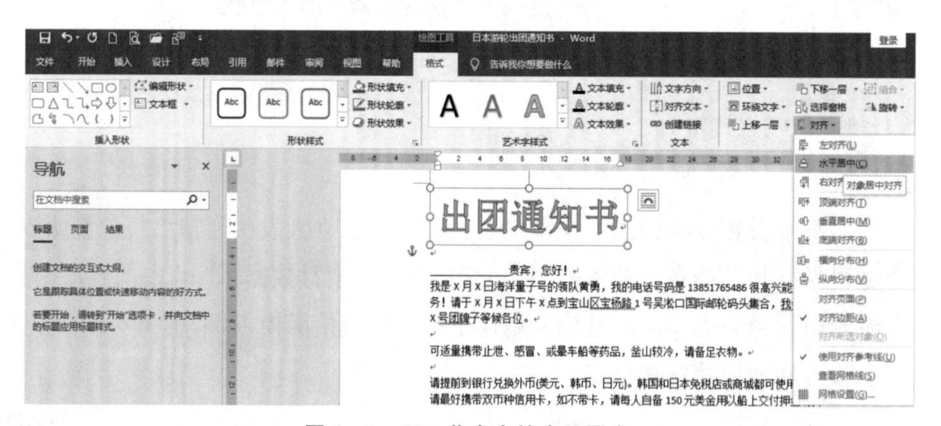

图 4－2－23　艺术字的水平居中

Step2：设置正文格式

（1）自左边文本选定区用鼠标拖曳方法选中正文，选择“开始/字体”组，设置字体为华文细黑、小四号。

（2）选择“开始/段落”组，点击该组右下角的“段落设置”对话框，如图 4－2－24 所示。

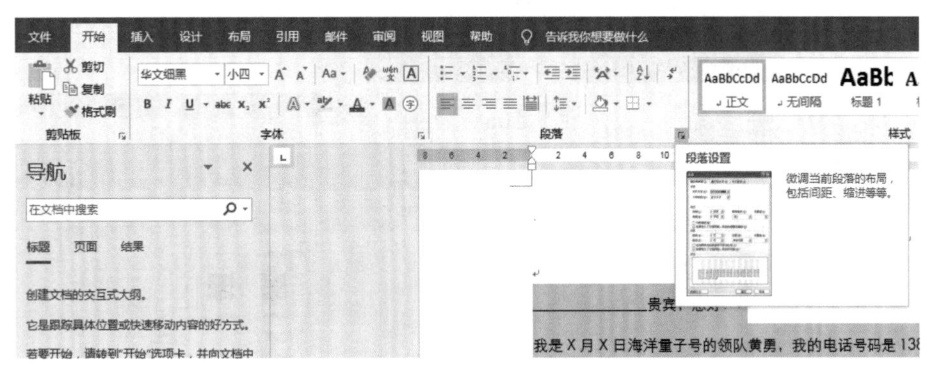

图 4-2-24　打开“段落设置”对话框方法

（3）在“段落”对话框中，在“缩进和间距”选项卡中设置“对齐方式”：两端对齐，“缩进”的“特殊”：首行、缩进值：2 字符，如图 4-2-25 所示。

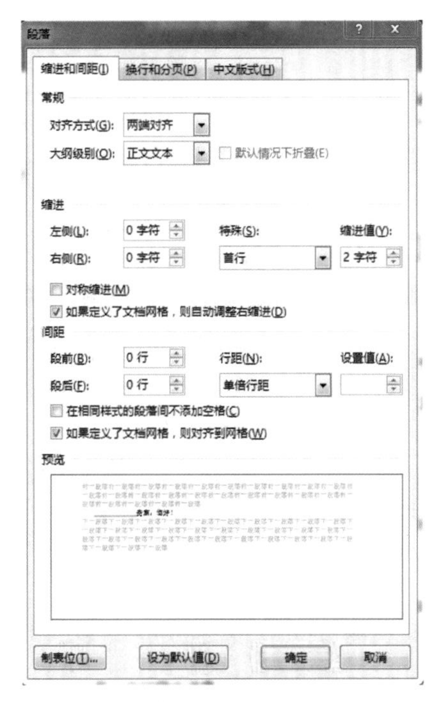

图 4-2-25　“段落”设置

Step3：设置页边距和页面背景

（1）选择“布局/页面设置”组，点击“页边距”下拉框下的“自定义页边距”命令，如图 4-2-26 所示。

（2）在“页面设置”对话框中，设置上下页边距为 2 厘米，左右页边距为 2.5 厘米，如图 4-2-27 所示，单击“确定”按钮。

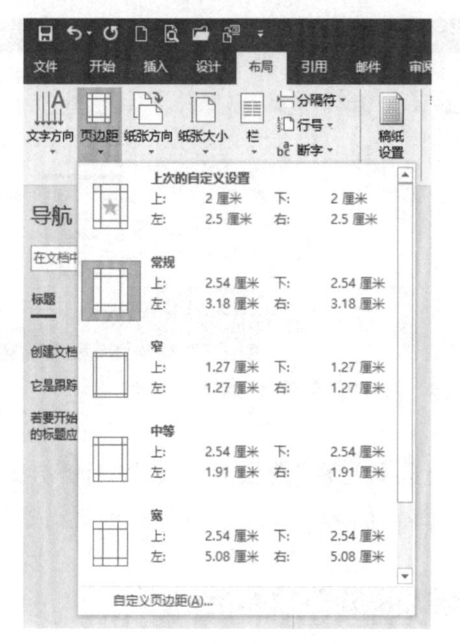

图 4-2-26　找到“页边距”方法

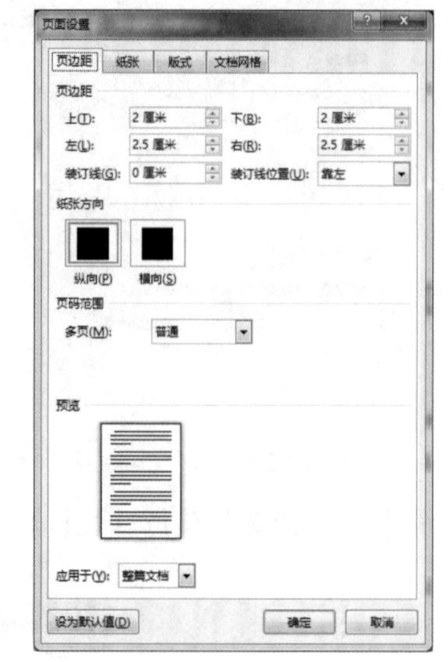

图 4-2-27　“页边距”设置

(3) 选择“设计/页面背景”组,点击“页面颜色”下拉框下的“橙色,个性色 6,淡色 60%”背景色,如图 4-2-28 所示。

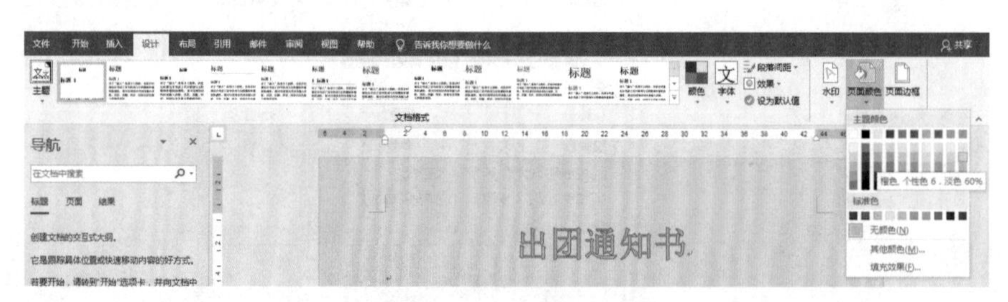

图 4-2-28　设置页面背景

(4) 点击标题栏左侧“自定义快速访问工具栏”的“保存”按钮,保存原文档。

Step4:制作信函

(1) 选择“邮件/开始邮件合并”组,点击“开始邮件合并”下拉框下的“信函”命令,如图 4-2-29 所示。

(2) 点击“选择收件人”下拉框下的“使用现有列表”命令,如图 4-2-30 所示。

(3) 在“选择数据源”对话框中,选择数据源“素材数据.xlsx”文件,如图 4-2-31 所示。

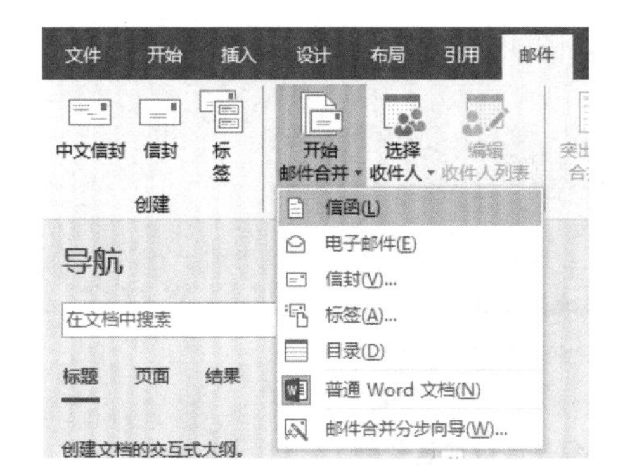

图 4-2-29 选择信函

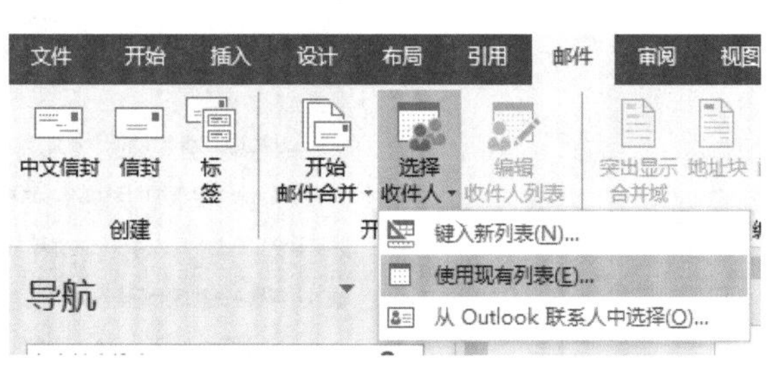

图 4-2-30 选择数据源方法

图 4-2-31 选择“素材数据.xlsx”表格

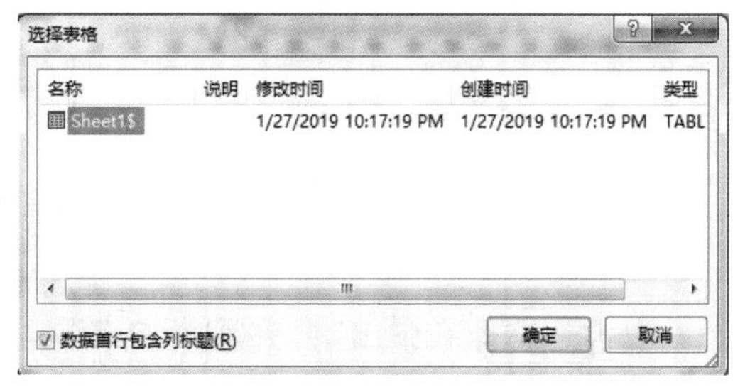

图 4-2-32 指定数据源在“Sheet1”工作表中

(4) 在弹出的“选择表格”对话框中，选择“Sheet1”工作表，如图 4-2-32 所示，单击“确定”按钮。

(5) 点击贵宾前位置，选择“邮件/编写与插入域”组，点击“插入合并域”下拉框下的“姓名”选项，如图 4-2-33 所示。

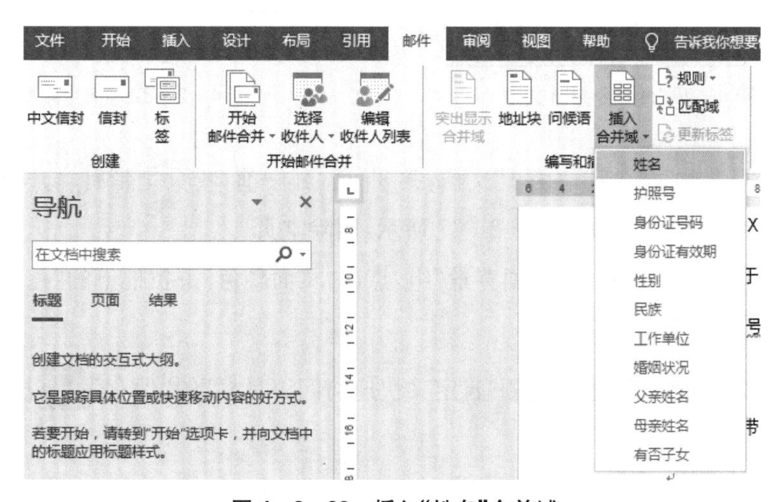

图 4-2-33 插入“姓名”合并域

(6)“姓名”合并域被放置到该文档中，如图 4-2-34 所示。

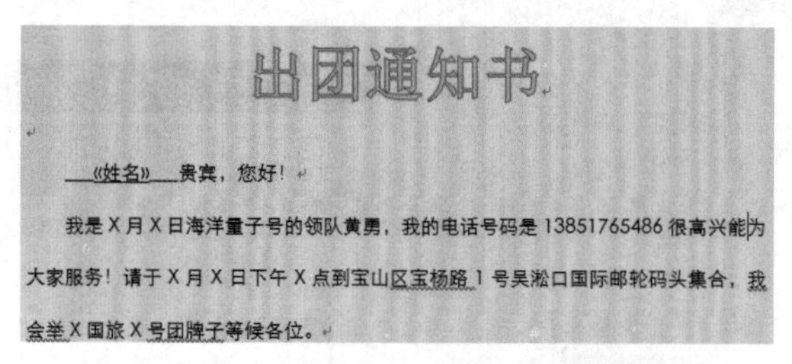

图 4-2-34 “姓名”合并域被放置效果

(7) 选择“邮件/完成”组，点击“完成并合并”下拉框下的“编辑单个文档”命令，如图 4-2-35 所示。

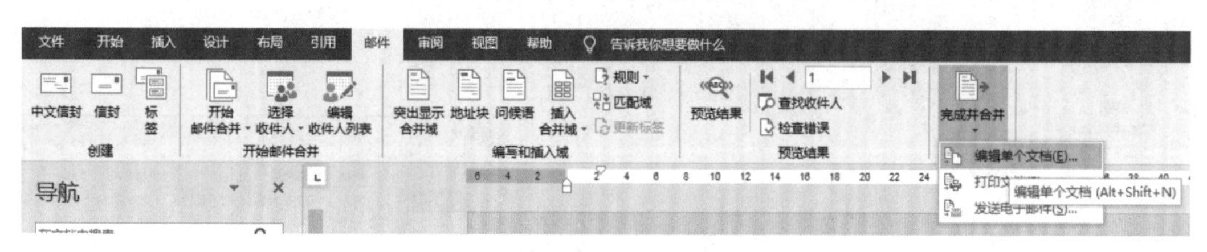

图 4-2-35 找到合并新文档方法

(8) 在弹出“合并到新文档”对话框中，直接单击“确定”按钮，如图 4-2-36 所示。

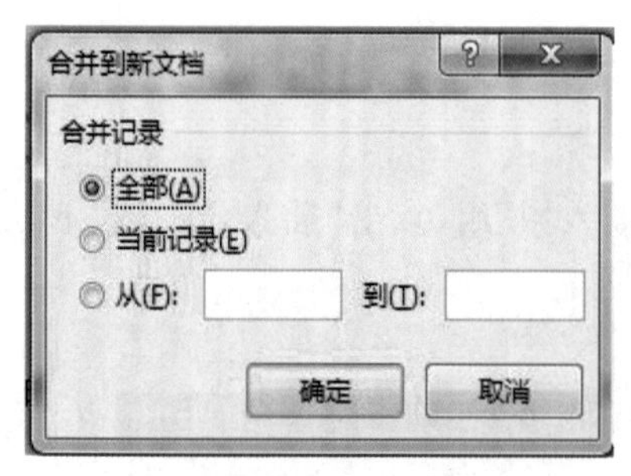

图 4-2-36 合并新文档

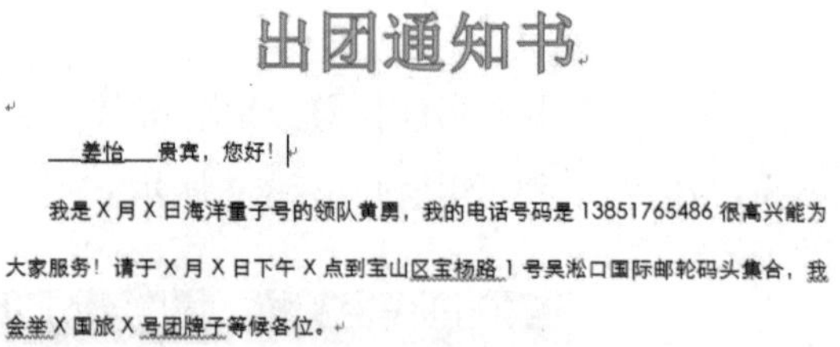

出团通知书

姜怡 贵宾，您好！

我是X月X日海洋量子号的领队黄勇，我的电话号码是 13851765486 很高兴能为大家服务！请于X月X日下午X点到宝山区宝杨路1号吴淞口国际邮轮码头集合，我会举X国旅X号团牌子等候各位。

图 4-2-37 产生新信函

(9) 此时生成“信函 1”文档，共 35 页，其中前 34 页是带有客户姓名的通知书，而最后一页是空页，如图 4-2-37 所示，删除空页。

(10) 选择“设计/页面背景”组，点击“页面颜色”下拉框下的“橙色，个性色 6，淡色 60%”背景色。

(11) 点击标题栏左侧“自定义快速访问工具栏”的“保存” 按钮，保存为“出团通知书.docx”。

(12) 关闭该文档。

（13）不保存关闭“日本游轮出行通知书.docx”。

知识链接

“邮件合并”是 Word 的一项高级功能，是办公自动化人员应该掌握的基本技术之一。但通常对“邮件合并”的介绍都很简单，合并打印出的邮件并不能完全令人满意。现有几个邮件合并技巧，能帮你提高办公效率。

1. 用一页纸打印多个邮件

利用 Word“邮件合并”可以批量处理和打印邮件。很多情况下我们的邮件很短，只占几行的空间。可以先将数据和文档合并到新建文档，再把新建文档中的分节符(^b)全部替换成人工换行符(^l)。具体做法是利用 Word 的查找和替换命令，在查找和替换对话框的“查找内容”框内输入“^b”，在“替换为”框内输入“^l”，单击“全部替换”，此后打印就可在一页纸上印出多个邮件来。

2. 共享各种数据源

邮件合并除可以使用由 Word 创建的数据源之外，可以利用的数据非常多，像 Excel 工作簿、Access 数据库、Query 文件、FoxPro 文件内容都可以作为邮件合并的数据源。只要有这些文件存在，邮件合并时就不需要再创建新的数据源，直接打开这些数据源使用即可。需要注意的是：在使用 Excel 工作簿时，必须保证数据文件是数据库格式，即第一行必须是字段名，数据行中间不能有空行等。这样可以使不同的数据共享，避免重复劳动，提高办公效率。

3. 筛选与排序

用邮件合并帮助器中的“查询选项”，可以筛选记录有选择地进行合并，也可以在合并的同时对记录进行某种排序。工作时记住它们，可以提高你的办公效率。

思考与练习

（1）从身份证号码提取出生日期除了可以用 DATE 函数外，请举出其他实现方法。

（2）计算年龄的最好方法是什么？

（3）如何计算已婚和未婚比例、男女比例？

任务三
新新旅行社季度业务总结

学习目标

- Excel 分类业务统计
- 按产品分类、行业分类创建 Excel 分析图表
- 根据 Excel 图表制作业务汇报 PPT
- PPT 图文排版

任务描述

中国国旅股份有限公司是一家旅行社业务种类最为齐全的大型综合旅行社运营商，是集旅游服务及旅游商品相关项目的投资与管理，旅游服务配套设施的开发、改造与经营，旅游产业研究与咨询服务为一体的大型股份制企业，公司主要从事旅行社业务和免税业务，其中旅行社业务主要包括入境游、出境游、国内游、票务代理和签证等传统业务以及旅游电子商务、商务会奖旅游、海洋游船、旅行救援等新兴业务和专项旅游业务；免税业务主要包括烟酒、香化等免税商品的批发、零售、品牌代理等业务。

2017 年是公司谋划未来、崭新启航的一年，也是深化企业战略、实施"十三五"规划的重要一年，公司在旅游服务业务、商品销售业务、旅游投资业务上进行了投资，并有了相应的回报，为了让大家了解公司情况，通过其公布的主营业务报表分析，展现公司良性循环的经营状态。

任务分析

(1) 利用公布的 2017 年主营业务报表，对表格进行适当地计算和分析。

(2) 根据处理过的数据，制作有商业价值、说服力的分析图表。

(3) 根据数据表格和图表，以及提供的分析报告，制作公司宣传 PPT 演示文稿。

活动一
设计 2017 年上下半年主营业务表格

活动分析

活动方案是一份现成可利用的 Word 文档，通过它可以设计一份公司主营业务表格。

方法与步骤

Step1：将 Word 文档中文本转换为表格

（1）打开“中国国旅主营构成分析.docx”，自左边文本选定区用鼠标拖曳方法选中“2017 年上半年主营业务”下的 11 行文本内容，如图 4-3-1 所示。

2017 年上半年主营业务
业务名称 营业收入(元) 收入比例 营业成本(元) 成本比例 利润比例 毛利率
按行业
商品销售业 69.53 亿 56.25% 39.31 亿 44.62% 85.12% 43.47%
旅游服务业 54.08 亿 43.75% 48.79 亿 55.38% 14.88% 9.77%
按产品
免税商品销售 66.04 亿 53.43% 36.69 亿 41.64% 82.68% 44.45%
出境游 27.19 亿 22.00% 25.60 亿 29.06% 4.49% 5.86%
国内游 13.33 亿 10.79% 12.43 亿 14.11% 2.53% 6.73%
境外签证 4.81 亿 3.89% 3.68 亿 4.18% 3.18% 23.48%
商旅服务 4.78 亿 3.87% 3.55 亿 4.03% 3.48% 25.86%
有税商品销售 3.49 亿 2.82% 2.62 亿 2.98% 2.44% 24.86%
入境游 2.94 亿 2.38% 2.56 亿 2.90% 1.09% 13.14%
其他业务 1.01 亿 0.82% 9751.32 万 1.11% 0.11% 3.84%

图 4-3-1 选择“2017 年上半年主营业务”的文本内容

图 4-3-2 插入表格

（2）选择“插入/表格”组，点击“表格”下拉框下的“插入表格”命令，将“2017 年上半年主营业务”转换为表格，如图 4-3-2 所示。

（3）文本已经转换为 13 行 8 列表格，如图 4-3-3 所示。

（4）选中表格最后 1 列（空列），选择“布局/行和列”组，点击“删除”下拉框下的“删除列”命令，如图 4-3-4 所示。

2017年上半年主营业务

业务名称	营业收入(元)	收入比例	营业成本(元)	成本比例	利润比例	毛利率	
按行业							
商品销售业	69.53亿	56.25%	39.31亿	44.62%	85.12%	43.47%	
旅游服务业	54.08亿	43.75%	48.79亿	55.38%	14.88%	9.77%	
按产品							
免税商品销售	66.04亿	53.43%	36.69亿	41.64%	82.68%	44.45%	
出境游	27.19亿	22.00%	25.60亿	29.06%	4.49%	5.86%	
国内游	13.33亿	10.79%	12.43亿	14.11%	2.53%	6.73%	
境外签证	4.81亿	3.89%	3.68亿	4.18%	3.18%	23.48%	
商旅服务	4.78亿	3.87%	3.55亿	4.03%	3.48%	25.86%	
有税商品销售	3.49亿	2.82%	2.62亿	2.98%	2.44%	24.86%	
入境游	2.94亿	2.38%	2.56亿	2.90%	1.09%	13.14%	
其他业务	1.01亿	0.82%	9751.32万	1.11%	0.11%	3.84%	

图4-3-3　表格效果

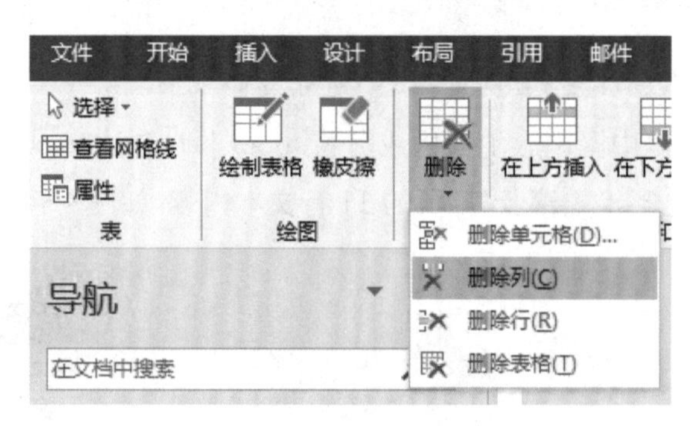

图4-3-4　删除空列

（5）同理自左边文本选定区用鼠标拖曳方法选中“2017年主营业务”下的13行文本，重复步骤(2)—(4)的操作，将“2017年主营业务”转换为表格。

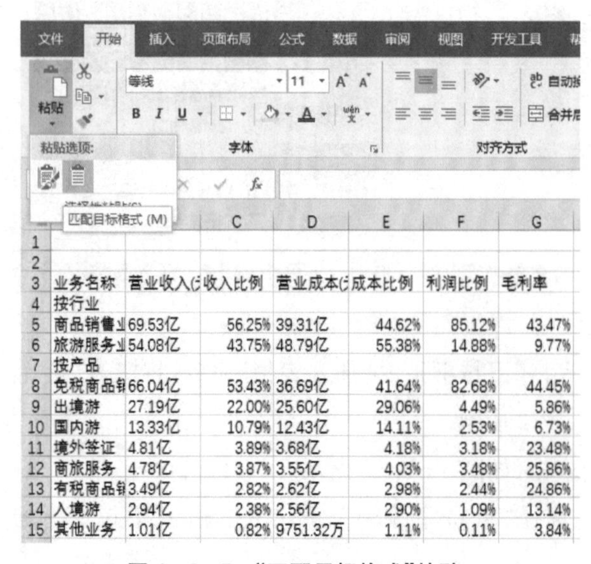

图4-3-5　“匹配目标格式”粘贴

Step2:设计Excel主营业务表格

（1）新建Excel表格，并保存为“2017年主营业务表.xlsx”。

（2）切换到Word文档窗口，选中“2017年主营业务”表，选择“开始/剪贴板”组，点击“复制”按钮。

（3）切换到Excel工作簿窗口，点击单元格A3，选择“开始/剪贴板”组，点击“粘贴”下拉框下的“匹配目标格式”按钮，将“2017年主营业务”表格粘贴到Excel中，如图4-3-5所示。

(4) 切换到 Word 文档窗口，选中“2017 年上半年主营业务”表，选择“开始/剪贴板”组，点击“复制”按钮。

(5) 切换到 Excel 工作簿窗口，点击单元格 H3，选择“开始/剪贴板”组，点击“粘贴”下拉框下的“匹配目标格式”按钮，将“2017 年上半年主营业务”表格粘贴到 Excel 中。

(6) 删除多余列，用 Ctrl 键同时选中 C 列、E：H 列、J 列、L：N 列，选择“开始/单元格”组，点击“删除”下拉框下的“删除工作表列”命令，删除无用多余的列，如图 4-3-6 所示。

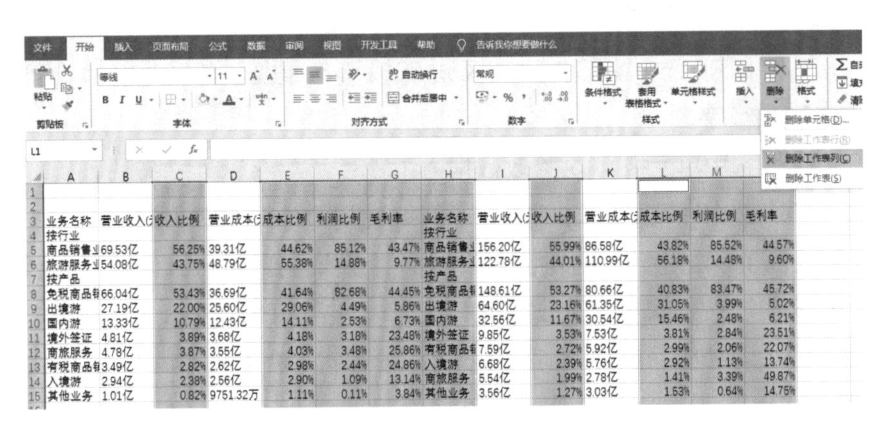

图 4-3-6　删除空列

(7) 同时选中 D 列、E 列，选择“开始/单元格”组，点击“插入”下拉框下的“插入工作表列”命令，如图 4-3-7 所示，在 E 列后插入 2 个空列。

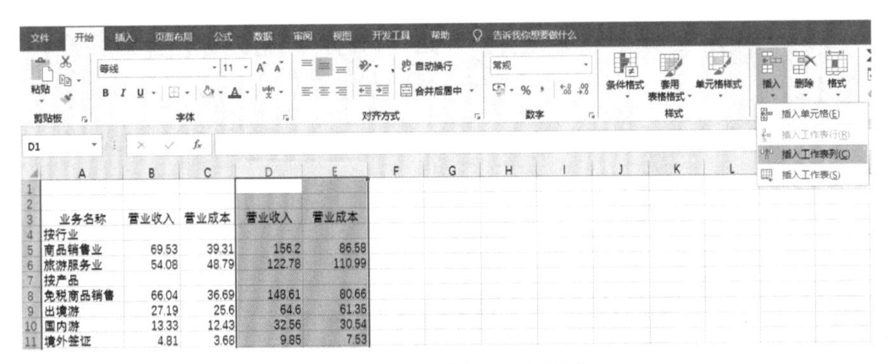

图 4-3-7　插入 2 个空列

(8) 分别选中单元格 B3、C3，在单元格内容前添加“2017 上半年”。

(9) 分别选中单元格 F3、G3，在单元格内容前添加“2017”。

(10) 分别在单元格 D3、E3，输入“2017 下半年营业收入”、“2017 下半年营业成本”列标题。

Step3:表格设计

(1) 选中区域 A3:G3,选择“开始/对齐方式”组,分别点击“自动换行”、“居中”按钮。

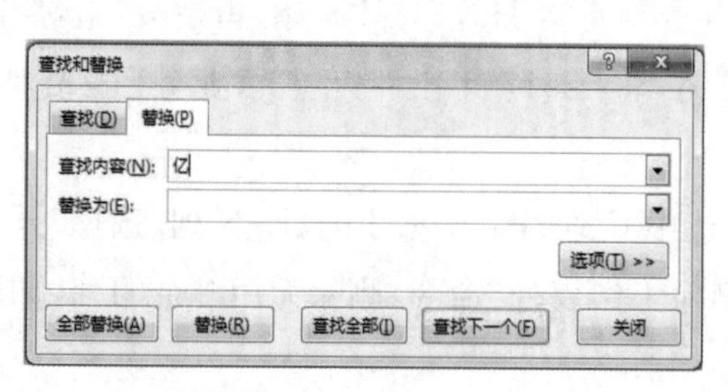

图 4-3-8 删除“亿”

(2) 选中区域 B5:E14,选择“开始/编辑”组,点击“替换”按钮。

(3) 在弹出“查找和替换”对话框中,“查找内容”输入:亿,“替换为”为空,点击“全部替换”按钮,删除选中数据中所有的“亿”字,如图 4-3-8 所示,点击“关闭”按钮。

(4) 同理,选中单元格 B15、区域 D15:E15,重复步骤(2)—(3),删除选中数据中所有的“亿”字。

(5) 选中单元格 C15,修改数据为:0.98。

(6) 选中区域 B3:E3,选择“开始/编辑”组,点击“替换”按钮。

(7) 在弹出“查找和替换”对话框中,“查找内容”输入:(元),“替换为”为空,点击“全部替换”按钮,删除列标题中的“(元)”,点击“关闭”按钮。

(8) 同时选中 B:G 列,选择“开始”选项卡/“单元格”组,点击“格式”下拉框下的“列宽”命令,设置这几列列宽为 10 磅。

(9) 在第 3 行设置适当行高,选中第 3 行,选择“开始/单元格”组,点击“格式”下拉框下的“自动调整行高”按钮。

(10) 选中单元格 A1,输入:2017 年主营业务情况表,选择“开始/字体”组,设置字体为黑体、16 磅。

(11) 选中区域 A1:G1,选择“开始/对齐方式”组,点击“合并后居中”按钮,使标题居中。

(12) 选中单元格 G2,输入:单位:亿元,选择“开始/对齐方式”组,点击“右对齐”按钮,使副标题处在表格上方的右边。

活动二
表格计算统计和格式设置

活动分析

活动方案是利用已设计好的公司主营业务表格,完善表格中有用数据,并制作出有参考价值的分析图表。

方法与步骤

Step1:计算下半年的营业收入与营业成本

(1) 计算下半年按行业、按产品的营业收入,选中单元格 D5,输入公式:=F5-B5,利用填充方式复制公式至 D15(注意跳过 D7)。

(2) 计算下半年按行业、按产品的营业成本,选中单元格 E5,输入公式:=H5-C5,利用填充方式复制公式至 E15(注意跳过 E7)。

Step2:计算上半年、下半年及全年的营业收入与营业成本

(1) 在“按产品”行上方添加一空行(放置按行业总计行),选中第 7 行,选择“开始/单元格”组,点击“插入”下拉框下的“插入工作表行”命令。

(2) 选中按行业总计行的单元格 A7,输入:行业总计,选中按产品总计行的单元格 A17,输入:产品总计。

(3) 计算上半年各行业的总营业收入,选中单元格 B7,选择“开始/编辑”组,点击“自动求和”按钮,选中区域 B5:B6,按回车键。

(4) 计算上半年各行业的总营业成本、下半年及全年各行业的总营业收入和总营业成本,选中单元格 B7,利用填充方式,用鼠标拖曳复制公式至 G7。

(5) 同理,在区域 B17:G17,重复步骤(3)—(4),计算上半年和下半年及全年各产品的总营业收入和总营业成本,如图 4-3-9 所示。

	A	B	C	D	E	F	G
1	2017年主营业务情况表						
2							单位:亿元
3	业务名称	2017上半年营业收入	2017上半年营业成本	2017下半年营业收入	2017下半年营业成本	2017营业收入	2017营业成本
4	按行业						
5	商品销售业	69.53	39.31	86.67	47.27	156.2	86.58
6	旅游服务业	54.08	48.79	68.7	62.2	122.78	110.99
7	总计	123.61	88.1	155.37	109.47	278.98	197.57
8	按产品						
9	免税商品销售	66.04	36.69	82.57	43.97	148.61	80.66
10	出境游	27.19	25.6	37.41	35.75	64.6	61.35
11	国内游	13.33	12.43	19.23	18.11	32.56	30.54
12	境外签证	4.81	3.68	5.04	3.85	9.85	7.53
13	商旅服务	4.78	3.55	2.81	2.37	7.59	5.92
14	有税商品销售	3.49	2.62	3.19	3.14	6.68	5.76
15	入境游	2.94	2.56	2.6	0.22	5.54	2.78
16	其他业务	1.01	0.98	2.55	2.05	3.56	3.03
17	总计	123.59	88.11	155.4	109.46	278.99	197.57
18							

图 4-3-9　计算结果

Step3:设置表格样式

(1) 选中表格区域 A3:G17,选择“开始/样式”组,点击“自动套用格式”下拉框下

的"蓝色，表样式中等深浅 16"套用格式（表格线、底纹及数据小数位一举搞定），如图 4－3－10 所示。

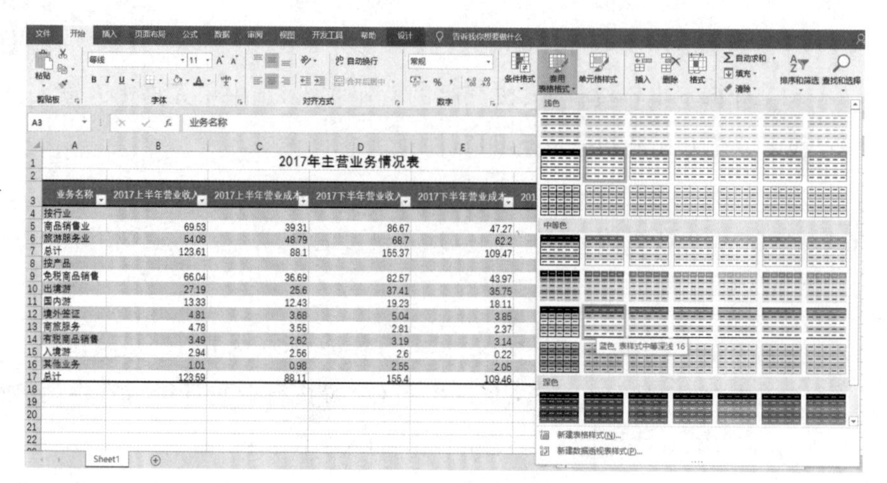

图 4－3－10　自动套用格式

（2）选择"设计/工具"组，点击"转换为区域"按钮，如图 4－3－11 所示。

文件　开始　插入　页面布局　公式　数据　审阅　视图　开发工具　帮助　设计　告诉我你想要做什么

表名称：表1　调整表格大小　属性

通过数据透视表汇总　删除重复值　转换为区域　工具　插入切片器

导出　刷新　属性　用浏览器打开　取消链接　外部表数据

标题行　第一列　筛选按钮　汇总行　最后一列　镶边行　镶边列　表格样式选项

转换为区域

将此表转换为普通的单元格区域。

所有数据都会得到保留。

2017年主营业务情况表

单位：亿元

业务名称	2017上半年营业收入	2017上半年营业成本	2017下半年营业收入	2017下半年营业成本	2017营业收入	2017营业成本
按行业						
商品销售业	69.53	39.31	86.67	47.27	156.2	86.58
旅游服务业	54.08	48.79	68.7	62.2	122.78	110.99
总计	123.61	88.1	155.37	109.47	278.98	197.57
按产品						
免税商品销售	66.04	36.69	82.57	43.97	148.61	80.66
出境游	27.19	25.6	37.41	35.75	64.6	61.35
国内游	13.33	12.43	19.23	18.11	32.56	30.54
境外签证	4.81	3.68	5.04	3.85	9.85	7.53
商旅服务	4.78	3.55	2.81	2.37	7.59	5.92

图 4－3－11　转换为区域

（3）设置所有数据保留小数 2 位，选中区域 B5：G7 和区域 B9：G17，选择"开始/数字"组，点击"减少小数位数"按钮 1 次，再点击"增加小数位数"按钮 1 次。

（4）同时选中 B：G 列，选择"开始/单元格"组，点击"格式"下拉框下的"列宽"按钮，设置列宽为 10，使表格处于一页内。

（5）在第 3 行设置适当行高，选中第 3 行，选择"开始/单元格"组，点击"格式"下拉框下的"自动调整行高"按钮。

（6）设置分类行（"按行业"、"按产品"行）填充色，选中区域 A4：G4 和区域 A8：G8，选择"开始/字体"组，点击"填充颜色"下拉框下的"金色，个性色 4，淡色 60%"主题颜色，如图 4－3－12 所示。

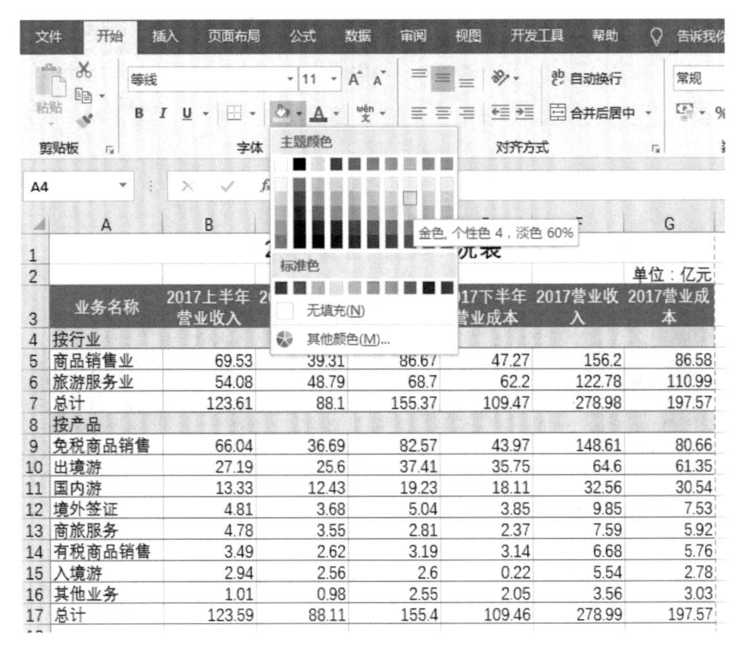

图 4－3－12　设置底纹部分

（7）同理设置汇总行（"总计"行）填充色，同时选中区域 A7：G7 和区域 A17：G17，选择"开始/字体"组，点击"填充颜色"下拉框下的"绿色，个性色 6，淡色 60%"主题颜色，最终效果如图 4－3－13 所示。

	A	B	C	D	E	F	G
1	2017年主营业务情况表						
2							单位：亿元
3	业务名称	2017上半年营业收入	2017上半年营业成本	2017下半年营业收入	2017下半年营业成本	2017营业收入	2017营业成本
4	按行业						
5	商品销售业	69.53	39.31	86.67	47.27	156.2	86.58
6	旅游服务业	54.08	48.79	68.7	62.2	122.78	110.99
7	总计	123.61	88.1	155.37	109.47	278.98	197.57
8	按产品						
9	免税商品销售	66.04	36.69	82.57	43.97	148.61	80.66
10	出境游	27.19	25.6	37.41	35.75	64.6	61.35
11	国内游	13.33	12.43	19.23	18.11	32.56	30.54
12	境外签证	4.81	3.68	5.04	3.85	9.85	7.53
13	商旅服务	4.78	3.55	2.81	2.37	7.59	5.92
14	有税商品销售	3.49	2.62	3.19	3.14	6.68	5.76
15	入境游	2.94	2.56	2.6	0.22	5.54	2.78
16	其他业务	1.01	0.98	2.55	2.05	3.56	3.03
17	总计	123.59	88.11	155.4	109.46	278.99	197.57

图 4－3－13　设置底纹的最终效果

Step4：制作 2017 年行业主营业务分析图表

（1）同时选中单元格 A3、区域 A5：A6、区域 F3：G3 和区域 F5：G6，选择"插入/图表"组，点击该组右下角的"查看所有图表"对话框按钮，如图 4－3－14 所示。

	A	B	C	D	E	F	G
1	2017年主营业务情况表						
2							单位：亿元
3	业务名称	2017上半年营业收入	2017上半年营业成本	2017下半年营业收入	2017下半年营业成本	2017营业收入	2017营业成本
4	按行业						
5	商品销售业	69.53	39.31	86.67	47.27	156.20	86.58
6	旅游服务业	54.08	48.79	68.70	62.20	122.78	110.99
7	总计	123.61	88.10	155.37	109.47	278.98	197.57
8	按产品						
9	免税商品销售	66.04	36.69	82.57	43.97	148.61	80.66
10	出境游	27.19	25.60	37.41	35.75	64.60	61.35

图 4-3-14　选择数据并插入图表

(2) 在“插入图表”对话框中，选择“所有图表/柱形图”组，点击“簇状柱形图”，单击“确定”按钮，如图 4-3-15 所示。

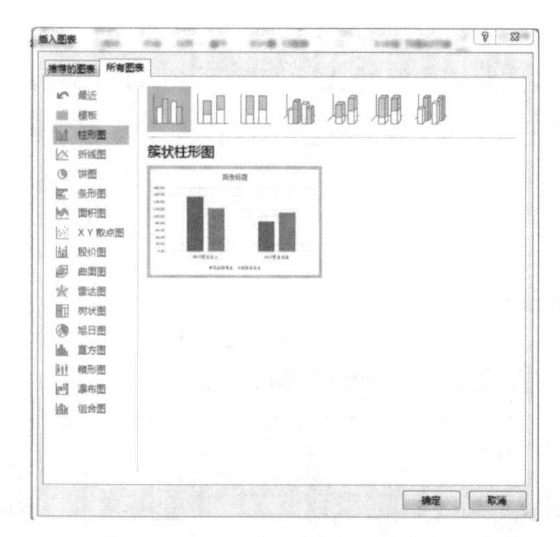

图 4-3-15　“插入柱形图”对话框

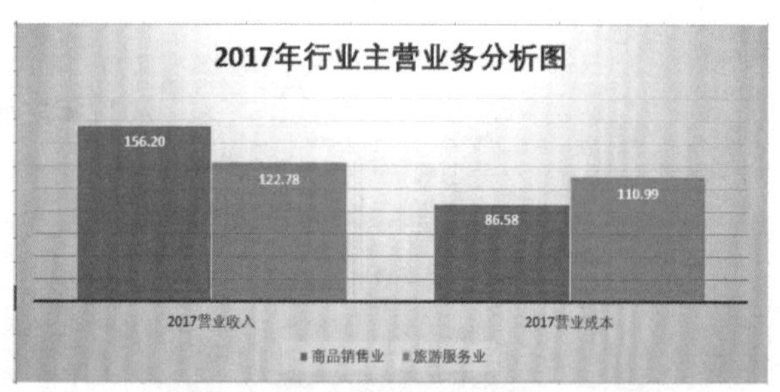

图 4-3-16　2017 年行业主营业务分析图

(3) 将图表拖曳到 A19:G33 区域内，选择“设计/图表样式”组，点击“样式 4”。

(4) 修改图表标题为：2017 年行业主营业务分析图，最后修改效果如图 4-3-16 所示。

Step5：制作 2017 年产品主营收入比例图表

(1) 同时选中区域 A9:A16、区域 F9:F16，选择“插入/图表”组，点击该组右下角的“查看所有图表”对话框按钮。

(2) 在“插入图表”对话框中，选择“所有图表/饼图”组，点击“饼图”，单击“确定”

按钮，如图 4－3－17 所示。

（3）将图表拖曳到 A35:G50 区域内，选择“设计/图表样式”组，点击“其他”下拉框下的“样式 3”图表样式。

（4）选中带有百分比的数据标签，选择“设计/图表布局”组，点击“添加图表元素”下拉框下的“数据标签”中的“数据标签外”选项，如图 4－3－18 所示。

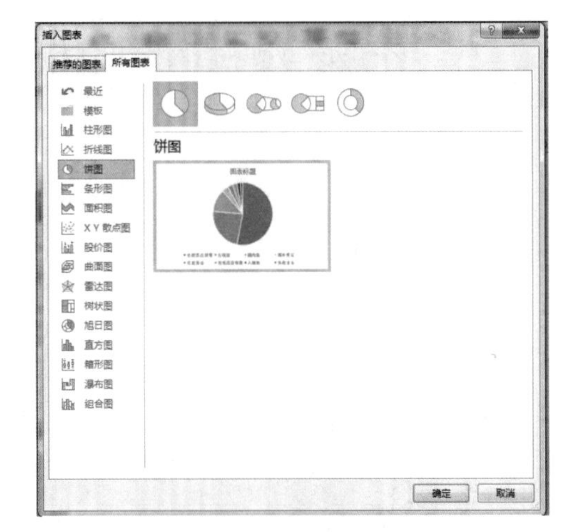

图 4－3－17 “插入饼图”对话框

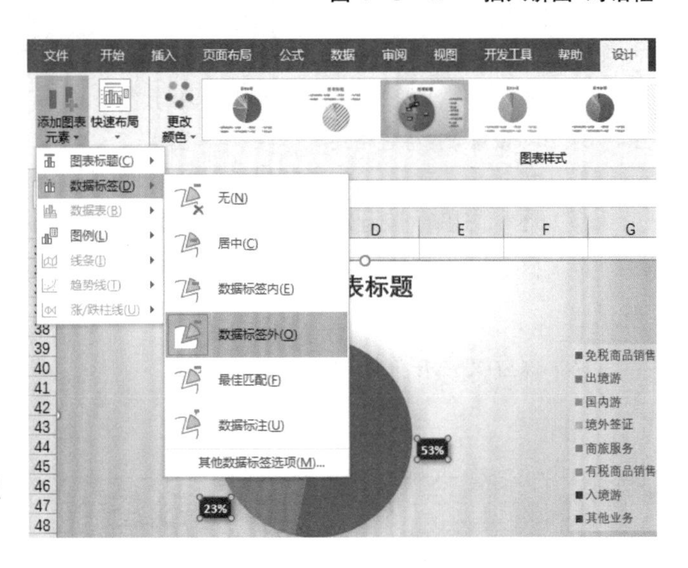

图 4－3－18 设置数据标签的位置

（5）选择“格式/当前所选内容”组，点击“设置所选内容格式”按钮，如图 4－3－19 所示。

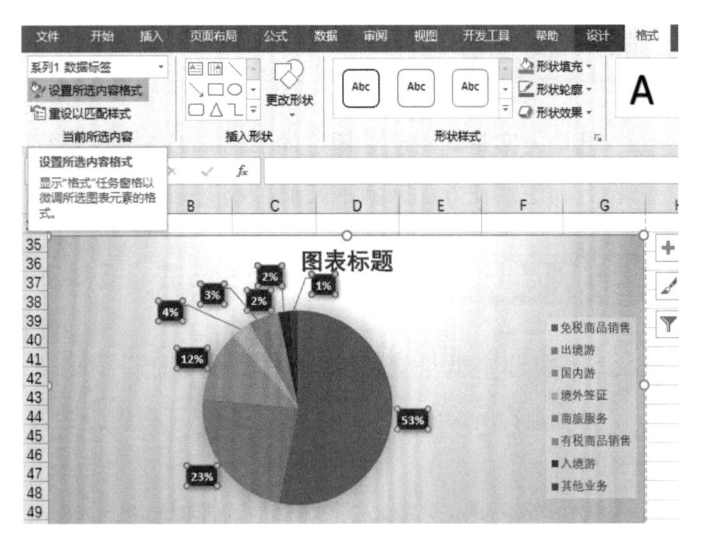

图 4－3－19 设置数据标签格式方法

(6) 在“设置数据标签格式”对话框中，选择“数字”下“类别”的“百分比”，“小数位数”：2，如图 4-3-20 所示。

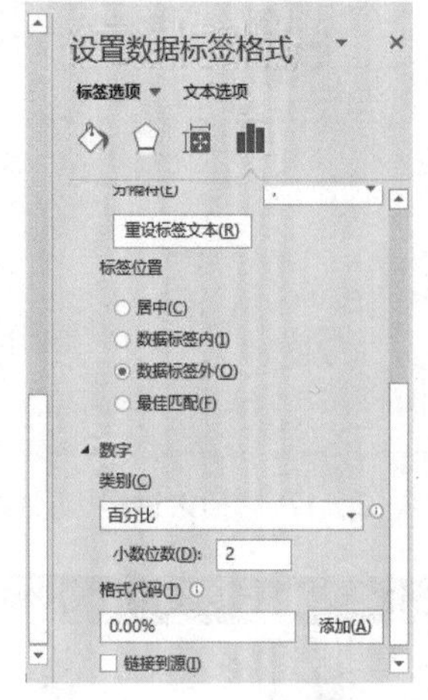

图 4-3-20　设置数据标签格式

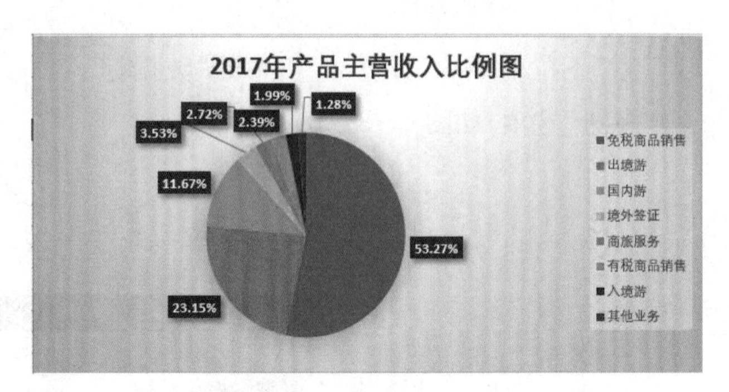

图 4-3-21　2017 年产品主营收入比例图

(7) 逐个用鼠标拉开相对比较紧凑、重叠的数据标签。

(8) 修改图表标题为：2017 年产品主营收入比例图，最后修改效果如图 4-3-21 所示。

(9) 保存文档并关闭之。

活动三
制作主营业务汇报演示文稿

活动分析

活动方案是利用已处理过的 Excel 工作簿以及官方发布的 Word 分析文档，制作一份公司主营业务汇报演示文稿。

Step1：规划主营业务汇报的主题及构成

(1) 查看所给的 Word 文档素材，发现报告分为四个方面，初步设想先新建至少 5 张幻灯片。

(2) 新建演示文稿，点击“丝状”主题，如图 4-3-22 所示。

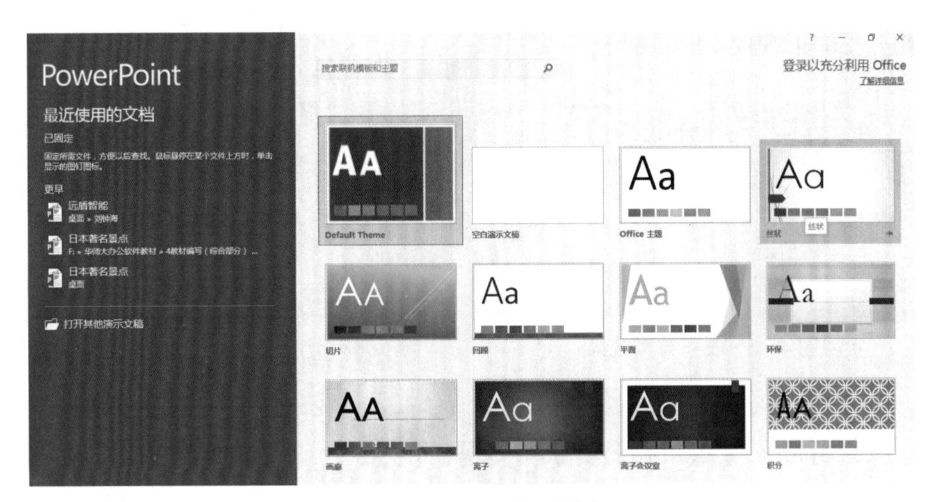

图 4-3-22　创建“丝状”主题

(3) 点击左边框第 1 张缩略图下方，然后按连按 4 次回车键，添加另外 4 张空幻灯片，如图 4-3-23 所示。

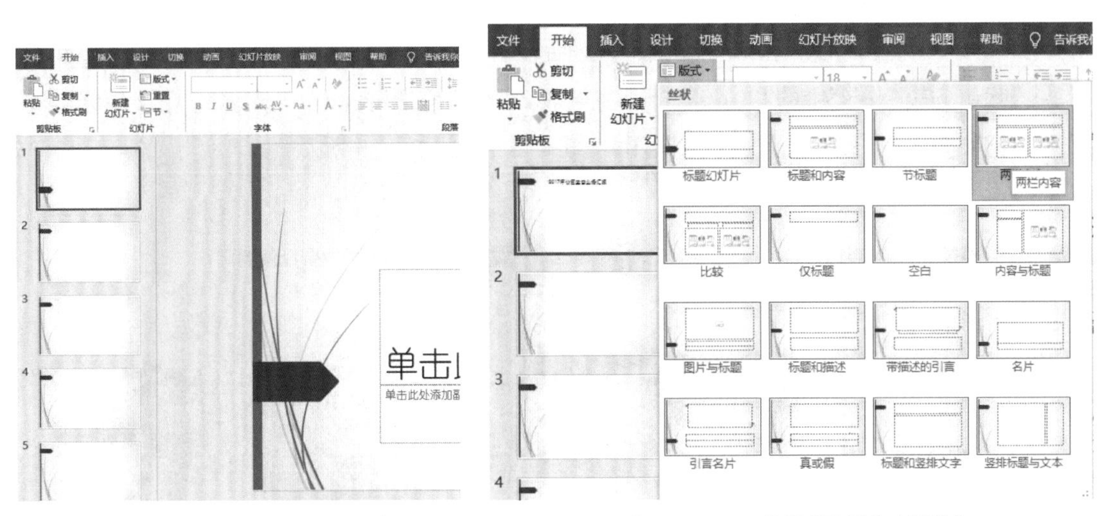

图 4-3-23　新建 5 张幻灯片

图 4-3-24　选择“两栏内容”版式

(4) 用 Ctrl 键同时选中左边框第 1—5 张缩略图，选择“开始/幻灯片”组，点击“版式”下拉框下的“两栏内容”版式，如图 4-3-24 所示。

(5) 选中左边框第 1 张缩略图，然后在右边工作区的标题框中输入：2017 年公司主营业务汇报。点击标题栏左侧“自定义快速访问工具栏”的“保存”按钮，保存演示文稿为“主营业务汇报. pptx”。

Step2：充实业务汇报的具体内容

(1) 选中左边框第 1 张缩略图，在右边工作区的左边内容框，粘贴官方 Word 文

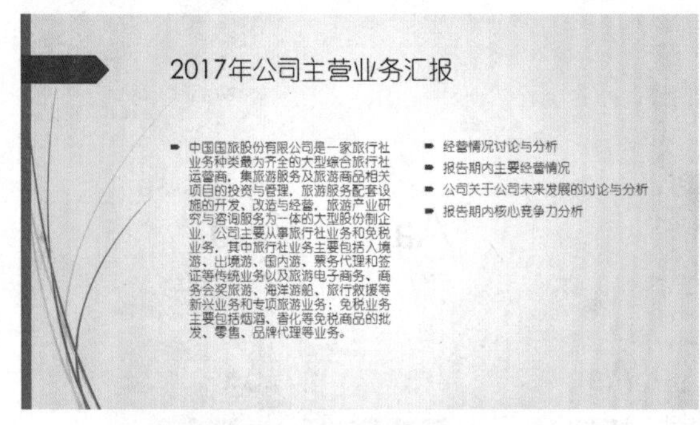

图 4-3-25　首页效果

档中“任务描述”的第 1 段文字，点击右边内容框，分别输入：“经营情况讨论与分析”、“报告期内主要经营情况”、“公司关于公司未来发展的讨论与分析”、“报告期内核心竞争力分析”4 行文字，如图 4-3-25 所示。

（2）分别点击左边框第 2—5 张缩略图，然后在右边工作区的标题框里分别输入：“经营情况讨论与分析”、“报告期内主要经营情况”、“公司关于公司未来发展的讨论与分析”、“报告期内核心竞争力分析”4 个标题，在右边工作区的左边内容框里分别放入官方 Word 文档中的相应信息。

（3）分别点击左边框第 2 和第 5 张缩略图，然后在右边工作区的右侧内容框中插入相应的图片。

（4）点击左边框第 4 张缩略图，然后在右边工作区的右侧内容框粘贴“公司关于公司未来发展的讨论与分析”另一部分内容。

（5）点击左边框第 3 张缩略图，然后在右边工作区的右侧内容框粘贴“2017 年主营业务表. xlsx”中的“2017 年产品主营收入比例图”图表，第 2—5 张幻灯片最终效果见如图 4-3-26、图 4-3-27、图 4-3-28、图 4-3-29 所示。

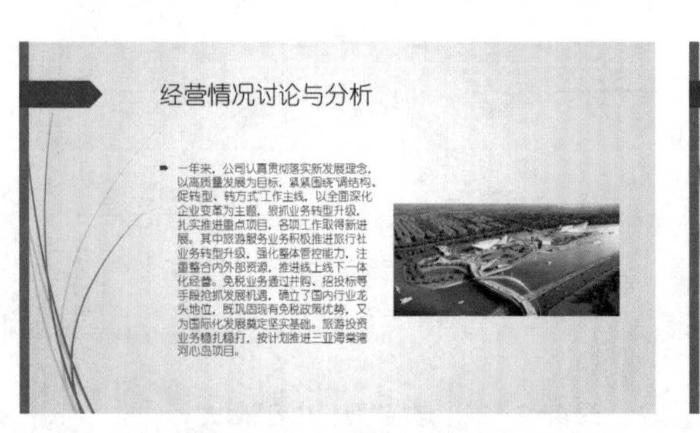

图 4-3-26　第 2 张效果

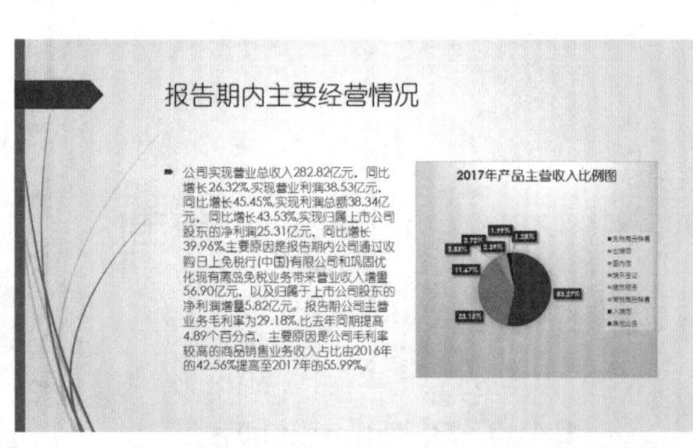

图 4-3-27　第 3 张效果

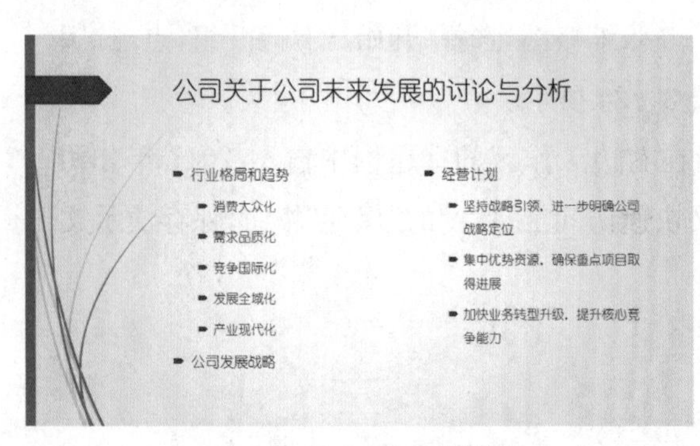

图 4-3-28　第 4 张效果

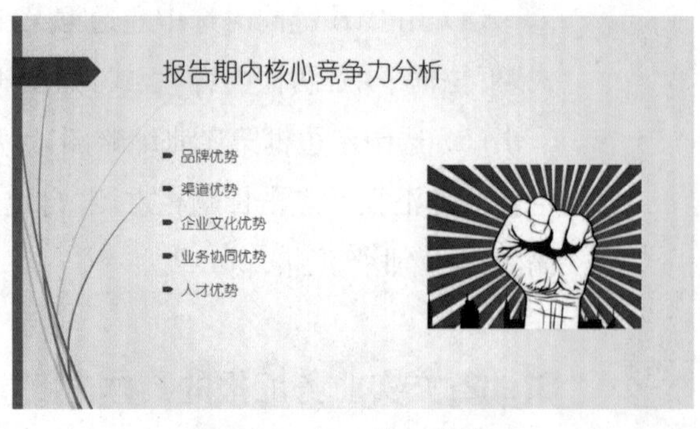

图 4-3-29　第 5 张效果

Step3:幻灯片母版妙用 1——复制版式

(1) 选择“视图/母版视图”组,点击“幻灯片母版”按钮,进入“幻灯片母版”视图,如图 4-3-30 所示。

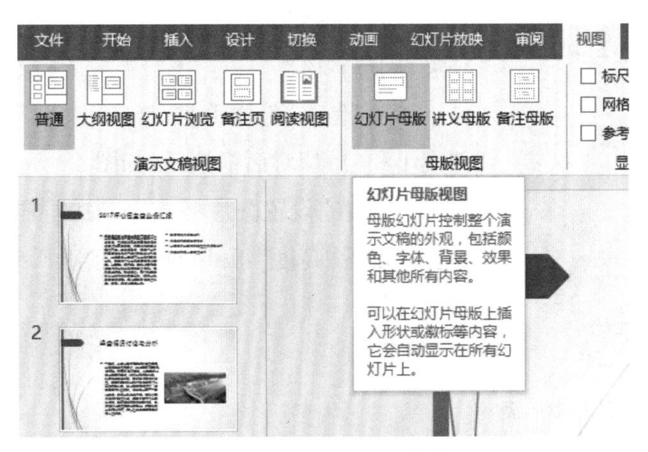

图 4-3-30 进入“幻灯片母版”视图方法

(2) 点击左侧框第 5 张“两栏内容 版式”缩略图,如图 4-3-31 所示。

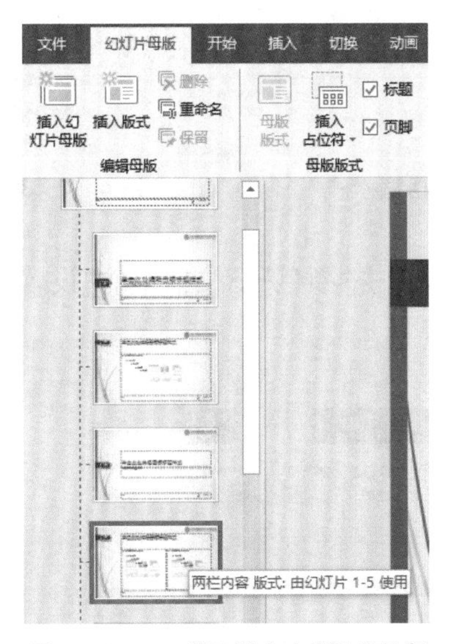

图 4-3-31 “两栏内容”版式母版

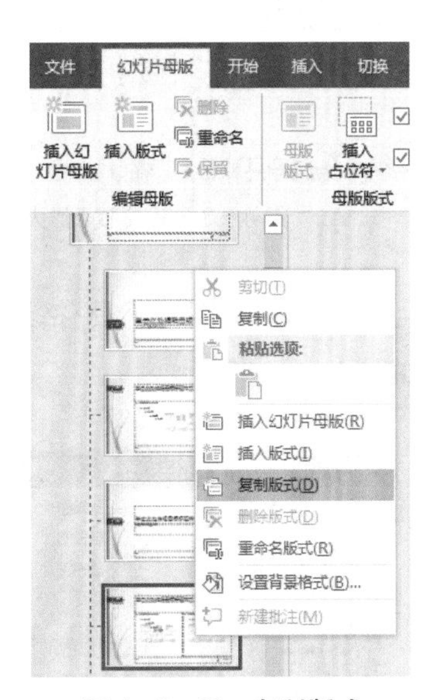

图 4-3-32 复制版式

(3) 单击鼠标右键,跳出快捷菜单,点击“复制版式”命令,如图 4-3-32 所示。在“两栏内容”版式下新增“1_两栏内容”版式,建立类似“两栏内容”版式。

(4) 将新建版式重命名,选择“幻灯片母版/编辑母版”组,点击“重命名”按钮,如图 4-3-33 所示。将“版式名称”命名为:两栏内容 2,点击“重命名”按钮。

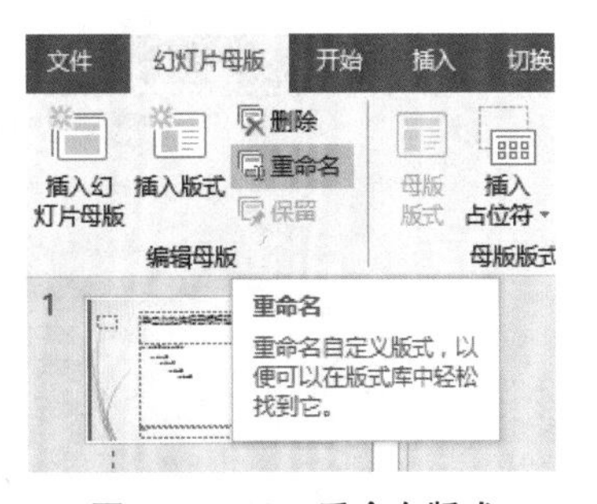

图 4-3-33 重命名版式

Step4:幻灯片母版妙用 2——logo 图片

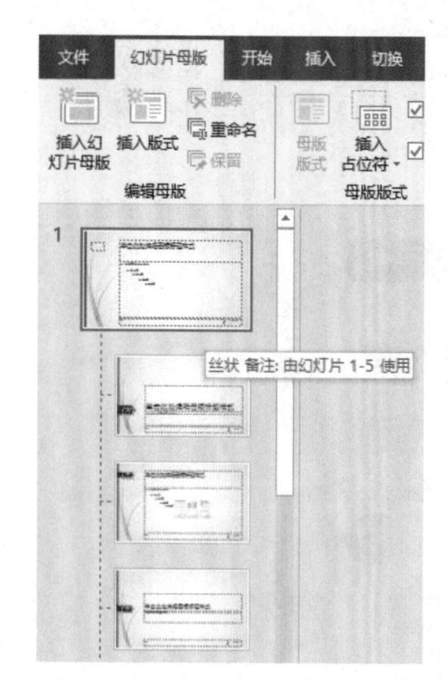

图 4-3-34　第 1 张"丝状　备注"母版

(1) 点击左侧框第 1 张"丝状　备注"缩略图，如图 4-3-34 所示。

(2) 选择"插入/图像"组，点击"图片"按钮，插入公司 logo 图片；

(3) 选择"图片工具/格式/大小"组，点击该组右下角的"大小和位置"对话框按钮，如图 4-3-35 所示。

(4) 在"设置图片格式"对话框中，取消"锁定纵横比"复选框，设置"高度"：1.5 厘米、"宽度"：9 厘米，如图 4-3-36 所示。

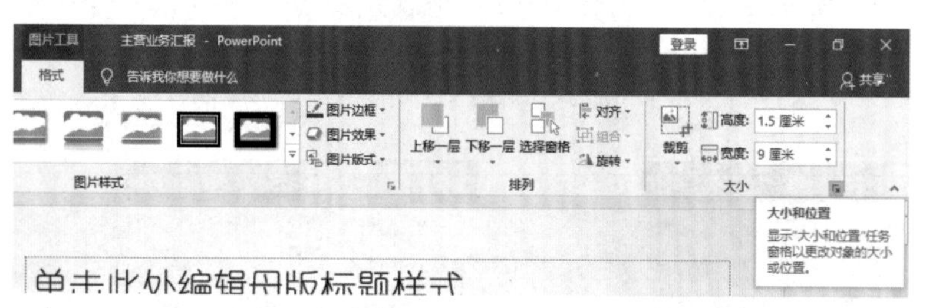

图 4-3-35　找到"大小和位置"对话框

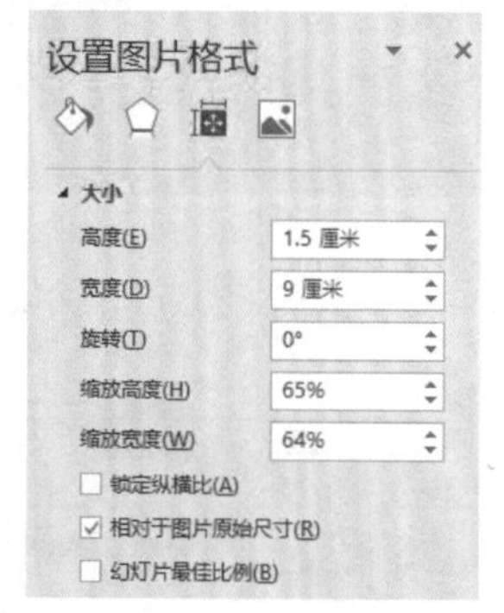

图 4-4-36　设置图片格式

(5) 选择"图片工具/格式/调整"组，点击"颜色"下拉框下的"设置透明色"命令，如图 4-3-37 所示。

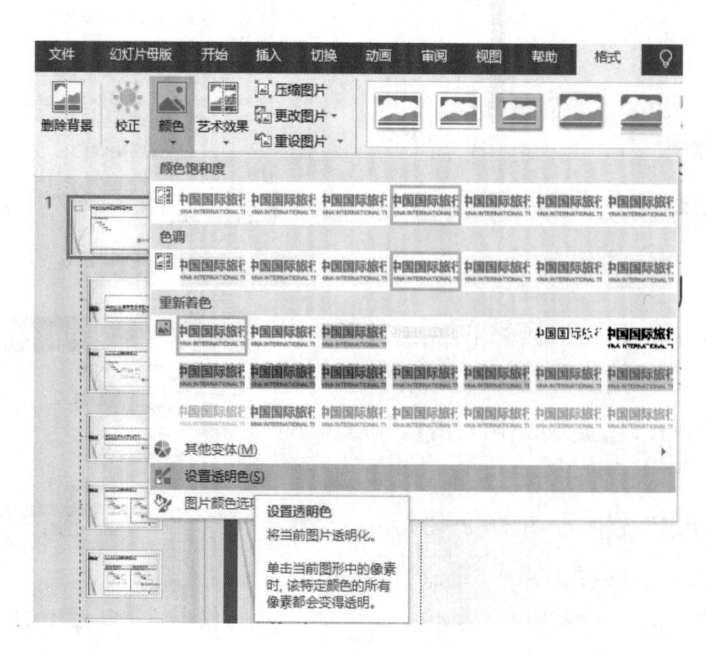

图 4-3-37　设置透明色

（6）点击图片的白色背景部分，使 logo 图片的背景透明。

（7）选择"格式/排列"组，点击"对齐"下拉框下的"右对齐"和"顶端对齐"选项，使 logo 图片处于幻灯片的右上角，如图 4－3－38 所示。

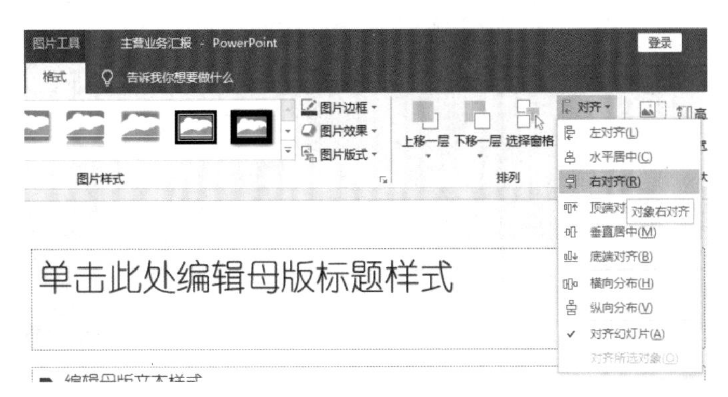

图 4－3－38　图片位置设置

Step5：幻灯片母版妙用 3——对象动画效果

（1）点击左侧框第 5 张"两栏内容　版式"缩略图。

（2）点击右边工作区的标题框，选择"动画/动画"组，点击"浮入"动画，设置标题动画效果，如图 4－3－39 所示。

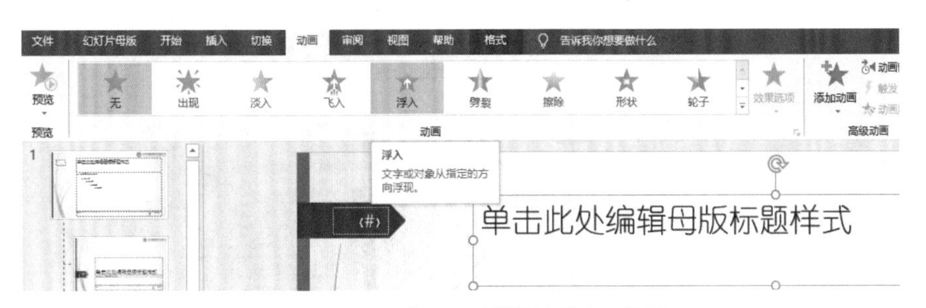

图 4－3－39　标题设置"浮入"动画效果

（3）选择"动画/计时"组，点击"开始"下拉框下的"上一动画之后"选项，设置标题自动播放效果，如图 4－3－40 所示。

（4）点击右边工作区的左侧内容框，选择"动画/动画"组，点击"飞入"动画，设置左侧内容框动画效果。

（5）点击右边工作区的右侧内容框，选择"动画/动画"组，点击"形状"动画，设置右侧内容框动画效果。

（6）点击"幻灯片母版"视图的左边框第 6 张"两栏内容 2　版式"，重复步骤(2)—(5)的操作，设置标题和内容动画效果。

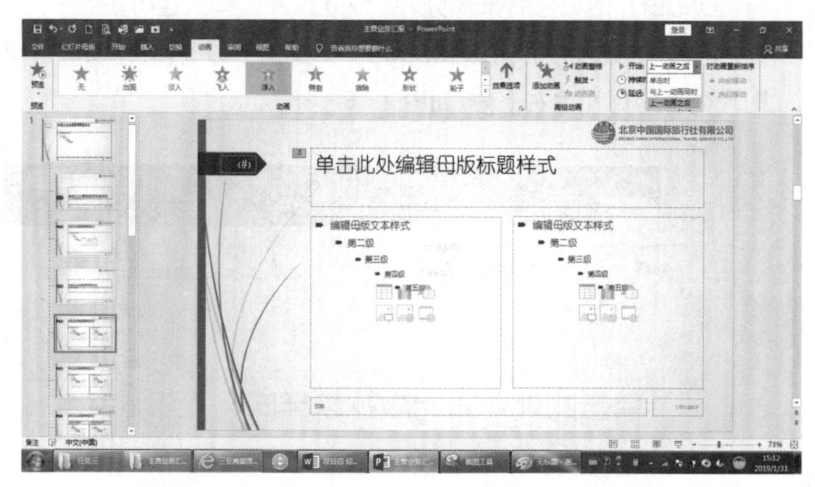

图 4-3-40　设置自动播放效果

Step6:幻灯片母版妙用 4——返回按钮

(1) 点击左侧框第 5 张“两栏内容　版式”缩略图。

(2) 选择“插入/插图”组,点击“形状”下拉框下的“动作按钮”第 5 个按钮(“第一张”按钮),如图 4-3-41 所示。在幻灯片的左下角或右下角区域用鼠标拉出一个适当的小矩形。

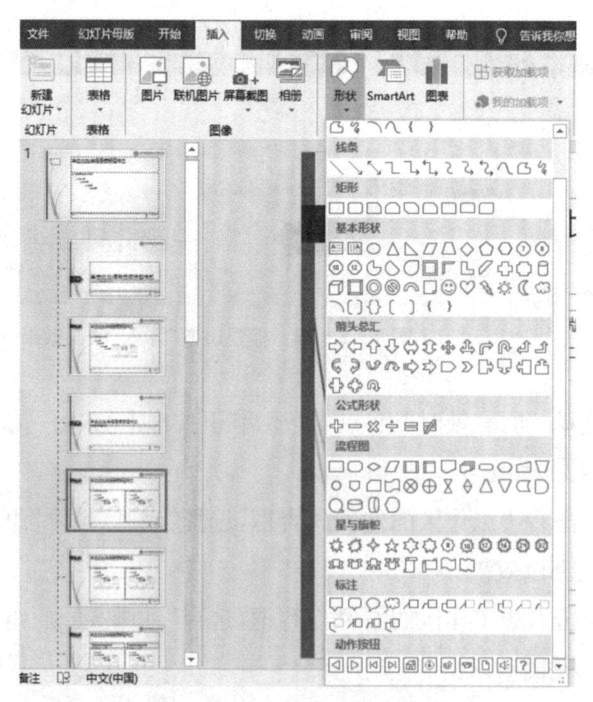

图 4-3-41　插入动作按钮

(3) 选择“格式/排列”组,点击“对齐”下拉框下的“右对齐”选项和“底端对齐”选项，将按钮放置在幻灯片左下角或右下角。

(4) 选择“幻灯片母版/关闭”组，点击“关闭母版视图”按钮，如图 4-3-42 所示，回到普通视图。

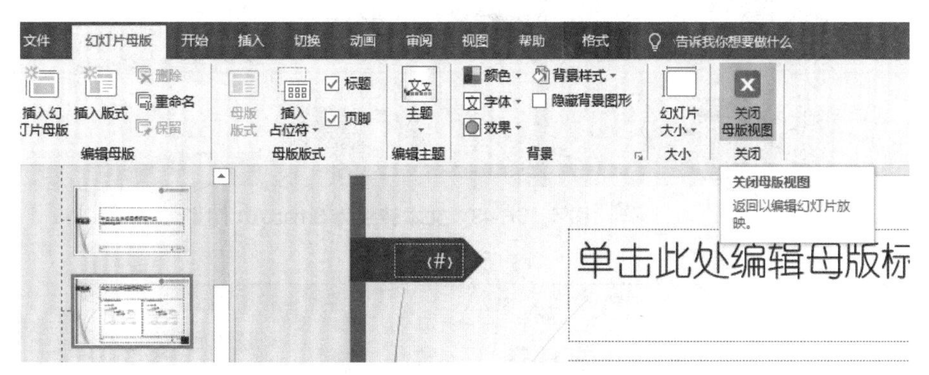

图 4-3-42　关闭母版视图

活动四
完善演示文稿

活动分析

活动方案是利用已有的框架演示文稿，进行专业修饰和美化，体现上市公司对外形象。

Step1：转换 SmartArt 图形

(1) 选中左侧框第 1 张缩略图，选中右边工作区的右侧内容框，选择“开始/段落”组，点击“转换为 SmartArt”下拉框下的“其他 SmartArt 图形”命令，将文本内容转换为 SmartArt 图形，如图 4-3-43 所示。

(2) 在“插入 SmartArt 图形”对话框中，选择“列表”选项的“分段流程”图形，如图 4-3-44 所示，单击“确定”按钮。

(3) 选择“SmartArt 工具/设计/SmartArt 样式”组，点击“更改颜色”下拉框下的“彩色范围　个性色 3 至 4”颜色样式，如图 4-3-45 所示。

(4) 点击“SmartArt 样式”下拉框下的“强烈效果”效果样式，如图 4-3-46 所示。

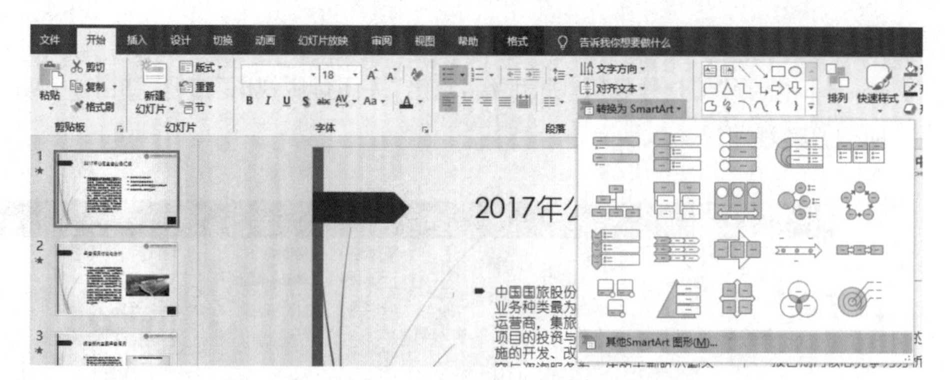

图 4 - 3 - 43　文本转换为 SmartArt 图形

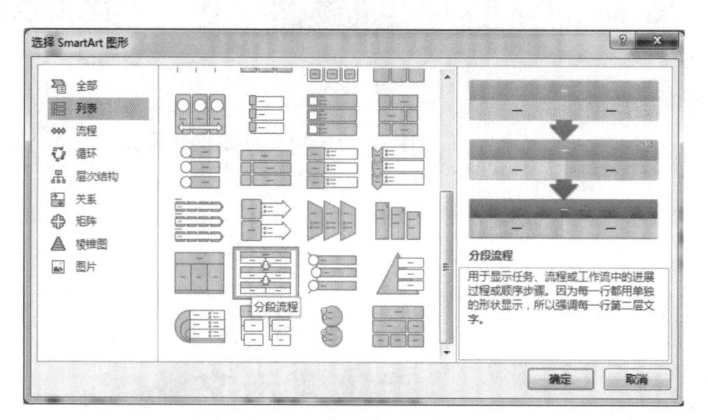

图 4 - 3 - 44　选择“分段流程”图形

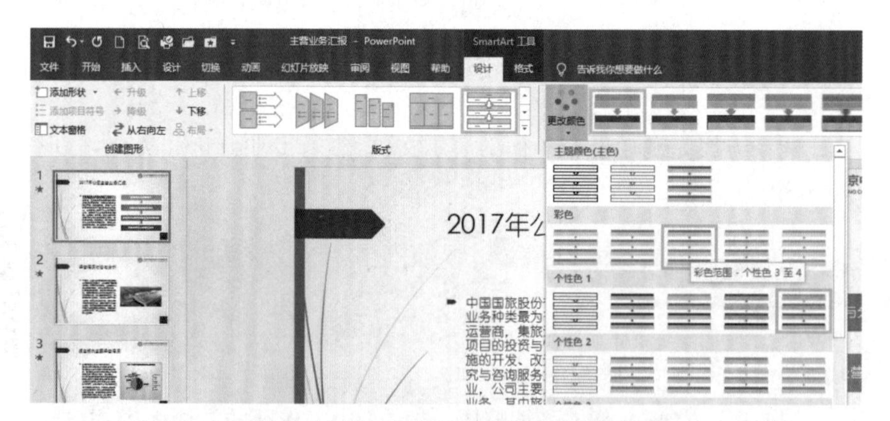

图 4 - 3 - 45　更改 SmartArt 图形颜色

图 4 - 3 - 46　更改 SmartArt 图形样式效果

Step2:在 SmartArt 图形上设置超级链接

(1) 选中 SmartArt 图形中的第 1 个框。

(2) 选择“插入/链接”组,点击“链接”按钮,如图 4-3-47 所示。

图 4-3-47　插入超级链接方法

(3) 在弹出“插入超链接”对话框中,点击“本文档中的位置”的链接到第 2 张幻灯片,如图 4-3-48 所示,单击“确定”按钮。

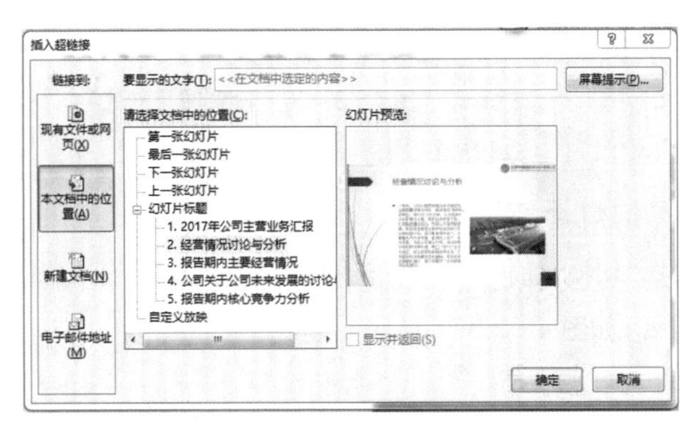

图 4-3-48　超链接到第 2 张幻灯片

(4) 同理,分别选中 SmartArt 图形的第 2—4 个框,重复步骤(2)—(3)。

Step3:设置图片格式

(1) 选中左侧框第 2 张缩略图,选中右边工作区的图片,选择“图片工具/格式/图片样式”组,点击“图片版式”下拉框下的“蛇形图片题注”选项,如图 4-3-49 所示。

(2) 在生成“SmartArt 图片版式”的“文本”中输入:三亚海棠湾河心岛项目。

(3) 选中左侧框第 5 张缩略图,选中右边工作区的图片,选择“图片工具/格式/图片样式”组,点击“其他”下拉框下的“旋转白色”样式,如图 4-3-50 所示。

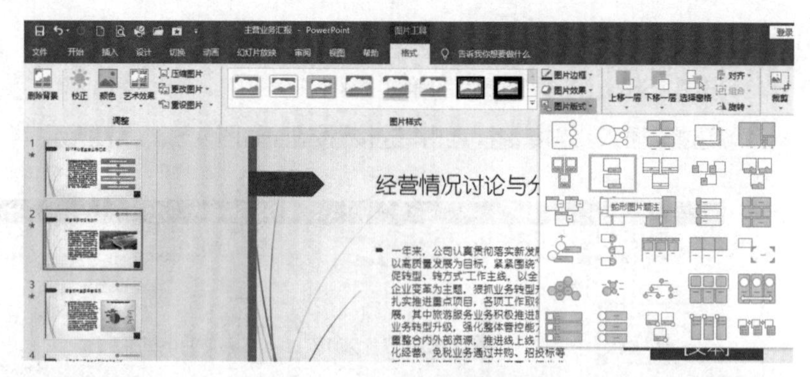

图 4-3-49　设置图片版式

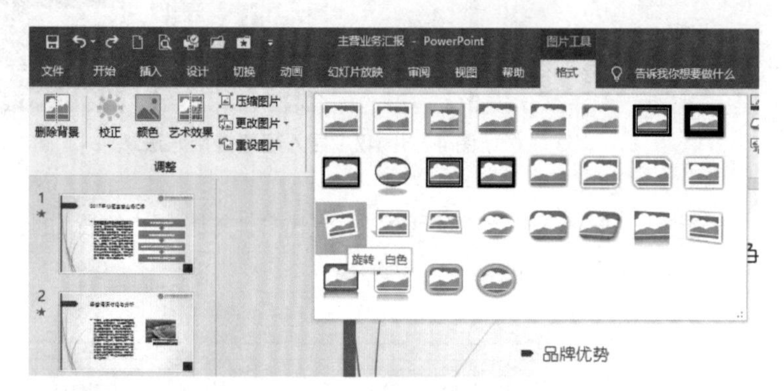

图 4-3-50　设置图片样式

Step4:设置幻灯片切换方式

(1) 选择“切换/切换到此幻灯片”组,点击“其他”下拉框下的“推入”选项,设置幻灯片切换方式,如图 4-3-51 所示。

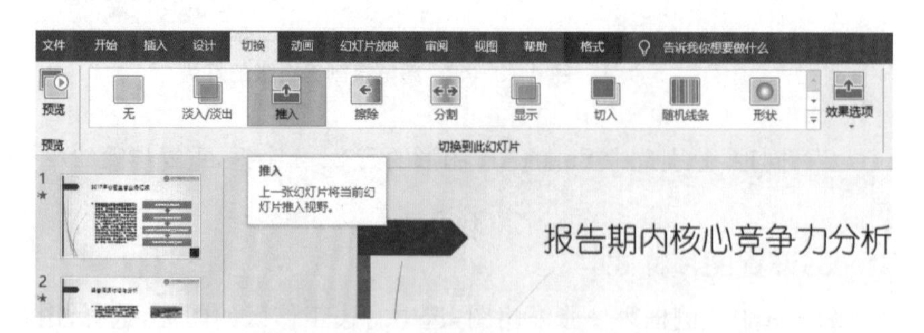

图 4-3-51　设置幻灯片切换方式

(2) 选择“切换/计时”组,点击“应用到全部”按钮,在“设置自动换片时间:”输入:5 秒,如图 4-3-52 所示。

(3) 点击标题栏左侧“自定义快速访问工具栏”的“保存” 按钮。

(4) 关闭该文档。

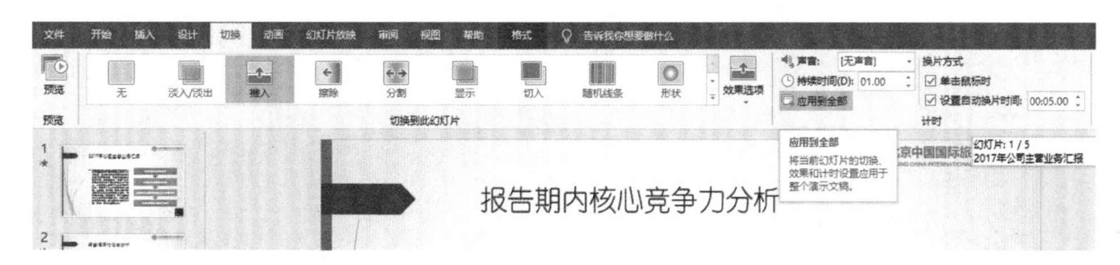

图 4－3－52　设置切换计时方式

知识链接

PowerPoint 2016 具有强大的功能，很多时候它的小功能往往会发挥大作用，节省时间，提高效率，方便编辑演示文稿。

双击打开 PPT 文档，点击“开始/编辑”组，点击“选择”下拉框下的“选择窗格”命令。

1. 妙用一：修改对象名称

鼠标双击选中对象，可迅速修改 PPT 对象元素名称，便于区分和设置。

2. 妙用二：增减对象动画

鼠标单击选中对象，可迅速添加 PPT 对象元素动画，便于动画效果设置。

3. 妙用三：调整对象动画

点击“全部隐藏”，可隐藏 PPT 所有对象元素，点击单个对象元素右侧眼睛图标，方便单个调整对象元素动画。

4. 妙用四：调整对象层次

点击三角形上移和下移排序按钮，可方便调整元素对象层次，更改动画效果。

5. 妙用五：同时设置多个对象

“Ctrl＋对象元素”可同时选中多个对象，便于同时设置格式。比如统一调整图片大小，只需同时选中两个图片对象元素窗格，右键设置“大小和位置”，即可调整图片大小。

思考与练习

（1）如何制作上下半年主营业务对比图？

（2）如果提供了 2018 年上下半年数据，如何计算环比和同比？

（3）试着用幻灯片母版来设计高规格的专业演示文稿。